国家出版基金项目
NATIONAL PUBLICATION FOUNDATION

“十三五”国家重点出版物出版规划项目
高分辨率对地观测前沿技术丛书
主编　王礼恒

分布式卫星编队

设计与控制

邵晓巍　张德新　陈筠力　王雅楠　著

国防工業出版社
·北京·

内容简介

本书依托我国第一代分布式卫星装备研制，以及“十二五”高分专项分布式卫星编队关键技术攻关研究成果，围绕分布式卫星系统编队设计与控制技术，系统地阐述了分布卫星编队设计、测量和控制的基本理论与方法，着重阐述了编队构形设计、相对导航、构形维持与重构、姿态协同控制和姿轨耦合控制方法，以及编队地面半物理仿真验证技术。主要内容包括卫星编队基础知识、卫星编队受摄建模与作用机理、典型卫星编队构形设计方法、卫星编队相对导航方法、燃料最优编队构形维持与重构控制方法、通信约束下的编队姿态协同控制方法、基于气动力的编队姿轨耦合控制方法，以及编队技术地面半物理仿真验证方法。

本书内容丰富，工程实用性强，可供从事航天任务设计的研究人员和工程设计人员参考，也可作为高等院校飞行器设计及相关专业研究生和高年级本科生的参考教材。

图书在版编目(CIP)数据

分布式卫星编队设计与控制 / 邵晓巍等著 . —北京：国防工业出版社，2021.7
(高分辨率对地观测前沿技术丛书)
ISBN 978-7-118-12325-8

Ⅰ. ①分… Ⅱ. ①邵… Ⅲ. ①人造卫星-编队飞行-研究 Ⅳ. ①V474

中国版本图书馆 CIP 数据核字(2021)第 150063 号

※

国防工业出版社 出版发行
(北京市海淀区紫竹院南路 23 号　邮政编码 100048)
北京龙世杰印刷有限公司印刷
新华书店经售

*

开本 710×1000　1/16　**印张** 17　**字数** 270 千字
2021 年 7 月第 1 版第 1 次印刷　**印数** 1—2000 册　**定价** 98.00 元

国防书店：(010)88540777　　书店传真：(010)88540776
发行业务：(010)88540717　　发行传真：(010)88540762

丛书学术委员会

主　　任　王礼恒

副 主 任　李德仁　艾长春　吴炜琦　樊士伟

执行主任　彭守诚　顾逸东　吴一戎　江碧涛　胡　莘

委　　员　(按姓氏拼音排序)

白鹤峰　曹喜滨　陈小前　崔卫平　丁赤飚　段宝岩

樊邦奎　房建成　付　琨　龚惠兴　龚健雅　姜景山

姜卫星　李春升　陆伟宁　罗　俊　宁　辉　宋君强

孙　聪　唐长红　王家骐　王家耀　王任享　王晓军

文江平　吴曼青　相里斌　徐福祥　尤　政　于登云

岳　涛　曾　澜　张　军　赵　斐　周　彬　周志鑫

丛书编审委员会

主　　编　王礼恒

副 主 编　冉承其　吴一戎　顾逸东　龚健雅　艾长春

　　　　　　彭守诚　江碧涛　胡　莘

委　　员　(按姓氏拼音排序)

　　　　　　白鹤峰　曹喜滨　邓　泳　丁赤飚　丁亚林　樊邦奎

　　　　　　樊士伟　方　勇　房建成　付　琨　苟玉君　韩　喻

　　　　　　贺仁杰　胡学成　贾　鹏　江碧涛　姜鲁华　李春升

　　　　　　李道京　李劲东　李　林　林幼权　刘　高　刘　华

　　　　　　龙　腾　鲁加国　陆伟宁　邵晓巍　宋笔锋　王光远

　　　　　　王慧林　王跃明　文江平　巫震宇　许西安　颜　军

　　　　　　杨洪涛　杨宇明　原民辉　曾　澜　张庆君　张　伟

　　　　　　张寅生　赵　斐　赵海涛　赵　键　郑　浩

秘　　书　潘　洁　张　萌　王京涛　田秀岩

序 言

高分辨率对地观测系统工程是《国家中长期科学和技术发展规划纲要（2006—2020年）》部署的16个重大专项之一，它具有创新引领并形成工程能力的特征，2010年5月开始实施。高分辨率对地观测系统工程实施十年来，成绩斐然，我国已形成全天时、全天候、全球覆盖的对地观测能力，对于引领空间信息与应用技术发展，提升自主创新能力，强化行业应用效能，服务国民经济建设和社会发展，保障国家安全具有重要战略意义。

在高分辨率对地观测系统工程全面建成之际，高分辨率对地观测工程管理办公室、中国科学院高分重大专项管理办公室和国防工业出版社联合组织了《高分辨率对地观测前沿技术》丛书的编著出版工作。丛书见证了我国高分辨率对地观测系统建设发展的光辉历程，极大丰富并促进了我国该领域知识的积累与传承，必将有力推动高分辨率对地观测技术的创新发展。

丛书具有3个特点。一是系统性。丛书整体架构分为系统平台、数据获取、信息处理、运行管控及专项技术5大部分，各分册既体现整体性又各有侧重，有助于从各专业方向上准确理解高分辨率对地观测领域相关的理论方法和工程技术，同时又相互衔接，形成完整体系，有助于提高读者对高分辨率对地观测系统的认识，拓展读者的学术视野。二是创新性。丛书涉及国内外高分辨率对地观测领域基础研究、关键技术攻关和工程研制的全新成果及宝贵经验，吸纳了近年来该领域数百项国内外专利、上千篇学术论文成果，对后续理论研究、科研攻关和技术创新具有指导意义。三是实践性。丛书是在已有专项建设实践成果基础上的创新总结，分册作者均有主持或参与高分专项及其他相关国家重大科技项目的经历，科研功底深厚，实践经验丰富。

丛书5大部分具体内容如下：**系统平台部分**主要介绍了快响卫星、分布式卫星编队与组网、敏捷卫星、高轨微波成像系统、平流层飞艇等新型对地观测平台和系统的工作原理与设计方法，同时从系统总体角度阐述和归纳了我国卫星遥感的现状及其在 6 大典型领域的应用模式和方法。**数据获取部分**主要介绍了新型的星载/机载合成孔径雷达、面阵/线阵测绘相机、低照度可见光相机、成像光谱仪、合成孔径激光成像雷达等载荷的技术体系及发展方向。**信息处理部分**主要介绍了光学、微波等多源遥感数据处理、信息提取等方面的新技术以及地理空间大数据处理、分析与应用的体系架构和应用案例。**运行管控部分**主要介绍了系统需求统筹分析、星地任务协同、接收测控等运控技术及卫星智能化任务规划,并对异构多星多任务综合规划等前沿技术进行了深入探讨和展望。**专项技术部分**主要介绍了平流层飞艇所涉及的能源、囊体结构及材料、推进系统以及位置姿态测量系统等技术,高分辨率光学遥感卫星微振动抑制技术、高分辨率 SAR 有源阵列天线等技术。

丛书的出版作为建党 100 周年的一项献礼工程,凝聚了每一位科研和管理工作者的辛勤付出和劳动,见证了十年来专项建设的每一次进展、技术上的每一次突破、应用上的每一次创新。丛书涉及 30 余个单位, 100 多位参编人员,自始至终得到了军委机关、国家部委的关怀和支持。在这里,谨向所有关心和支持丛书出版的领导、专家、作者及相关单位表示衷心的感谢!

高分十年,逐梦十载,在全球变化监测、自然资源调查、生态环境保护、智慧城市建设、灾害应急响应、国防安全建设等方面硕果累累。我相信,随着高分辨率对地观测技术的不断进步,以及与其他学科的交叉融合发展,必将涌现出更广阔的应用前景。高分辨率对地观测系统工程将极大地改变人们的生活,为我们创造更加美好的未来!

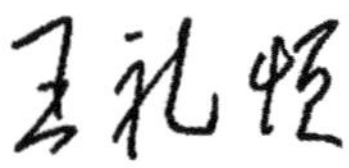

2021 年 3 月

前　言

随着航天测量和控制技术的发展,分布式航天技术取得了长足发展,在很多应用领域都取得了较好的应用成果。分布式航天器系统是由物理上互不相连、共同实现同一空间任务的多颗卫星构成的空间系统。从概念上讲,分布式航天器系统是指所有把系统功能分散到不同卫星上的航天系统,如卫星星座,就是通过把多颗卫星散布到不同轨道上,实现整个系统功能的扩展。但需要强调的是,近年来随着分布式航天技术的发展,分布式卫星编队特指以星群编队飞行方式,且卫星间相对距离较近的一类多星编队分布式航天器系统。

在香山科学会议第 206 次学术讨论会上,宋健院士提出“分布式航天器编队飞行技术作为 20 世纪航天领域的前沿性、战略性课题,对国家安全来说,它是我们必须争取的 21 世纪航天领域战略制高点”。该技术的发展将对空间科学、空间技术及应用产生深远的影响,对空间对地观测、空间攻防对抗、空间科学以及宇宙观测方面具有重大意义,可以极大地提高对地观测以及对宇宙观测的能力,极大地促进新载荷、空间轨道设计、精密定轨、精确轨道预报、自主飞行、微推进器、星间通信与时间同步,以及高精度姿态测量与控制等航天技术的发展。我国作为一个重要的航天国家,如果能在分布式航天器编队飞行技术研究和试验的发展初期,不失时机地抓住机会,纵深布局,加快研究及试验,将有可能在这一领域与国际水平保持同步,提高我国航天竞争能力,为我国空间技术、国家建设及国家安全提供先进有效的战略科技途径。

本书面向分布式航天器系统编队技术,系统地介绍了卫星编队所涉及的基本理论与方法,并对编队构形受摄发散、设计、维持和重构,相对状态测量,姿态协同,姿轨耦合控制以及地面半物理仿真验证等问题给出了解决途径。主要内容包括卫星编队基础理论、受摄建模与作用机理、典型卫星编队构形设计、相对状态测量、燃料最优编队构形维持与重构、姿态协同和姿轨耦合控制,以及编队技术地面半物理仿真验证方法等。全书内容丰富翔实,具有较强的前沿性和实用性，可供从事航天任务设计的研究人员和工程设计人员参考，也可作为高等院校飞行器设计及相关专业研究生和本科高年级学生的参考教材。

本书的主要研究工作得到了我国第一代分布式卫星型号装备，以及国家“十二五”高分专项分布式卫星编队关键技术攻关课题的支持。除作者外，王继河讲师、孙然博士、王蛟龙博士、张承玺博士和纪玉霞博士等也为相关研究及书稿排版工作作出了重要贡献，在此对所有参与本书编写工作的人员一并表示感谢！

由于作者水平有限，书中难免存在不妥之处，敬请批评指正。

作　者

2021 年 1 月

目 录

第1章 绪论

当前,随着测量、控制和信息技术的飞速发展,航天技术正经历着一场新的革命,为军事应用技术发展带来了新的契机。传统卫星因物理结构一体化,有效载荷与使其正常工作的动力、指控和通信等分系统形成一个结构整体,系统间互相嵌套、互相约束,造成卫星系统研制周期长、系统臃肿,且成本居高不下。分布式卫星系统以多颗卫星组成“等效大卫星”来实现复杂的空间任务目标,具有可靠性高、机动性强、成本低和容错性好等优点。分布式卫星系统概念从提出之初,就受到世界各航天大国的重视,经过多年技术攻关,在理论研究和工程应用方面都取得了一定成就。深入调研分布式卫星编队技术发展现状,有利于及时把握当前技术状态,了解当前系统发展技术瓶颈,为后续的研究工作提供依据。

1.1 分布式卫星编队系统

分布式卫星编队飞行技术作为当前航天领域的前沿性、战略性课题。该技术的发展将对空间科学、空间技术及应用产生深远的影响,对空间对地观测、空间攻防对抗、空间科学以及宇宙观测方面具有重大意义,可以极大地提高对地观测以及对宇宙观测的能力,还将极大地促进新载荷、空间轨道设计、精密定轨、精确轨道预报、自主飞行、微推进器、星间通信与时间同步,以及高精度姿态测量与控制等航天技术的发展。20世纪末,为了满足现代航天技术要求的低成本、高可靠、快速、高效的应用需求,国际社会开始寻找新的低成本空间技术替代传统、单一的航天器。分布式卫星系统(如分离模块航天器、小卫星编队飞行、分离载荷等)技术应运而生,应用优势十分明显。例如,针对空间物理探测研究任务，由于单颗卫星探测无法区分空间等离子体的时、空变化，也无法确定地球空间各圈层之间的耦合关系；利用一组相同或相似功能的编队小卫星对空间中复杂的物理过程进行多点、多时空尺度协同探测，能够很好地解决单星无法完成的空间观测任务。

分布式卫星系统是指物理上互不相连、共同实现同一空间任务的多颗卫星构成的空间系统。从概念上讲，分布式卫星系统可以包括所有把系统功能分散到不同卫星上的卫星系统，如卫星星座，就是通过把多颗卫星散布到轨道上，实现整个系统功能的扩展。然而，近年来引起航天领域极大关注的“分布式卫星系统”，特指由多颗卫星共同组成，为完成某个特定功能而以协同方式进行工作，且卫星间距离相对较近的一类分布式卫星编队飞行系统。此类编队飞行的分布式卫星系统源于20世纪90年代提出的“虚拟卫星”概念，期望通过轨道设计与控制技术，实现多个功能相对单一的微小卫星在相对较小的空间范围内编队飞行，由微小卫星协同工作，实现单颗大卫星系统的复杂功能。

“虚拟卫星”概念的提出对分布式卫星系统发展起到了巨大的推动作用，近距离编队飞行和协同工作是此类分布式卫星系统区别于传统多星星座的本质特征。虽然传统的全球星座包含了多个功能节点，但这些系统并没有明确的星间协作机制，各卫星之间、卫星平台和整个系统之间的耦合关系比较弱。近距离编队飞行卫星系统中的多颗卫星之间具有明确的信息共享，通过彼此协作共同实现任务目标。因此，现代意义的分布式卫星系统主要是指此类近距离编队飞行的分布式卫星编队系统，其分布式意义不仅体现在传统卫星星座通过空间布局，实现卫星平台和有效载荷物理上的分布，更体现在系统功能节点的分布。系统中任何一个功能节点的缺失或改变，都会导致整个系统结构的改变。

通过星间协作以实现多颗微小卫星的功能重组，并不意味着卫星功能的简单相加。事实上，与传统的单星或多星组网系统相比，分布式卫星编队系统在功能上已经发生了本质变化，它不仅可以完成某些传统任务，而且可以实现一些单星系统无法实现的功能，如空间长基线干涉测量、大范围立体成像、间断式定位导航等。与传统大卫星相比，分布式卫星编队系统的优势主要体现在以下几个方面。

(1) 提高系统有效载荷数据的精度。

一般说来，空间任务可通过对不同时间的采样、不同空间的采样或不同频段的采样，来提高数据精度。分布式卫星编队系统中各成员卫星在相当大的范围内分布，能够同时对同一目标进行不同视点的观测，也可以同样的视角进行不同时段或不同频段的观测。将这些成员卫星得到的数据进行融合，可以提高最终系统有效载荷数据的精度。例如，对于天基干涉合成孔径雷达（Synthetic Aperture Radar，SAR）任务而言，采用分布式结构可以获得很长的基线，且基线可在很大范围内按照需求进行变化，这种优势是传统大卫星系统无法比拟的。

（2）提高系统的数据速率和完备性。

在有噪声的情况下，空间任务数据的完备性随信息功率的增加而增加。因此，必须有高功率信号，才能同时保证数据的高速率和低出错率。分布式卫星编队系统能够对同一目标进行多次采样，这相当于增加了有效载荷信息的信噪比，提高了数据的完备性。另外，分布式卫星编队系统中的不同功能节点同时与地面用户建立通信链路，可以在不降低数据完备性的前提下，提高系统的数据速率。

（3）提高系统的可用性。

分布式卫星编队系统的功能分散于各功能单元。当某个功能单元出现故障时，系统可以通过重新组织内部结构，实现系统的降级使用。此时系统的性能有所降低，但不会导致系统完全不可用。同时，由于微小卫星易于发射，因此可以在较短时间内对分布式卫星编队系统进行修复，从而提高了系统可用性。

（4）降低系统成本。

分布式卫星编队系统大多采用微小卫星作为功能单元，单一功能卫星研制周期短、可批量生产的特点，可极大地降低整个系统制造成本。分布式结构使得系统可以采取批量发射、小运载器发射或搭载发射等发射方式，降低了系统发射成本。分布式卫星编队系统具有高度的自主性，对于地面站的依赖不强，因此可以降低系统运行成本。

作为一个新的空间应用概念，分布式卫星编队系统正逐步走向工程应用，还面临着许多理论和技术上的挑战，包括系统的构成方式、任务应用背景和领域等一些基础性问题，以及分布式系统的协同理论、信息交互与处理、异常处理、星间状态实时测量和自主规划控制等一些技术层次上的问题，都处于进一步探讨和发展完善之中。只有对这些问题进行深入的研究，找到合适的解决方案，才能够推动和促进分布式卫星在工程上的应用。

1.2　卫星编队系统应用现状

卫星编队系统作为一个新兴的概念，涉及众多的新技术、新系统研制工作。

为了将卫星编队理论研究成果逐步引入到卫星编队工程应用中去,卫星编队系统研制基本遵循从简单到复杂,从单项技术到系统技术,以及从双星到多星的发展思路。目前,已有的应用案例,大致可以分为卫星编队技术验证类项目和卫星编队在轨运行项目两大类。

1.2.1 卫星编队技术验证项目发展现状

1. EO-1 和 Landsat-7 编队试验

2000 年 11 月 NASA 发射的地球观测者 1 号(EO-1)卫星与在轨运行的地球资源观测陆地卫星 7 号(Landsat-7)卫星实现粗略双星编队飞行,是卫星编队技术工程应用过程中的第一个应用类编队飞行卫星任务,如图 1-1 所示。地球观测者 1 号落后陆地卫星 7 号大约 1min,形成 450km 沿航迹向跟飞队形,以保证两星的星下点轨迹相同。陆地卫星 7 号和地球观测者 1 号一前一后对地面的同一区域进行两次成像,通过对图像进行比较来验证地球观测者 1 号的先进地面观测设备。

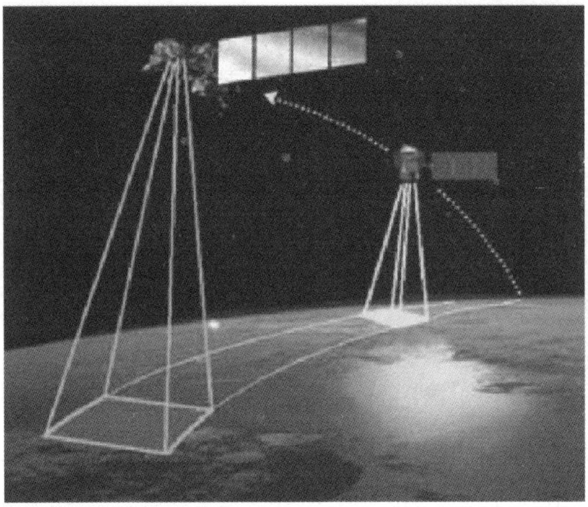

图 1-1 EO-1 和 Landsat-7 的编队飞行示意图

2. 美国"TechSat-21"计划[1-4]

1998 年美国空军实验室(Air Force Research Laboratory, AFRL)提出了"TechSat-21"计划,其主要研究分布式小卫星系统中的各项关键技术,如图 1-2 所示。

该卫星编队系统由位于 7 个轨道平面内的 35 个(其中 5 个备用)低轨卫星

图 1-2　“TechSat-21”计划示意图

群组成，每个星群包括 8 颗卫星，采用 6m×22m 相控阵天线，工作频率为 10GHz，平均发射功率为 2000W。此系统是为增强 JSTARS 提供威胁区的 GMTI 能力设计的，它同时具有 SAR 功能，并能将 GMTI 和 SAR 数据及时传到美国本土与战区司令部。为了支持 TechSat-21 计划，美国空军联合了 10 所大学花费了两年多时间设计和组装小卫星，着重探索分布式小卫星在编队飞行、星间通信、姿态控制，以及微型传感器和推进器等方面的低消耗设备研制。

“TechSat-21”实验卫星采用的 GPS 可以提供±100ns 时钟，差分 GPS 则可以达到±10cm 的相对位移精度。如果采用超稳定晶振，则可以获得±5ps 的本地时钟精度。星间通信有规律地更新位置和时钟测量信息，星载扩展卡尔曼滤波器则最大限度地保证绝对或相对位移和时间测量精度。轨道机动采用 1 个 200W 霍尔效应推力器，能提供 5～10mN 连续推力，1300s 的比冲和 35%的效率。对于总重为 150kg 的卫星，1kg 氙离子燃料可以提供 65m/s 的速度增量。卫星编队的相对距离范围可从 100m 变化到 5km，位置控制精度为相对距离的 10%，以减少轨道机动次数，节省燃料。姿态测量部件包括 1 个三轴磁力计、3 个四头太阳敏感器和 1 个星跟踪器。姿态控制部件包括 3 个 1Nms 的反作用动量轮和 3 个磁扭矩杆，控制精度为 0.5°～1.0°。主要工作模式为：保持太阳能帆板的对日指向，控制星上载荷的天线指向、轨道机动的姿态调整以及初始化和安全模式等操作。

3. 法国“CartWheel”计划[5-8]

在美国开展“TechSat-21”计划的同时，欧洲开展了对分布式 SAR 卫星的研究工作。1998 年,法国空间中心的 Massonnet 等提出了“干涉车轮”(Interferometric CartWheel)的概念,其系统由一颗传统大卫星和三颗小卫星组成,如图 1-3 所示。

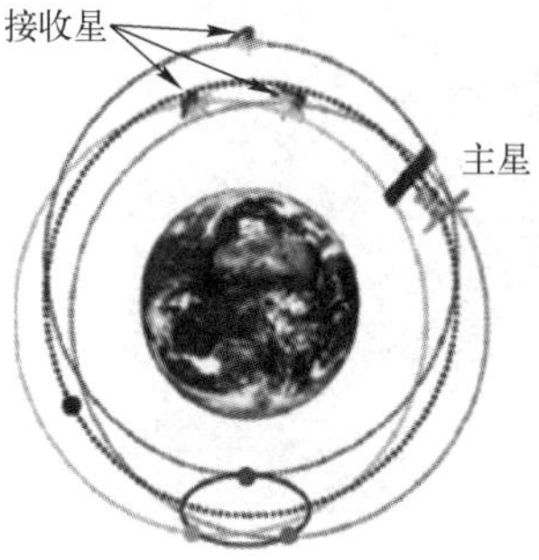

图 1-3 CartWheel 系统工作示意图

因三颗卫星组成系统的相对轨道类似于一个车轮,故称为 CartWheel。在 CartWheel 一定距离处有一个与其协同工作的传统型雷达卫星,CartWheel 沿着与传统卫星几乎相同的轨道飞行,利用由轨道构形产生的垂直向和水平向基线,来获取数字高程图所需的数据。CartWheel 的相对导航方案采用 GPS 与法国自主建立的星基多普勒测轨及无线电定位组合系统(Doppler Orbitography and Radio Positioning Integrated by Satellite,DORIS),其中差分 GPS 相对导航精度达到 20cm 左右。

4. 德国“Pendulum”计划[9-12]

为了解决 Cartwheel 中基线的耦合问题,德国空间中心(Deutsches Zentrum für Luft - und Raumfahrt e. V. , DLR)提出了“干涉钟摆”(Interferometric Pendulum)的概念,如图 1-4 所示。

Pendulum 由三颗小卫星组成,每颗卫星的轨道倾角和升交点赤经稍有差别。这种轨道配置有利于垂直航迹方向和沿航迹方向基线的解耦,使得干涉任务易于实现,基线设计过程更加简单。小卫星之间的垂直航迹基线位于当地水平面内,而沿航迹基线则保持不变,两者相互独立。因此,可以通过灵活调整基线长度来满足不同的要求。

5. 中国“神舟七号”伴飞小卫星[13]

2008 年 9 月 25 日,中国发射了“神舟七号”飞船,并在飞船上首次开展了航天器平台在轨释放伴星,以及伴星的伴随飞行试验,如图 1-5 所示。

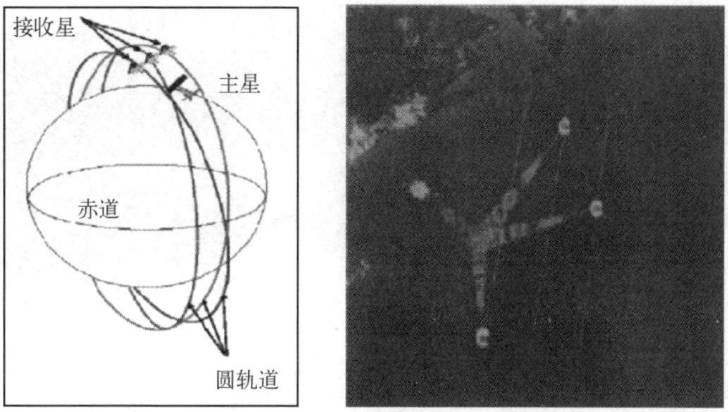

(a) (b)

图 1-4 Pendulum 卫星编队系统

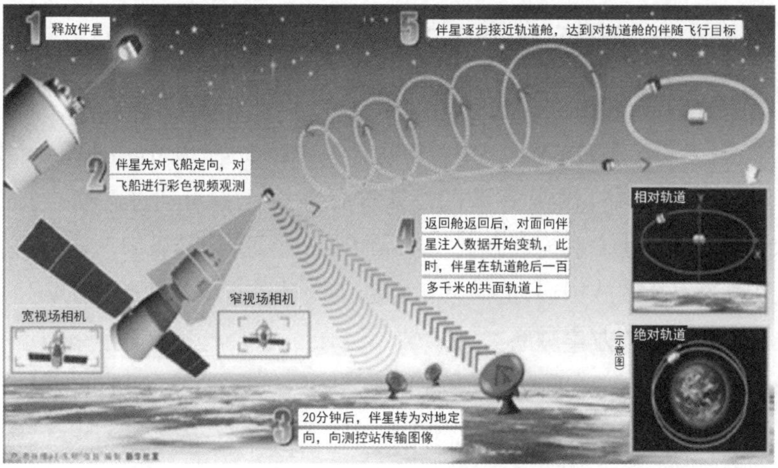

图 1-5 “神舟七号”释放伴随卫星示意图

“神舟七号”飞船伴随卫星是我国第一颗在轨释放的微小伴随卫星，主要任务是进行飞船跟飞照相和视频观测，完成伴随卫星在轨释放与伴随飞行试验，为后续进一步开展微小卫星研制和分布式航天技术研究积累经验，为卫星编队飞行、星间通信、交会对接等空间试验奠定技术基础。

1.2.2 卫星编队在轨项目发展现状

1. 德国“TanDEM-X”双星编队系统

分布式 SAR 卫星系统已实现的成功典范就是 DLR 的 TanDEM-X 双星编队系统[14,15]，如图 1-6 所示。

图 1-6 TerraSAR-X 和 TanDEM-X 编队示意图

该系统的 TerraSAR-X 卫星于 2007 年 6 月发射，辅星 TanDEM-X 卫星于 2010 年 6 月发射。TanDEM-X 雷达卫星设计寿命 5 年，与 TerraSAR-X 雷达卫星协同工作构成天基 InSAR 系统的设计寿命为 3 年，但可通过后续的 TanDEM-X 二代增加功能、延续系统寿命[16]。TanDEM-X 系统还具备编队构形可调整能力，可得到稳定的编队构形，从而具备对选定区域进行干涉成像能力。

2. 瑞典"棱镜"双星编队系统[17-24]

2010 年 6 月 15 日，瑞典"棱镜"(Prisma)技术试验任务卫星由俄罗斯"第聂伯"火箭从亚斯内发射升空，测试低成本新式编队飞行与交会技术。"棱镜"任务由两个小型航天器组成，如图 1-7 所示。作为追逐者的主星称为"明戈"(Mango)，质量 150kg，采用三轴稳定方式，推进系统为 6 个肼燃料推进器；与"明戈"共同工作的目标星称为"探戈"(Tango)，质量 40kg，带有三轴磁稳定系统，不具备机动能力。

这两颗卫星主要用于评估编队飞行技术和超精确交会程序：前者将用于大范围的干涉测量任务中；后者将用于航天器自主服务和自主燃料补给。在 10 个月的试验过程中，两颗卫星多次相互靠近，测试各项低成本技术。按照设想，两颗卫星无需地面控制即能保持固定的相对位置。"棱镜"任务过程中，两个航天器最接近的相对位置保持在 1m 范围内，相对姿态保持在 1°以内。计划的机动试验包括逼近与撤离、避免碰撞以及自主交会。"棱镜"任务还将测试使用无毒的二硝酰胺铵基燃料作为高能绿色推进剂的助推器，这种推进剂比肼推进剂的比冲高10%,储存密度提高30%。在试验过程中,“明戈”还将充当与“探戈”之间的通信工具,因为“探戈”不能直接与地面通信。

图1-7 “探戈”和“明戈”卫星概念图

1.3 卫星编队系统理论技术研究现状

1.3.1 卫星编队动力学建模与设计方法研究现状

1. 卫星编队动力学模型研究现状

卫星编队系统的基本特点是通过多个小型卫星之间相互协作完成大型“虚拟卫星”任务,因此系统星间几何构形和星间相对运动特性是卫星编队系统设计首先要解决的问题。从单星轨道动力学角度看,最简单的卫星编队构形是两颗星前后跟飞,可以明确分类为同轨道或同星下点跟飞构形。在不考虑空间摄动力和控制系统误差等因素影响的前提下,Mark Campbell 和 Kirschner 等人对这种简单构形的编队动力学问题进行了相关研究。近年随着卫星编队理论研究的不断深入,在卫星编队动力学建模领域的研究热点主要集中于相对绕飞轨迹编队构形设计方法研究。

在卫星编队绕飞构形中,因环绕星和参考星(点)之间存在相对运动,所以会牵涉到邻近卫星之间的相对运动问题,而目前针对这种绕飞形式的卫星编队问题研究大多是从 Hill 方程入手。该方程最初是由美国科学家 George William

Hill 于 1878 年在研究月球相对于地球运动时提出，因其与 20 世纪 60 年代 W. H. Clohessy 和 R. S. Wiltshire 在研究航天器交会对接问题提出的近距离航天器相对运动线性化方程相似，故又常将其称为 Clohessy-Wiltshire 方程（简称 C-W 方程），并首先在航天器交会对接中取得了成功应用。但因该方程是在球形中心引力体和圆参考轨道假设条件下推导而来，未包含摄动力的影响，所以方群、何焱和周荻等人分别从模型本身、计算处理等角度研究了其在交会对接应用中的模型误差。

为了使 Hill 方程能够更好地用于卫星编队系统设计，Andrew Sparks 在引入摄动的条件下对该方程进行了研究，并指出动力学的非线性和轨道摄动都会导致卫星编队星间相对运动发生改变，但在对比考虑了 J_2 项摄动和不考虑该摄动的非线性仿真结果时，发现这两种因素还存在差异，而且给出 J_2 项摄动是导致 Hill 方程误差最重要扰动项的结论，只是未能从理论研究上证明该结论。Kyle 也指出，对于较小的编队，Hill 方程中的非线性误差可以忽略，但球形中心引力体假设和圆参考轨道假设带来的误差较大。J. Vander 以 Tschauner-Hempel 方程（简称 T-H 方程）为基础研究了编队飞行的近距离相对运动，虽然 T-H 方程也是一组线性化的方程，但 J. Vander 通过变量替换，以参考星的升交点角距作为自变量，并使方程具有了无量纲形式，虽然去除了参考轨道为圆轨道的限制，但依然存在线性化处理带来的误差和未包含摄动影响的缺点。大量的研究结果表明，线性化的动力学方程不能简单地用作卫星编队飞行的动力学模型，需要针对这些方程在编队飞行中的适用性开展研究。

为了研究 Hill 方程在编队应用中适用性的问题，众多学者以 Hill 方程为基础或采用类似的推导方法，研究了卫星编队系统线性化相对动力学方程的改进问题。张振民和许滨等从编队飞行的构形设计入手，在一个有进动“平均”圆参考轨道假设条件下，给出了考虑 J_2 项影响的 Hill 方程改进形式，并利用非线性仿真验证了其改进 Hill 方程和编队构形设计方法的准确性。在其研究成果中虽然考虑了影响模型准确性的最大因素 J_2 项，但依然受限于“平均”圆参考轨道。Gim 和 Kyle 两人从平均轨道根数出发，给出了小偏心率轨道上邻近卫星相对运动的状态转移矩阵。Carter 和 Humi 通过与卫星运动速度成平方关系的大气阻力模型，给出了一定条件下可简化 T-H 方程的模型，或可进一步简化为 Hill 方程的模型。

2. 卫星编队构形设计方法研究现状

卫星编队构形是满足卫星编队系统任务需求的基本保障条件，而编队构形的设计则是卫星编队系统设计前期需要解决的任务。从现有的文献看,卫星编队构形设计可以分为两类:一类是通过期望构形求解卫星编队初状态参数;另一类则是根据卫星编队任务需求设计相应的构形及其参数。显然,这两种构形设计的思路和出发点均不同,下面分别阐述其研究现状。

因 Hill 方程是卫星编队飞行技术研究比较常用的工具,所以现有的编队构形设计方法多是围绕该方程展开。依据 Hill 方程解析解形式,可以将构形的要求描述为卫星编队初始相对状态,进而利用参考星在地心赤道惯性坐标系中的初始状态,给出环绕星的初始状态和根轨道数,最终用于卫星编队构形控制系统的输入参数。依据这种思路,王鹏基和杨涤以 Hill 方程为基础,初步研究了卫星编队构形设计方法,给出了环绕星轨道根数确定过程。Lovell 和 Frank 等人通过定义"相对轨道根数"表征编队构形,提出基于线性化相对运动动力学方程求解编队环绕星初始状态的方法。针对 Hill 方程中存在较为严重的误差累积现象,杨帆和崔平远等人利用经验公式对初始状态进行了调整,在一定程度上提高了构形精度。

近年来随着对卫星编队动力学模型研究的不断深入,在构形参数确定方面的研究也取得了更广泛的成果。韦娟等人在研究相对运动学方程的基础上,系统地研究了编队构形确定步骤。高云峰等人基于轨道根数描述的卫星编队动力学模型,较为详细地研究了编队构形设计方法,并给出了构形确定的一般步骤和方法。曾国强等人依据简化的相对运动学方程,研究了卫星编队构形确定的一般方法,并在后续的研究中补偿 J_2项摄动,提高了编队构形的受摄稳定性。

编队构形设计的另一类问题往往与卫星编队系统任务背景密切相关,是决定系统性能的关键因素之一。因此,这类构形设计问题是卫星编队系统任务设计的主要内容之一。在早期提出的卫星编队系统项目中,由于重点考虑对编队飞行技术的演示和验证,因此从系统性能角度提出的编队构形约束并不多,大多采用一些相对简单的编队构形,如前后跟飞构形、四面体编队构形等。这类卫星编队系统构形相对简单,对星间观测和编队构形控制要求都不高。

在这种以任务需求为背景的卫星编队构形设计研究中,分布式合成孔径雷达(Synthetic Aperture Radar,SAR)是一种典型的应用方式,也是目前研究最为广泛的分布式卫星应用系统,因此针对这一任务背景的卫星编队构形设计问题也得到了广泛研究。其中极具代表性的是 TechSat-21 项目采用 8 颗星构成的两个指向对称空间圆构形,这种构形使得系统能够同时对星下点两侧的区域实现覆盖。ESA 的 Cartwheel 任务采用由 3 颗星构成的共面绕飞构形,一方面可以通过卫星的相位均匀分布使系统垂直基线的变化趋于平稳,另一方面共面绕飞构形也大大降低了构形控制成本。Hauke 等人以分布式 SAR 的噪声均方差、信噪比、高程精度和定位精度为指标考察系统的性能,并对 CartWheel、Pendulum 和 CarPe 三个任务的基线进行了初步分析。Alfred 等人以加拿大空间局(Canadian Space Agency,CSA)的 RadarSAT 1/2 组成前后跟飞编队为背景,研究了编队环绕星轨道对系统的影响,并选择冻结轨道作为环绕星轨道,从而达到任务干涉测量的目标。

1.3.2 卫星编队相对状态测量方法研究现状

卫星编队飞行任务的完成,较大程度上依赖于精确的星间相对状态信息。目前卫星编队任务中,能够实现星间测量的手段主要包括 GPS、视觉、无线电以及雷达等,而根据不同的任务计划,星间相对位置的测量精度要求已达到厘米甚至毫米级。基于差分 GPS 载波相位差分的相对导航系统是现阶段卫星编队相对状态测量的主要手段,其中具有代表性意义的为 GRACE 双星编队,星间基线相对状态确定地面事后处理精度优于毫米级,而 PRISMA 双星编队星间相对导航实时精度为厘米级,事后处理精度为亚厘米级。微纳卫星编队相关研究任务中,两颗仅重 6.85kg 的加拿大 CanX-4/CanX-5 双星编队,采用基于 GPS 定位技术的卫星相对导航达到 10cm 测量精度。

基于 GPS 的分布式卫星编队相对状态测量技术研究,最早源于 Corazzini 对 GPS 应用于卫星编队飞行的理论分析和室内实验。在此之后,该方向的研究相对发展较快。Montenbruck 提出了采用伪距差分和载波相位差分及最小二乘算法解算星间相对位置、速度的方法。Colmenarejo 提出了采用双频 GPS 进行厘米级星间相对测量的方法。Gonnaud 给出了差分 GPS 应用于 ATV 项目的实际数据和理论分析,为基于 GPS 测量的卫星应用提供了理论支持。Mohiuddin 和 Psiaki 给出了更加详细的建立差分 GPS 测量系统的数学模型方法。Cohen 给出了一种采用反射 GPS 信号测量中高轨道卫星状态的方法。Ashby 与 D'Amico 对 GPS 定位技术在编队卫星系统中的应用现状进行了总结,并描绘了该领域未来的发展趋势及面临的挑战。

虽然 GPS 技术在卫星工程应用中较为普遍,但单纯基于差分 GPS 的编队卫星相对导航技术在连续导航能力、导航精度以及导航实时性上仍然存在诸多不足。低轨编队卫星系统往往因为卫星可见性问题无法获取足够多的 GPS 观测量,而高轨卫星的观测信息稳定性更差;虽然地面事后数据处理确定精度已达到毫米级,但实时导航性能仍停留在厘米级。另外,初始化或观测数据中断再恢复后的重新初始化,往往使得编队卫星相对导航的性能稳定性和可用性更差。利用星间射频(RF)传感器获取编队卫星系统星间测距数据,并作为GPS相对导航系统的补充,形成增强导航系统或组合相对导航系统,可明显提升系统连续导航能力和系统鲁棒性。另外,考虑到卫星编队的星间距离一般为数米至数百公里,星间RF测量能获得更优的信噪比条件,可明显提升组合导航系统收敛速度和实时性。Colmenarejo 提出通过星间无线电相对测量方式来解决GPS测量中的低轨编队精度不足,以及中高轨道编队GPS信号缺失问题。Greenbaum 提出了基于UHF/VHF无线电测量的编队卫星导航测量方式,并针对FASTRAC Mission开展了半物理仿真试验验证工作。Lanyi 面向深空卫星编队飞行的相对距离、速度以及角度测量需求,分析了无线电测量的可行性和误差来源。Delpech 设计了新式无线电测量方案,并应用于PRISMA和Proba3任务的地面仿真试验。

随着视觉图像处理技术发展以及卫星工程任务不断演变,视觉测量在航天领域中的工程应用逐渐增多。Lamoreux 系统地分析了视觉测量传感器在Gemini、Apollo和航天飞机与空间站自主、半自主交会对接应用的局限性,并详细研究了采用立体视觉测量方法的工程可行性。Maluf 给出了基于视觉测量的空间机器人编队飞行导航方案。Abderrahim 和 Romano 研制了基于机器视觉测量进行编队飞行实验的仿真平台。Liu 给出了采用立体成像方式进行卫星编队飞行星间测量原理介绍,同时给出了具体导航算法及仿真结果。Burns 详细介绍了2009年进行的哈勃太空望远镜(Hubble Space Telescope,HST)服务任务4(Service Mission4,SM4)视觉导航系统,并给出了其在马歇尔空间飞行中心空间机器人实验室测试的实验结果。

激光雷达测距作为一种高精度测量技术,近年来逐步被引入卫星编队飞行导航系统。Soloviev 研究了一种基于激光雷达传感器和惯性测量传感器的组合设计方案,以实现卫星编队飞行高精度相对状态测量。Yoo 以近地轨道卫星编队系统为对象,在空间飞行安全性分析基础上,提出一种基于激光雷达传感器实现目标跟踪的方案。Susca 针对GPS信号遮蔽条件,设计了一种激光雷达/视觉/惯性组合导航方案,并通过地面仿真试验验证了其可行性。

纵观国内外在轨卫星编队系统使用的相对状态测量技术,GPS相对导航测量依然是主要手段,RF、视觉测量等其他手段主要用于交会对接和深空探测任务,也存在部分任务于不同阶段采用不同测量手段进行组合导航。虽然当前卫星编队相对导航技术的研究成果较多，且应用效果也较好；但考虑未来分布式卫星编队系统的数量会逐渐增多，以及微小卫星编队系统的广泛出现，会对编队相对状态测量精度、输出稳定性、算法实时性和自适应性等性能提出更高的要求，还应进一步开展估计精度高、适应能力强和稳定性好的相对状态导航滤波算法研究，以期提高编队卫星相对导航性能，为新型分布式航天技术应用提供支撑。

1.3.3 卫星编队控制方法研究现状

1. 卫星编队构形保持控制方法研究现状

在卫星编队系统运行过程中，受空间摄动力影响，卫星编队会逐渐偏离标称构形，当其星间相对状态超出任务允许的误差上限时，需要通过编队保持控制消除误差，以维持构形始终满足编队系统任务应用需求。与传统单星轨道维持控制相比，这种编队构形保持具有高频次、高精度和微推力等特点，为降低编队系统对地面资源的依赖，期望编队构形保持控制具有自主性。

在早期的卫星编队构形控制方法研究过程中，大多是以线性化的卫星编队动力学模型为基础开展研究工作。Daniel 等人将编队飞行问题分为导引和控制两部分，并分别进行了全面的综述。Rechard 研究了圆参考轨道的卫星编队动力学模型和脉冲推力控制方式，设计了编队构形保持控制律。Vikram 等人研究了圆参考轨道的编队构形保持方法，利用线性二次型调节器（Linear Quadratic Regulator，LQR）技术，采用离散时间的卫星编队动力学模型和脉冲推力控制方式，设计了编队构形保持控制律。Sparks 等人基于 LQR 技术，设计了离散时间的脉冲反馈控制律，并考虑相对运动在参考轨道面内和垂直轨道面方向不同步的问题，在状态方程离散化过程中采用不同的离散时间设计控制律。在随后的研究中，又将离散时间线性反馈 LQR 控制方法应用于卫星编队保持问题，针对地面投影圆构形，在地球非球形 J_2 项摄动影响，对构形保持控制所需能量进行了估算，并利用高精度轨道动力学模型进行了仿真验证，仿真结果指出控制能耗与控制脉冲的频率有关。在大量的以 Hill 方程为基础研究卫星编队控制方法以外，T-H 方程作为卫星编队动力学模型的另一种重要描述形式，也被用于卫星编队构形保持控制方法研究。

随着对卫星编队构形保持控制方法研究的不断深入，非线性的构形保持控制方法开始得到重视。Guoyan Qi 针对 Hill 方程的线性化误差、圆轨道假设误差等因素的影响，采用李雅普诺夫方法设计了非线性输出反馈控制律，在模型参数不确定的条件下使编队系统跟踪标称运动轨迹。Marcio 先利用高精度轨道动力学模型来描述相对运动,再基于李雅普诺夫稳定性原理设计了非线性反馈控制律,能够在摄动影响和模型参数不确定的情形下,保持构形控制过程大范围渐进稳定性。刘少然等人基于平均轨道根数的编队构形确定方法,引入卫星编队构形控制,并设计了一种在非线性动力学模型下的卫星编队闭环控制方法。Yeh 采用滑模变结构控制方法,设计了卫星编队构形保持控制律,较好地解决了模型参数不确定性问题。

除上述以笛卡儿相对状态误差为反馈量的编队构形控制方法以外,还有学者提出了以轨道根数差作为反馈量的卫星编队构形控制方法。John 利用平均轨道根数差为跟踪参数,以脉冲发动机作为执行机构,基于 Gauss 型轨道摄动方程推导了发动机的点火序列。Llgen 利用 Gauss 型轨道摄动方程,研究了经典轨道根数形式下的李雅普诺夫最优反馈控制。Schaub 提出了一种以环绕星平均轨道根数误差作为反馈输入的构形保持控制方法,同时将 J_2 不变轨道作为控制目标,以增加构形稳定性,并将平均轨道根数反馈控制与笛卡儿状态的反馈控制效果进行了对比。在此基础上,Schaub 通过引入笛卡儿状态描述,提出了一种同时采用笛卡儿状态和轨道根数的混合反馈控制律,分别以轨道根数差的形式描述环绕星目标轨道,以笛卡儿相对状态的形式描述实际轨道,通过相应的映射关系将轨道根数差转为笛卡儿相对状态生成反馈控制。

2. 卫星编队姿态协同控制方法研究现状

卫星在空间环境中运行,处于失重状态,如果不进行姿态控制,卫星就会在轨道中不停地旋转,这对卫星执行对地观测、通信或深空探测等任务是不可以接受的,一般卫星在轨运行期间均需维持特定的指向,即卫星姿态均有稳定性控制要求。相对于单星姿态控制问题,卫星编队中各成员卫星在轨运行中需保持一定的协同性,姿态协同就是使每个卫星姿态同步地收敛到其各自期望姿态位置。由于卫星在飞行过程中不可避免地会出现单机因故障造成部分功能失效的情况,如果没有及时采取有效的应对措施,则会造成编队系统不能满足性能要求,轻则失稳性能下降,重则造成任务失败。容错控制可以在卫星单机出现故障时,最大限度保证编队飞行的安全性和可靠性,保持一定的执行能力和控制效果,因此,容错性能成为卫星编队姿态控制中一项重要的性能指标。在分布式卫星编队系统中,多星间信息流动关系是区别于传统单星的显著特点,为此从下面基于持续和非持续星间通信形式,分别介绍姿态协同控制技术的研究现状。

基于无向通信拓扑结构下姿态协同控制问题是针对卫星编队通信拓扑中

通信不存在方向性的问题。在无向通信结构下,卫星编队系统中的单星都假设可以接收和发送信息。Liang Haizhao 等使用基于行为的控制方法,控制器整体结果基于不同行为权重分布,考虑了不确定性和扰动,设计了全局渐进收敛的控制器。Cheng Yingying 等设计了一种基于有限时间观测器的控制方法,通过该观测器,设计了输入受限的有限时间控制器,属于一种无角速度信息的多星姿态协同控制器。Xia Yuanqing 等设计了自适应滑模有限时间跟踪控制器,解决了不确定性和外界扰动问题,并利用图论和李雅普诺夫方法证明了算法的稳定性。

无向通信拓扑结构姿态协同控制是基于卫星编队星间均可以相互传递信息开展的研究工作,但在许多卫星编队系统中,会存在部分卫星只具备接收或发射能力的情形,即有单向通信能力。这种情形一般称为有向通信拓扑结构,针对此类条件下的姿态协同控制问题重点是解决星间通信方向性对控制的约束。事件驱动是一种在计算机行业广泛使用的概念,最初由瑞典皇家科学院学者 Karl Johan Åström 和 Bo Bernhardsson 在 1999 年一篇会议论文中提出,并引入编队系统控制。Åstrom 等学者后续研究了闭环控制系统,设计了相应的触发机制,使采样请求只在间隔的一些时间点执行,而不再是持续的要求。同时,学者 Karl-Erik Åarzén 发表了研究事件驱动 PID 控制器的会议论文,探讨了事件驱动采样控制方法的实际应用场景。但是,此后一段时间事件驱动控制理论的应用和发展并未取得良好进展,主要是因为仍有一些尚未解决的关键理论问题。特别的事件驱动采样控制系统,可以理解为一个混合系统(Hybrid System),在混合系统中,经常发生 Zeno 现象,这会影响系统的正常运行。所谓 Zeno 现象,是指系统运行的某个有限时间区间内,状态的跳变趋于无限,从而使系统运行趋于停滞。每次事件触发都会导致系统输入状态改变,如果触发事件数量在某个有限时间内趋于无限,则系统将会发生 Zeno 现象,这将影响事件驱动控制系统的稳定。直至 2007 年,美国加利福尼亚州立大学洛杉矶分校(California State University,Los Angeles)学者 Tabuada 等在文献中严格证明,在一类基于状态依赖事件驱动条件控制的非线性反馈控制系统中,触发的事件之间存在一个最小时间间隔下界,避免了系统 Zeno 现象。据此理论分析框架,事件驱动采样控制理论开始逐渐发展。

3. 基于气动力的卫星编队姿轨耦合控制研究现状

对于低轨飞行的卫星,气动力和气动力矩通常被看作外部扰动,会在一定程度上影响卫星的轨道和姿态运动。所以,传统卫星设计时均希望能尽量减轻气动力和力矩的影响。针对卫星在空间中的变轨任务，London 在 1961 年首次提出了气动力辅助变轨技术（AOT），并证明同传统的 Hohmann 变轨方法相比，AOT 所消耗的燃料大大减少。气动力辅助变轨这一概念被提出后，吸引了众多学者进行相关技术的研究。主要的研究热点集中在轨道转移的最优轨迹设计和进行轨道转移时的最优控制律设计两个方面。1981 年，Vinh 和 Ma 针对卫星气动变轨问题，通过分析卫星的气动特性，结合优化方法，设计了大气层中的最优变轨轨迹。Miele 和 Mease 等学者对利用气动力的辅助变轨问题进行了详细的总结。

利用气动力对单星绝对轨道进行控制，必须在非常低的轨道进行，以保证有足够大的气动力，因此要结合冲量控制方法首先使航天器进入大气层，在整个过程中气动力仅是起到了辅助作用。1986 年，Leonard 针对低轨小卫星编队飞行问题，提出了一种利于差分气动力进行编队卫星相对轨道控制的方法，他假设卫星上装有气动板以产生最大或最小气动阻力，并将 C-W 方程转化成描述长期运动的二重积分器和描述周期运动的谐波振荡器。在其后来的工作中，他又推导出一种基于差分气动阻力的最小偏心率编队控制方法。Varma 针对多航天器编队任务，假设每颗卫星上都装有可转动的气动板以产生连续气动力进行相对轨道控制，并考虑 J_2 摄动力设计了滑模控制器，通过闭环仿真验证了算法的可行性。Annie 针对小卫星上的传感器精度不高和轨道确定不准确问题，在相对状态存在误差的情况下，设计了基于差分气动力的控制器。以色列理工大学的 Ben-Yaacov 和 Gurfil 针对小卫星集群的长期保持问题，利用轨道要素设计了基于差分气动阻力的非线性控制器，通过调整各卫星的半长轴来控制集群间的相对位置，并将其算法在纳米卫星项目 SAMSON 中进行了在轨验证。比利时烈日大学的 Dell'Elce 和 Kerschen 针对小卫星交会问题，基于气动阻力设计了一种新的控制框架，包含了三个模块，分别为阻力估计模块、机动规划模块和在线补偿模块。加拿大莱尔森大学的 Kumar 团队设想将气动阻力和太阳光压相结合，在低轨时利用差分气动力，在高轨时利用太阳光压，设计了一套基于滑模方法的闭环控制器，实现了对小卫星的编队保持。Pérez 利用神经网络学习在轨密度数据和 STK 仿真密度数据，估计出大气密度未来的变化趋势，并以此为基础设计交会问题的标称轨迹。

利用气动力矩进行卫星稳姿控制的研究在 20 世纪 70 年代就已经开始。Modi 针对飞行在自由分子层的卫星，假设气动力矩可以通过卫星上的气动板旋转产生，设计了稳姿控制器，并用劳斯判据证明了其稳定性。Ravindran 假设低轨飞行的卫星安装了4块可控的气动板以产生气动力矩,在考虑气动力矩幅值有限的情况下,基于最优理论和反馈控制方法设计了姿态控制器。Pande利用气动力矩对卫星的滚动和俯仰运动进行控制,利用最优控制理论为气动板的旋转指令设计了控制律,并证明了控制器的渐进稳定。Psiaki设计了基于环境力的PID控制器,利用空间磁力矩和气动力矩实现了小卫星三轴姿态控制,其中前者可以对卫星滚动运动进行控制,后者可以对俯仰和偏航运动进行控制。相似地,李太玉利用气动力矩实现了俯仰运动和偏航运动的控制,利用重力梯度力矩实现了对俯仰运动和滚转运动的控制。

1.4 卫星编队地面仿真验证技术研究现状

基于编队技术研制的分布式航天器,由于卫星系统复杂、技术难度大,为保障卫星系统在轨能够安全、可靠地运行,国内外航天研究机构均非常重视卫星编队地面半实物仿真系统的开发。在地面,通过对各类编队关键技术的地面仿真验证,可有效支撑卫星编队软硬件系统的开发和验证,降低系统研制风险和成本。为此,各国航天机构建立了不同形式、不同仿真目标的卫星编队地面半实物仿真系统,广泛应用于卫星编队系统功能和性能的开发与验证。

1. 气浮式卫星编队仿真试验系统

1) 美国MIT实验室的Sphere编队仿真验证系统

美国MIT实验室的Sphere编队仿真验证系统[25]如图1-8所示。该仿真试验系统由三个相似的独立模块组成,单个模块的重量(包括推进剂和电池)为4.3kg,净重3.5kg,最大推力器推力为0.12N,最大线加速度为0.17m/s^2,最大力矩为0.023Nm,最大角加速度为3.5rad/s^2,电源(由16AA电池提供)为13W,电池工作寿命2h。通过在轨试验,可验证星间相对状态测量、编队保持和等编队关键技术的可行性。

2) 美国JPL实验室的卫星编队飞行控制技术测试系统

美国JPL实验室研制的卫星编队飞行控制技术测试系统[26]如图1-9所示。该系统采用气浮技术,主要由3个具有6自由度的卫星模拟器所组成。可分别开展星间相对状态测量、星间碰撞规避、相对状态保持和数据传输与处理等编队关键技术。

3) 以色列分布式卫星地面半物理仿真验证系统

以色列的分布式卫星地面半物理仿真验证系统[27]采用气浮仿真技术,主

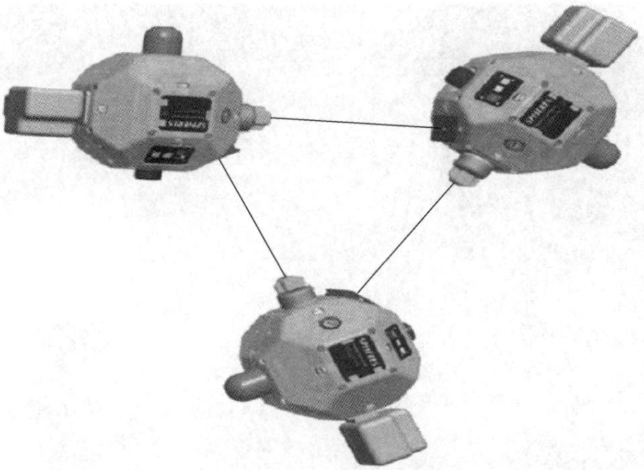

图 1-8 美国 MIT 实验室的 Sphere 编队仿真验证系统

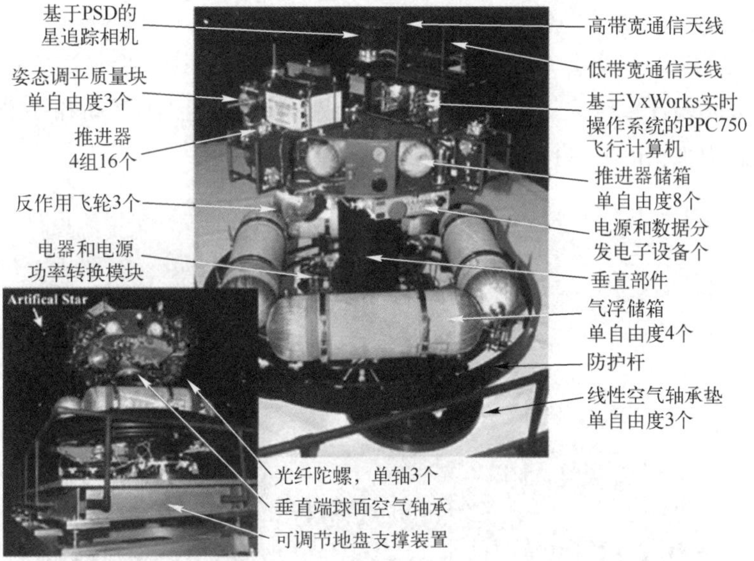

图 1-9 美国 JPL 实验室的卫星编队飞行控制技术测试系统

要由两个仿真模块组成，单个模块均通过气浮技术漂浮在仿真台平面，以模拟卫星系统在轨失重状态，如图 1-10 所示。该系统主要用来验证深空编队相对导航及控制算法，同时也可用来验证基于视觉的三维相对导航技术。

4）中国卫星编队技术仿真验证系统

国内对分布式卫星系统技术的研制相对较晚，在地面半物理仿真试验系统建设方面，主要有哈尔滨工业大学的气浮式编队技术验证和中国航天科技集团

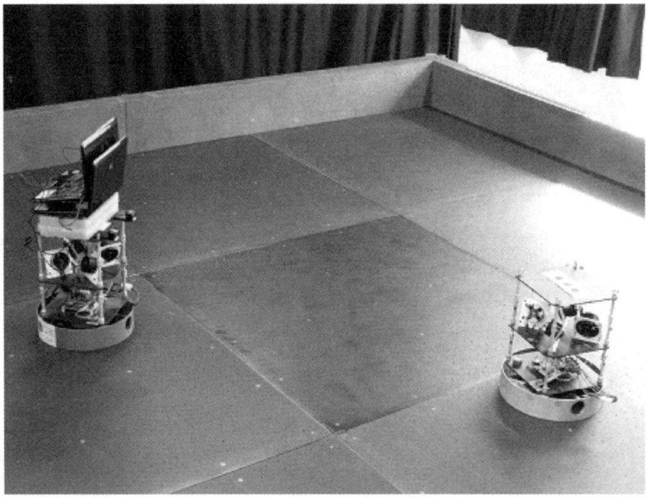

图 1-10　以色列实分布式卫星地面半物理仿真验证系统

公司第八研究院的交会对接技术验证仿真试验系统。其中哈尔滨工业大学的气浮式编队验证系统采用气浮技术研制而成,可以完成二维平动和一维转动的地面动态模拟,如图 1-11 所示。

图 1-11　哈尔滨工业大学气浮式编队仿真验证系统

按图 1-11 所示的气浮式编队仿真验证系统,通过将星载计算机、陀螺、反作用飞轮以及冷气推进系统等单机仪器设备接入该系统,可对编队测量和控制

等技术指标进行仿真验证。该仿真系统主要由以下几部分组成:

(1) 基础平台单元,主要包含4m×5m的花岗岩平台和2个三自由度气浮仿真平台。其中,气浮仿真平台接收地面控制单元的控制指令后进行控制策略规划,并在花岗岩平台上完成两维平动和一维姿态运动。通过气浮仿真平台进行星间信息交互,可开展星间姿态协同控制、分布式卫星系统空间构形的维持控制以及自主碰撞规避控制等技术仿真验证。

(2) 局域GPS定位系统。每个气浮仿真平台上安装两个局域GPS敏感器和配置于地面的4个局域GPS发射装置,可用于实现气浮仿真平台间的高精度相对位置确定和初始姿态标定。

(3) 地面控制单元,主要包含地面控制计算机和地面数据库,可用于对气浮仿真平台下达指令以及从气浮仿真平台下载数据,地面数据库用于存储所有下载数据。

2. 桁轨式卫星编队仿真试验系统

上述的各种编队卫星地面半物理仿真方案,大多基于气浮技术,虽可对编队构形控制算法进行机理层面的验证,但是由于其普遍存在位置控制精度不高的缺点,难以对编队构形控制算法进行性能考核。故为在地面实现高精度的卫星编队相对运动状态模拟,以便对编队构形控制算法进行性能验证,德国DLR采用桁轨式结构,研制了一套低轨卫星编队仿真系统,如图1-12所示。

图1-12 德国DLR桁轨式卫星编队仿真试验系统

该仿真系统主要由空间三维桁架和有限范围的姿态运动机构组成，可模拟卫星空间相对姿轨运动，最大有效行程为11m，位置控制精度为0.8mm，姿态控制精度为0.04°，可开展双星编队相对位置控制技术和姿轨协同控制技术的仿真验证及指标考核试验。

1.5 小结

本章在介绍分布式卫星编队系统概念的基础上，从实际应用、理论研究和地面仿真三个方面，分别介绍了卫星编队系统技术的发展现状。其中，在实际应用领域，主要围绕技术验证和工程应用两个主题，介绍了国际上比较典型的卫星编队系统；在理论技术研究领域，主要从编队动力学建模、构形设计、星间状态测量和姿轨控制等方面，介绍了当前主流的卫星编队理论方法；在编队地面仿真验证领域，主要从气浮式和桁轨式两种技术途径，介绍了国内外典型的卫星编队地面仿真验证系统。

第 2 章

卫星编队基础理论

相对传统单星姿轨技术，卫星编队技术是在单星问题基础上，重点研究星间相对运动和姿态协同问题，其轨道运动和姿态运动学以及控制方法均存在不同。为给后续编队设计和控制知识学习奠定基础，在建立编队技术研究基本坐标系的基础上，本章围绕后续编队构形设计、相对状态测量、姿态协同和姿轨耦合控制等内容，详细阐述编队轨道相对运动模型、姿态运动模型和姿轨控制等基本理论。

2.1 坐标系定义

在卫星编队飞行中，为描述编队中星间相对运动关系，常用的两种坐标系为地心惯性坐标系（Earth-Centered Inertial Frame，ECI）和卫星轨道坐标系（Local Vertical Local Horizontal Frame，LVLH），如图 2-1 所示。

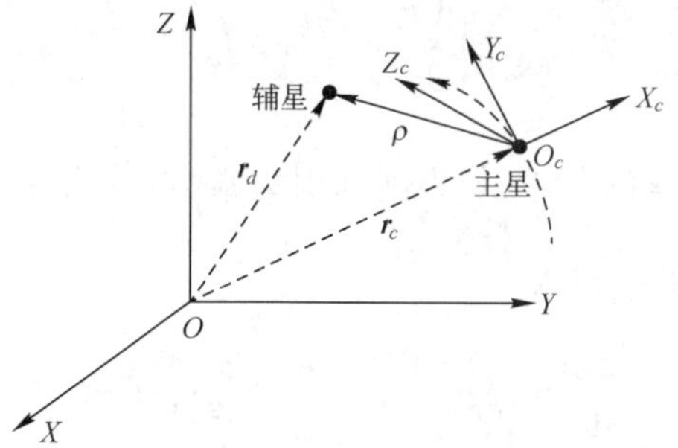

图 2-1 地心惯性坐标系与卫星轨道坐标系

（1）地心惯性坐标系 $OXYZ$，原点位于地心 O，OX 轴位于赤道平面指向春分点,OZ 轴垂直赤道平面指向北极,OY 轴由右手定则确定,主要用来描述单颗卫星围绕地球飞行时的位置状态和速度状态。

(2) 卫星轨道坐标系分为主星轨道坐标系和辅星轨道坐标系。主星轨道坐标系 $O_cX_cY_cZ_c$,原点位于卫星的质心 O_c,O_cX_c 轴沿地心矢径方向,O_cY_c 轴位于轨道平面且垂直 O_cX_c 轴指向卫星运动方向,O_cZ_c 轴由右手定则确定。类似地可定义辅星轨道坐标系 $O_dX_dY_dZ_d$。描述辅星相对主星运动的参考坐标系选为 $O_cX_cY_cZ_c$。卫星轨道坐标系适合于用来描述两颗卫星之间的相对运动状态。值得指出的是,卫星轨道坐标系是在动态变化的,原点运行在卫星轨道上,三轴指向在惯性空间中旋转。

2.2 卫星编队轨道动力学模型

2.2.1 非线性化编队轨道动力学模型

在地心惯性坐标系中,主星与辅星围绕地球飞行,设主星、辅星的地心矢径分别为 $\boldsymbol{r}_c$ 和 $\boldsymbol{r}_d$,则辅星相对于主星的位置矢量 $\boldsymbol{\rho}$ 为

$$\boldsymbol{\rho}=\boldsymbol{r}_d-\boldsymbol{r}_c \tag{2-1}$$

假设主星受摄动力和主动力作用的加速度为 $\boldsymbol{f}_c$,辅星受摄动力和主动力作用的加速度 $\boldsymbol{f}_d$。在地球重力场中,根据单星二体问题的基本运动方程有

$$\begin{cases}\dfrac{\mathrm{d}^2\boldsymbol{r}_c}{\mathrm{d}t^2}=-\dfrac{\mu}{r_c^3}\boldsymbol{r}_c+\boldsymbol{f}_c\\[2ex]\dfrac{\mathrm{d}^2\boldsymbol{r}_d}{\mathrm{d}t^2}=-\dfrac{\mu}{r_d^3}\boldsymbol{r}_d+\boldsymbol{f}_d\end{cases} \tag{2-2}$$

式中:$\mu=3.98600436\times10^{14}\,\mathrm{m}^3/\mathrm{s}^2$,为地球引力常数;$\dfrac{\mathrm{d}}{\mathrm{d}t}$为在 ECI 坐标系中求导。

将式(2-2)中两式相减,可得

$$\frac{\mathrm{d}^2\boldsymbol{\rho}}{\mathrm{d}t^2}=\frac{\mathrm{d}^2\boldsymbol{r}_d}{\mathrm{d}t^2}-\frac{\mathrm{d}^2\boldsymbol{r}_c}{\mathrm{d}t^2}=\frac{\mu}{r_c^3}\boldsymbol{r}_c-\frac{\mu}{r_d^3}\boldsymbol{r}_d+\boldsymbol{f}_d-\boldsymbol{f}_c \tag{2-3}$$

根据坐标系间矢量微分的关系,有

$$\frac{\mathrm{d}\boldsymbol{\rho}}{\mathrm{d}t}=\frac{\delta\boldsymbol{r}}{\delta t}+\boldsymbol{\omega}\times\boldsymbol{r} \tag{2-4}$$

式中：$\frac{\delta \boldsymbol{r}}{\delta t}$为在主星 LVLH 坐标系中求导；$\omega$ 为主星 LVLH 坐标系相对于 ECI 坐标系运动的角速度矢量。

对式(2-4)在 ECI 坐标系中继续求导，有

$$\frac{\mathrm{d}^2\boldsymbol{\rho}}{\mathrm{d}t^2}=\frac{\delta^2\boldsymbol{\rho}}{\delta t^2}+2\boldsymbol{\omega}\times\frac{\delta\boldsymbol{\rho}}{\delta t}+\boldsymbol{\omega}\times(\boldsymbol{\omega}\times\boldsymbol{\rho})+\frac{\delta\boldsymbol{\omega}}{\delta t}\times\boldsymbol{\rho} \tag{2-5}$$

为求得标量形式的相对运动方程，设 $\boldsymbol{i}_c$、$\boldsymbol{j}_c$ 和 $\boldsymbol{k}_c$ 分别为主星 LVLH 坐标系三轴的单位矢量，则有

$$\boldsymbol{\rho}=x\boldsymbol{i}_c+y\boldsymbol{j}_c+z\boldsymbol{k}_c \tag{2-6}$$

$$\boldsymbol{r}_c=r_c i_c,\boldsymbol{r}_d=\boldsymbol{r}_c+\boldsymbol{\rho}=(r_c+x)\boldsymbol{i}_c+y\boldsymbol{j}_c+z\boldsymbol{k}_c \tag{2-7}$$

$$\boldsymbol{\omega}=\omega\boldsymbol{k}_c,\frac{\delta\boldsymbol{\omega}}{\delta t}=\dot{\omega}\boldsymbol{k}_c \tag{2-8}$$

式中：x、y 和 z 分别为辅星在主星 LVLH 坐标系中的位置坐标分量；ω 和$\dot{\omega}$分别为主星 LVLH 坐标系相对于 ECI 坐标系旋转的角速度和角加速度，即主星轨道的角速度和角加速度。

将式(2-7)代入式(2-3)，且设$\boldsymbol{f}_c$、$\boldsymbol{f}_d$ 在主星 LVLH 坐标系下的坐标分别为 $\boldsymbol{f}_c=[f_{\mathrm{cx}}\ f_{\mathrm{cy}}\ f_{\mathrm{cz}}]^{\mathrm{T}}$ 和 $\boldsymbol{f}_d=[f_{\mathrm{dx}}\ f_{\mathrm{dy}}\ f_{\mathrm{dz}}]^{\mathrm{T}}$，所以有

$$\begin{aligned}\frac{\mathrm{d}^2\boldsymbol{\rho}}{\mathrm{d}t^2}=&\left[\frac{\mu}{r_c^2}-\frac{\mu}{r_d^3}(r_c+x)\right]\boldsymbol{i}_c-\frac{\mu}{r_d^3}y\boldsymbol{j}_c-\frac{\mu}{r_d^3}z\boldsymbol{k}_c+\\&(f_{\mathrm{dx}}-f_{\mathrm{cx}})\boldsymbol{i}_c+(f_{\mathrm{dy}}-f_{\mathrm{cy}})\boldsymbol{j}_c+(f_{\mathrm{dz}}-f_{\mathrm{cz}})\boldsymbol{k}_c\end{aligned} \tag{2-9}$$

将式(2-6)、式(2-8)代入式(2-5)，有

$$\frac{\mathrm{d}^2\boldsymbol{\rho}}{\mathrm{d}t^2}=(\ddot{x}-2\omega\dot{y}-\omega^2x-\dot{\omega}y)\boldsymbol{i}_c+(\ddot{y}+2\omega\dot{x}-\omega^2y+\dot{\omega}x)\boldsymbol{j}_c+\ddot{z}\boldsymbol{k}_c \tag{2-10}$$

结合式(2-9)和式(2-10)，可得标量形式的非线性化编队轨道动力学方程为

$$\begin{cases}\ddot{x}=2\omega\dot{y}+\omega^2x+\dot{\omega}y+\dfrac{\mu}{r_c^2}-\dfrac{\mu x(r_c+x)}{[(r_c+x)^2+y^2+z^2]^{\frac{3}{2}}}+\Delta f_x\\[2ex]\ddot{y}=-2\dot{\omega}x+\omega^2y-\dot{\omega}x+\dfrac{\mu y}{[(r_c+x)^2+y^2+z^2]^{\frac{3}{2}}}+\Delta f_y\\[2ex]\ddot{z}=-\dfrac{\mu z}{[(r_c+x)^2+y^2+z^2]^{\frac{3}{2}}}+\Delta f_z\end{cases} \tag{2-11}$$

$$\Delta f=f_d-f_c$$

2.2.2 线性化编队轨道动力学模型

由于主星轨道半径远大于编队飞行系统的星间距离，为获得一个相对简化的动力学模型，可对模型进行一阶线性化处理，以便编队系统设计与分析。为方便计算和描述，后续定义主星在 ECI 坐标系中的位置矢量 r_c 均采用 r 表示。

假设编队系统星间距离相对于主星轨道半长轴为小量，即 r,x,y,z，对式(2-11)的非线性项进行一阶线性化处理，可得

$$\sqrt{(r+x)^2+y^2+z^2}=r\sqrt{1+\frac{2x}{r}+\frac{x^2+y^2+z^2}{r^2}}=r\sqrt{1+\frac{2x}{r}} \tag{2-12}$$

对式(2-12)进行泰勒级数展开，并忽略其中的二阶及以上高次项，代入到式(2-11)中得到一阶线性化编队轨道动力学方程[28]，即

$$\begin{cases}\ddot{x}=2\omega\dot{y}+\omega^2x+\dot{\omega}y+\dfrac{2\mu x}{r^3}+\Delta f_x\\ \ddot{y}=-2\dot{\omega}x+\omega^2y-\dot{\omega}x-\dfrac{\mu y}{r^3}+\Delta f_y\\ \ddot{z}=-\dfrac{\mu z}{r^3}+\Delta f_z\end{cases} \tag{2-13}$$

2.3 卫星编队轨道运动学模型

2.3.1 编队状态相对运动模型

2.3.1.1 椭圆参考轨道相对运动模型(Lawden 方程和 T-H 方程)

1) Lawden 方程

由卫星轨道动力学模型可知

$$\begin{cases}\omega=\dot{f}=n_p(1+e\cos f)^2\\ \dot{\omega}=\ddot{f}=-2en_p^2\sin f(1+e\cos f)^3\end{cases} \tag{2-14}$$

$$\frac{\mu}{r^3}=n_p^2(1+e\cos f)^3=n_p^{\frac{1}{2}}\dot{f}^{\frac{3}{2}} \tag{2-15}$$

式中：$n_p=\sqrt{\mu/p^3}$为主星角速度；$p=a(1-e^2)$为主星轨道半通径。

因此，式（2-13）描述的线性化编队动力学方程可转化为

$$\begin{cases}\ddot{x}-2\dot{f}\dot{y}-\dot{f}^2x-\ddot{f}y=2n_p^{\frac{1}{2}}\dot{f}^{\frac{3}{2}}x+\Delta f_x\\ \ddot{y}+2\dot{f}\dot{x}-\dot{f}^2y+\ddot{f}x=-n_p^{\frac{1}{2}}\dot{f}^{\frac{3}{2}}y+\Delta f_y\\ \ddot{z}=-n_p^{\frac{1}{2}}\dot{f}^{\frac{3}{2}}z+\Delta f_z\end{cases} \tag{2-16}$$

写成矩阵形式为

$$\begin{bmatrix}\ddot{x}\\ \ddot{y}\\ \ddot{z}\end{bmatrix}=\begin{bmatrix}\dot{f}^2+2n_p^{\frac{1}{2}}\dot{f}^{\frac{3}{2}} & \ddot{f} & 0\\ -\ddot{f} & \dot{f}^2-n_p^{\frac{1}{2}}\dot{f}^{\frac{3}{2}} & 0\\ 0 & 0 & -n_p^{\frac{1}{2}}\dot{f}^{\frac{3}{2}}\end{bmatrix}\begin{bmatrix}x\\ y\\ z\end{bmatrix}+\begin{bmatrix}0 & 2\dot{f} & 0\\ -2\dot{f} & 0 & 0\\ 0 & 0 & 0\end{bmatrix}\begin{bmatrix}\dot{x}\\ \dot{y}\\ \dot{z}\end{bmatrix}+\begin{bmatrix}\Delta f_x\\ \Delta f_y\\ \Delta f_z\end{bmatrix} \tag{2-17}$$

式（2-17）称为 Lawden 方程，可看出 Lawden 方程为具有周期性时变系数矩阵的线性系统，形式比较复杂，很难分析并获得解析解。

2）T-H 方程

为了简化方程式（2-17），以真近点角代替时间作为自变量，在轨道频域中研究编队动力学方程。自变量 ρ 对真近点角 f 的导数 ρ'，与对时间 t 的导数$\dot{\rho}$之间存在如下关系：

$$\begin{cases}\dot{\rho}=\rho'\dot{f}\\ \ddot{\rho}=\rho''\dot{f}^2+\rho'\ddot{f}\end{cases} \tag{2-18}$$

将式（2-18）代入 Lawden 方程，可得

$$\begin{bmatrix}x''\\ y''\\ z''\end{bmatrix}=\begin{bmatrix}3-2\kappa_c & -2\kappa_s & 0\\ 2\kappa_s & \kappa_c & 0\\ 0 & 0 & -1+\kappa_c\end{bmatrix}\begin{bmatrix}x\\ y\\ z\end{bmatrix}+\begin{bmatrix}2\kappa_s & 2 & 0\\ -2 & 2\kappa_s & 0\\ 0 & 0 & 2\kappa_s\end{bmatrix}\begin{bmatrix}x'\\ y'\\ z'\end{bmatrix}+\begin{bmatrix}\Delta\tilde{f}_x\\ \Delta\tilde{f}_y\\ \Delta\tilde{f}_z\end{bmatrix} \tag{2-19}$$

$$\kappa_c=\frac{e\cos f}{1+e\cos f},\kappa_s=\frac{e\sin f}{1+e\cos f},\Delta\tilde{f}_j=\frac{d_j}{\dot{f}^2}=\frac{d_j}{n_p^2(1+e\cos\theta)^4},j=x,y,z$$

为了进一步简化 T-H 方程，引入归一化变量，即

$$\begin{cases}\eta_x=\dfrac{x}{r_c}\\ \eta_y=\dfrac{y}{r_c}\\ \eta_z=\dfrac{z}{r_c}\\ \eta'_x=\dfrac{x'}{r_c}-\dfrac{e\sin f}{p}x\\ \eta'_y=\dfrac{y'}{r_c}-\dfrac{e\sin f}{p}y\\ \eta'_z=\dfrac{z'}{r_c}-\dfrac{e\sin f}{p}z\end{cases} \tag{2-20}$$

将式(2-20)代入方程式(2-19),可得

$$\begin{bmatrix}\eta''_x\\ \eta''_y\\ \eta''_z\end{bmatrix}=\begin{bmatrix}3/(1+e\cos f) & 0 & 0\\ 0 & 0 & 0\\ 0 & 0 & -1\end{bmatrix}\begin{bmatrix}\eta_x\\ \eta_y\\ \eta_z\end{bmatrix}+\begin{bmatrix}0 & 2 & 0\\ -2 & 0 & 0\\ 0 & 0 & 0\end{bmatrix}\begin{bmatrix}\eta'_x\\ \eta'_y\\ \eta'_z\end{bmatrix}+\begin{bmatrix}\Delta\widehat{f}_x\\ \Delta\widehat{f}_y\\ \Delta\widehat{f}_z\end{bmatrix} \tag{2-21}$$

式中:$\Delta\widehat{f}_j, j=x,y,z$ 为归一化的加速度,且有 $\Delta\widehat{f}_j=\dfrac{\Delta\widehat{f}_j}{r_c}=\dfrac{\Delta\widehat{f}_j}{pn_p^2\ (1+e\cos\theta)^5}$。

式(2-21)称为T-H方程。显然,T-H方程形式简单,系数矩阵中只有一个元素随真近点角发生周期性变化,且轨道平面内外的运动解耦。

2.3.1.2 C-W 方程

1) C-W 方程推导

当卫星编队系统主星轨道为近圆轨道($e_c\to 0$)时,有 $\omega=\sqrt{\dfrac{\mu}{r^3}}=\sqrt{\dfrac{\mu}{a_c^3}}, \dot{\omega}=0$,并记平均轨道角速度 $n=\omega$,且不考虑卫星受摄动力及主动控制力的影响,即 $f_c=0$,$f_d=0$。此时,式(2-13)可转化为

$$\begin{cases}\ddot{x}-2n\dot{y}-3n^2x=0\\ \ddot{y}+2n\dot{x}=0\\ \ddot{z}+n^2z=0\end{cases} \tag{2-22}$$

上述一阶常系数微分方程即为C-W方程[29-30],该方程可写为$\dot{\boldsymbol{X}}(t)=\boldsymbol{A}\boldsymbol{X}(t)$

的形式,即

$$\begin{bmatrix}\dot{x}\\ \dot{y}\\ \dot{z}\\ \ddot{x}\\ \ddot{y}\\ \ddot{z}\end{bmatrix}=\begin{bmatrix}0&0&0&1&0&0\\0&0&0&0&1&0\\0&0&0&0&0&1\\3n^2&0&0&0&2n&0\\0&0&0&-2n&0&0\\0&0&-n^2&0&0&0\end{bmatrix}\begin{bmatrix}x\\y\\z\\\dot{x}\\\dot{y}\\\dot{z}\end{bmatrix} \tag{2-23}$$

根据式(2-23)可知,C-W 方程系数矩阵 $\boldsymbol{A}$ 的特征值为 $\{0,0,\pm jn,\pm jn\}$,全部落在虚轴上。由此可知,星间相对运动的局部线性流形是临界稳定的,任何轻微的扰动都有可能使得相对运动偏离零点,快速发散。

2) C-W 方程解析解

假设编队系统相对运动的初始条件为 $x(0)=x_0,y(0)=y_0,z(0)=z_0,\dot{x}(0)=\dot{x}_0,\dot{y}(0)=\dot{y}_0,\dot{z}(0)=\dot{z}_0$,则 C-W 方程的解析解为

$$\begin{cases}x(t)=\left(4x_0+\dfrac{2\dot{y}_0}{n}\right)+\dfrac{\dot{x}_0}{n}\sin(nt)-\left(3x_0+\dfrac{2\dot{y}_0}{n}\right)\cos(nt)\\ y(t)=-(6nx_0+3\dot{y}_0)t+\left(y_0-\dfrac{2\dot{x}_0}{n}\right)+\left(6x_0+\dfrac{4\dot{y}_0}{n}\right)\sin(nt)+\dfrac{2\dot{x}_0}{n}\cos(nt)\\ z(t)=\dfrac{\dot{z}_0}{n}\sin(nt)+z_0\cos(nt)\\ \dot{x}(t)=\dot{x}_0\cos(nt)+(3nx_0+2\dot{y}_0)\sin(nt)\\ \dot{y}(t)=-(6nx_0+3\dot{y}_0)+(6nx_0+4\dot{y}_0)\cos(nt)-2\dot{x}_0\sin(nt)\\ \dot{z}(t)=\dot{z}_0\cos(nt)-nz_0\sin(nt)\end{cases} \tag{2-24}$$

整理成矩阵形式,有

$$\begin{bmatrix}x\\y\\z\\\dot{x}\\\dot{y}\\\dot{z}\end{bmatrix}=\begin{bmatrix}4-3\cos(nt)&0&0&\dfrac{\sin(nt)}{n}&\dfrac{-2[\cos(nt)-1]}{n}&0\\ 6[\sin(nt)-nt]&1&0&\dfrac{2[\cos(nt)-1]}{n}&\dfrac{4\sin(nt)-3nt}{n}&0\\ 0&0&\cos(nt)&0&0&\dfrac{\sin(nt)}{n}\\ 3n\sin(nt)&0&0&\cos(nt)&2\sin(nt)&0\\ 6n[\cos(nt)-1]&0&0&-2\sin(nt)&4\cos(nt)-3&0\\ 0&0&-n\sin(nt)&0&0&\cos(nt)\end{bmatrix}\begin{bmatrix}x_0\\y_0\\z_0\\\dot{x}_0\\\dot{y}_0\\\dot{z}_0\end{bmatrix} \tag{2-25}$$

通过分析,可总结 C-W 方程描述的编队相对运动模型具有以下几个特点:

(1) 卫星编队飞行的相对运动可解耦为 xoy 平面和垂直于轨道面的两个相互独立的运动。

(2) 在 x 方向和 z 方向上存在周期项和常值项,垂直于轨道面的相对运动为周期性振荡运动。

(3) y 方向上的运动包含常数项、周期项和线性漂移项。要保证构形的稳定性,必须消除 y 方向上长期的线性漂移,即$\dot{y}_0=-2nx_0$,同时这也是编队构形周期性运动的基本条件。

3) C-W 方程解的参数表示

为进一步获得相对运动的几何直观形象,将式(2-25)写成幅值-相位的极坐标形式,即

$$\begin{cases} x(t)=r_x\sin(nt+\alpha_x)+l_x \\ y(t)=2r_x\cos(nt+\alpha_x)+l_y-1.5l_xnt \\ z(t)=r_z\sin(nt+\alpha_z) \\ \dot{x}(t)=nr_x\cos(nt+\alpha_x) \\ \dot{y}(t)=-2nr_x\sin(nt+\alpha_x)-1.5l_xn \\ \dot{z}(t)=nr_z\cos(nt+\alpha_z) \end{cases} \tag{2-26}$$

$$\begin{cases} r_x=\sqrt{\left(3x_0+\dfrac{2\dot{y}_0}{n}\right)^2+\dfrac{\dot{x}_0^2}{n^2}},\ r_z=\sqrt{z_0^2+\dfrac{\dot{z}_0^2}{n^2}} \\ l_x=4x_0+\dfrac{2\dot{y}_0}{n},\ l_y=y_0-\dfrac{2\dot{x}_0}{n} \\ \alpha_x=\arctan\dfrac{-(3nx_0+2\dot{y}_0)}{\dot{x}_0},\ \alpha_z=\arctan\dfrac{nz_0}{\dot{z}_0} \end{cases} \tag{2-27}$$

由式(2-26)的形式可知,r_x 和 r_z 分别表示径向和法向运动的振幅,α_x 和 α_z 分别表示径向和法向运动的初始相位,l_x 和 l_y 分别表示径向和航迹向运动中心的偏离值。

$\boldsymbol{p}=[r_x,r_z,l_x,l_y,\varphi_x,\varphi_z]^{\mathrm{T}}$ 为一组编队构形参数,它表示编队相对运动的几何特性,并与初始状态存在着一一对应的关系,可根据式(2-27)进行相互转换。对于稳定的构形来说,周期性条件等价为 $l_x=0$,即径向中心偏移为零。采用 C-W 方程进行构形设计时,只需要确定其余 5 个参数即可,此时卫星编队相对运动

轨迹为

$$\begin{cases} x(t)=r_x\sin(nt+\alpha_x) \\ y(t)=2r_x\cos(nt+\alpha_x)+l_y \\ z(t)=r_z\sin(nt+\alpha_z) \end{cases} \tag{2-28}$$

2.3.2　轨道根数差相对运动模型

假设 $a,e,i,\Omega,\omega,f,E,M$ 分别表示半长轴、偏心率、轨道倾角、升交点赤经、近地点幅角、真近点角、偏近点角和平近点角，$U=\omega+f$ 表示纬度幅角，$u=\omega+M$ 表示平纬度幅角。对这些轨道根数，若有下标 d 代表辅星，下标 c 或无下标则代表主星，$\Delta\boldsymbol{\sigma}=\boldsymbol{\sigma}_d-\boldsymbol{\sigma}$ 则代表辅星和主星的轨道根数差（这里 $\boldsymbol{\sigma}$ 表示主星的轨道根数向量）。

2.3.2.1　非线性化轨道根数差相对运动模型

设 $\boldsymbol{\rho}=[x\ y\ z]^{\mathrm{T}}$ 是辅星在主星 LVLH 坐标系中的位置坐标，据坐标系间的旋转变换关系有

$$\begin{bmatrix} x \\ y \\ z \end{bmatrix}=R_{\mathrm{CE}}\left(R_{\mathrm{ED}}\begin{bmatrix} r_d \\ 0 \\ 0 \end{bmatrix}-R_{\mathrm{EC}}\begin{bmatrix} r_c \\ 0 \\ 0 \end{bmatrix}\right)=R_{\mathrm{CE}}R_{\mathrm{DE}}^{\mathrm{T}}\begin{bmatrix} r_d \\ 0 \\ 0 \end{bmatrix}-\begin{bmatrix} r_c \\ 0 \\ 0 \end{bmatrix} \tag{2-29}$$

$$R_{\mathrm{CE}}=R_Z(U_c)R_X(i_c)R_Z(\Omega_c),\quad R_{\mathrm{DE}}=R_Z(U_d)R_X(i_d)R_Z(\Omega_d) \tag{2-30}$$

$$R_X(\theta)=\begin{bmatrix} 1 & 0 & 0 \\ 0 & \cos\theta & \sin\theta \\ 0 & -\sin\theta & \cos\theta \end{bmatrix},\quad R_Z(\theta)=\begin{bmatrix} \cos\theta & \sin\theta & 0 \\ -\sin\theta & \cos\theta & 0 \\ 0 & 0 & 1 \end{bmatrix} \tag{2-31}$$

式中：r_c，r_d 分别为主星和辅星的地心距；R_{CE}，R_{DE} 分别为 ECI 坐标系到主星 LVLH 坐标系、从星 LVLH 坐标系的旋转变换矩阵。

式（2-29）是一个基于轨道根数的精确非线性相对运动学方程，若已知两颗卫星的轨道根数，则在主星 LVLH 坐标系中可以描述出辅星的相对运动轨迹。

2.3.2.2　线性化轨道根数差相对运动模型

如果 $\Delta\theta$ 为小量，则对 $\cos(\theta+\Delta\theta)$ 和 $\sin(\theta+\Delta\theta)$ 按泰勒级数展开，则得到 $\cos(\theta+\Delta\theta)\approx\cos\theta-\Delta\theta\sin\theta$ 和 $\sin(\theta+\Delta\theta)\approx\sin\theta+\Delta\theta\cos\theta$ 的一阶近似。

考虑到 ΔU、Δi 和 $\Delta\Omega$ 均为小量，则有

$$R_Z(U_d)=R_Z(U_c+\Delta U)=R_Z(U_c)+\begin{bmatrix}-\sin U_c & \cos U_c & 0\\ -\cos U_c & -\sin U_c & 0\\ 0 & 0 & 0\end{bmatrix}\Delta U$$
$$=R_Z(U_c)+\widetilde{R}_Z(U_c)\Delta U \tag{2-32}$$

$$R_X(i_d)=R_X(i_c+\Delta i)=R_X(i_c)+\begin{bmatrix}0 & 0 & 0\\ 0 & -\sin i_c & \cos i_c\\ 0 & -\cos i_c & -\sin i_c\end{bmatrix}\Delta i$$
$$=R_X(i_c)+\widetilde{R}_X(i_c)\Delta i \tag{2-33}$$

$$R_Z(\Omega_d)=R_Z(\Omega_c+\Delta\Omega)=R_Z(\Omega_c)+\begin{bmatrix}0 & 0 & 0\\ 0 & -\sin\Omega_c & \cos\Omega_c\\ 0 & -\cos\Omega_c & -\sin\Omega_c\end{bmatrix}\Delta\Omega$$
$$=R_Z(\Omega_c)+\widetilde{R}_Z(\Omega_c)\Delta\Omega \tag{2-34}$$

所以有

$$\begin{aligned}R_{DE}&=R_Z(U_d)R_X(i_d)R_Z(\Omega_d)\\&=R_Z(U_c+\Delta U)R_X(i_c+\Delta i)R_Z(\Omega_c+\Delta\Omega)\\&=[R_Z(U_c)+\widetilde{R}_Z(U_c)\Delta U][R_X(i_c)+\widetilde{R}_X(i_c)\Delta i][R_Z(\Omega_c)+\widetilde{R}_Z(\Omega_c)\Delta\Omega]\end{aligned} \tag{2-35}$$

将式(2-35)中的三项乘积展开,并略去高阶小项,有

$$R_{DE}=R_{CE}+\Delta R_{CE} \tag{2-36}$$

$$\begin{aligned}\Delta R_{CE}=&R_Z(U_c)R_X(i_c)\widetilde{R}_Z(\Omega_c)\Delta\Omega+R_Z(U_c)\widetilde{R}_X(i_c)R_Z(\Omega_c)\Delta i+\\&\widetilde{R}_Z(U_c)R_X(i_c)R_Z(\Omega_c)\Delta U\end{aligned} \tag{2-37}$$

将式(2-37)代入式(2-29),有

$$\begin{bmatrix}x\\y\\z\end{bmatrix}=R_{CE}(R_{CE}+\Delta R_{CE})^{\mathrm T}\begin{bmatrix}r_d\\0\\0\end{bmatrix}-\begin{bmatrix}r_c\\0\\0\end{bmatrix}=\begin{bmatrix}r_d-r_c\\0\\0\end{bmatrix}+R_{CE}(\Delta R_{CE})^{\mathrm T}\begin{bmatrix}r_d\\0\\0\end{bmatrix} \tag{2-38}$$

$$\begin{aligned}R_{CE}(\Delta R_{CE})^{\mathrm T}=&R_Z(U_c)R_X(i_c)R_Z(\Omega_c)[R_Z(U_c)R_X(i_c)\widetilde{R}_Z(\Omega_c)\Delta\Omega+\\&R_Z(U_c)\widetilde{R}_X(i_c)R_Z(\Omega_c)\Delta i+\widetilde{R}_Z(U_c)R_X(i_c)R_Z(\Omega_c)\Delta U]^{\mathrm T}\\=&R_Z(U_c)R_X(i_c)R_Z(\Omega_c)\widetilde{R}_Z^{\mathrm T}(\Omega_c)\widetilde{R}_X^{\mathrm T}(i_c)R_Z^{\mathrm T}(U_c)\Delta\Omega+\\&R_Z(U_c)R_X(i_c)\widetilde{R}_X^{\mathrm T}(i_c)R_Z^{\mathrm T}(U_c)\Delta i+\\&R_Z(U_c)\widetilde{R}_Z^{\mathrm T}(U_c)\Delta U\end{aligned} \tag{2-39}$$

对于三个和项,结合式(2-38),经进一步计算整理,可得

$$\begin{cases}x=\Delta r\\ y=r_c(\Delta U+\Delta\Omega\sin i_c)\\ z=r_c(-\Delta\Omega\sin i_c\cos U_c+\Delta i\sin U_c)\end{cases}\tag{2-40}$$

2.3.2.3　椭圆参考轨道轨道根数差相对运动模型

由于 $r=\dfrac{a(1-e^2)}{1+e\cos f}$，对两边取一阶微分，有

$$\Delta r=\frac{r}{a}\Delta a-\frac{2e+(1-e^2)\cos f}{(1+e\cos f)^2}a\Delta e+\frac{(1-e^2)\sin f}{(1+e\cos f)^2}ae\Delta f\tag{2-41}$$

因为 f 与时间之间不是线性关系，可用 ΔM 代替 Δf。由 $M=E-e\sin E$，得

$$\Delta M=(1-e\cos E)\Delta E-\sin E\Delta e\tag{2-42}$$

由 $\tan\dfrac{E}{2}=\sqrt{\dfrac{1-e}{1+e}}\tan\dfrac{f}{2}$，得

$$\frac{1}{2}\frac{1}{\cos^2\frac{E}{2}}\Delta E=\frac{1}{2}\frac{1}{\cos^2\frac{f}{2}}\sqrt{\frac{1-e}{1+e}}\Delta f-\frac{1}{1+e}\sqrt{\frac{1}{1-e^2}}\tan\frac{f}{2}\Delta e$$

$$\Rightarrow\Delta E=\frac{\sqrt{(1-e^2)}}{1+e\cos f}\Delta f-\frac{\sin f}{1+e\cos f}\sqrt{\frac{1}{1-e^2}}\Delta e\tag{2-43}$$

联立式(2-42)和式(2-43)，得

$$\Delta f=\frac{(1+e\cos f)^2}{(1-e^2)^{3/2}}\Delta M+\frac{\sin f(2+e\cos f)}{1-e^2}\Delta e\tag{2-44}$$

将式(2-44)代入式(2-41)，得

$$\Delta r=\frac{r}{a}\Delta a+\frac{ae\sin f}{\sqrt{1-e^2}}\Delta M-a\cos f\Delta e\tag{2-45}$$

将式(2-44)、式(2-45)代入式(2-41)，得

$$\begin{cases}x=\dfrac{r}{a}\Delta a+\dfrac{ae\sin f}{\sqrt{1-e^2}}\Delta M-a\cos f\Delta e\\ y=\dfrac{r(1+e\cos f)^2}{(1-e^2)^{3/2}}\Delta M+r\Delta\omega+\dfrac{r\sin f(2+e\cos f)}{1-e^2}\Delta e+r\Delta\Omega\sin i\\ z=r(-\Delta\Omega\sin i\cos(f+\omega)+\Delta i\sin(f+\omega))\end{cases}\tag{2-46}$$

2.3.2.4　近圆参考轨道 *E/I* 向量相对运动模型

为简化轨道根数编队运动方程，定义一组相对轨道根数为

$$\delta\boldsymbol{\alpha}=\begin{bmatrix}\delta a\\ \delta\lambda\\ \delta e_x\\ \delta e_y\\ \delta i_x\\ \delta i_y\end{bmatrix}=\begin{bmatrix}(a_d-a)/a\\ (u_d-u)+(\Omega_d-\Omega)\cos i\\ e_{xd}-e_x\\ e_{yd}-e_y\\ i_d-i_c\\ (\Omega_d-\Omega)\sin i\end{bmatrix}\tag{2-47}$$

式中:半长轴差已做规范化处理,$\delta\lambda$ 表示相对平经度,且 $e_x=e\cos\omega$,$e_y=e\sin\omega$。由此可得

$$\begin{cases}\delta e_x=e_{xd}-e_x=(e+\Delta e)\cos(\omega+\Delta\omega)-e\cos\omega\approx\Delta e\cos\omega-e\Delta\omega\cos\omega\\ \delta e_y=e_{yd}-e_y=(e+\Delta e)\sin(\omega+\Delta\omega)-\sin\omega\approx\Delta e\sin\omega+e\Delta\omega\cos\omega\end{cases}\tag{2-48}$$

$\delta\boldsymbol{e}=\begin{bmatrix}\delta e_x\\ \delta e_y\end{bmatrix}=\delta e\begin{bmatrix}\cos\varphi\\ \sin\varphi\end{bmatrix}$为相对偏心率矢量,$\delta e$、$\varphi$ 分别为矢量 $\delta\boldsymbol{e}$ 的幅值和相角;$\delta\boldsymbol{i}=\begin{bmatrix}\delta i_x\\ \delta i_y\end{bmatrix}=\delta i\begin{bmatrix}\cos\vartheta\\ \sin\vartheta\end{bmatrix}$为相对倾角矢量,$\delta i$、$\vartheta$ 分别为矢量 $\delta\boldsymbol{i}$ 的幅值和相角。

由 $u'=\dfrac{\mathrm{d}u}{\mathrm{d}t}=\sqrt{\dfrac{\mu}{a^3}}=n$,$(u+\Delta u)'=\sqrt{\mu}\,a^{-\frac{3}{2}}\left(1+\dfrac{\Delta a}{a}\right)^{-\frac{3}{2}}\approx\sqrt{\dfrac{\mu}{a^3}}\left(1-\dfrac{3}{2}\dfrac{\Delta a}{a}\right)$,可得 $(\Delta u)'\approx-\dfrac{3}{2}n\dfrac{\Delta a}{a}$,代入式(2-47),得

$$\Delta u(t)\approx u_d-u\approx\Delta u(t_0)-\frac{3}{2}n(t-t_0)\frac{\Delta a}{a}=\Delta u(t_0)-\frac{3}{2}(u(t)-u(t_0))\frac{\Delta a}{a}\tag{2-49}$$

当主星运行轨道为近圆轨道时,e 为小量,有 $\sqrt{1-e^2}\approx1$,$r\approx a(1-e\cos f)$,$f-M\approx2e\sin M$。基于近圆轨道假设,略去二阶小项,结合式(2-48)和式(2-49),式(2-46)可简化为

$$\begin{aligned}x&=\Delta a-a\Delta e\cos f+ae\Delta M\sin f\\ &\approx\Delta a-a\Delta e\cos(u-\omega)-ae\Delta\omega\sin(u-\omega)\\ &=\Delta a-a(\Delta e\cos\omega-e\Delta\omega\cos\omega)\cos u-a(\Delta e\sin\omega+e\Delta\omega\cos\omega)\sin u\\ &=\Delta a-a\delta e_x\cos u-a\delta e_y\sin u\\ y&=a\Delta u+a\Delta\Omega\cos i+2a\Delta e\sin f+2ae\Delta M\cos f\\ &\approx a\Delta u+a\Delta\Omega\cos i+2a\Delta e\sin(u-\omega)-2ae\Delta\omega\cos(u-\omega)\\ &=-\frac{3}{2}(u(t)-u(t_0))\Delta a+a(\Delta u(t_0)+\Delta\Omega\cos i)+\end{aligned}\tag{2-50}$$

$$\begin{aligned}&2a(\Delta e\cos\omega-e\Delta\omega\cos\omega)\sin u-2a(\Delta e\sin\omega+e\Delta\omega\cos\omega)\cos u\\&=-\frac{3}{2}(u-u_0)\Delta a+a\delta\lambda_0+2a\delta e_x\sin u-2a\delta e_y\cos u\end{aligned} \tag{2-51}$$

$$z=a\Delta i\sin u-a\Delta\Omega\sin i\cos u=a\delta i_x\sin u-a\delta i_y\cos u \tag{2-52}$$

对上述方程进行整理,并对时间取微分,得 E/I 向量描述的相对运动模型为

$$\begin{cases}\dfrac{x}{a}=\delta a-\delta e_x\cos u-\delta e_y\sin u=\delta a-\delta e\cos(u-\varphi)\\\dfrac{y}{a}=-\dfrac{3}{2}(u-u_0)\delta a+\delta\lambda_0+2\delta e_x\sin u-2\delta e_y\cos u\\\quad=-\dfrac{3}{2}(u-u_0)\delta a+\delta\lambda_0+2\delta e\sin(u-\varphi)\\\dfrac{z}{a}=\delta i_x\sin u-\delta i_y\cos u=\delta i\sin(u-\vartheta)\end{cases} \tag{2-53}$$

$$\begin{cases}\dfrac{\dot{x}}{v}=\delta e_x\sin u-\delta e_y\cos u=\delta e\sin(u-\varphi)\\\dfrac{\dot{y}}{v}=-\dfrac{3}{2}\delta a+2\delta e_x\cos u+2\delta e_y\sin u=-\dfrac{3}{2}\delta a+2\delta e\cos(u-\varphi)\\\dfrac{\dot{z}}{v}=\delta i_x\cos u+\delta i_y\sin u=\delta i\cos(u-\vartheta)\end{cases} \tag{2-54}$$

式中:v 为主星的速度。

将编队状态描述的 C-W 运动方程和轨道根数描述的 E/I 向量运动方程进行分析比对,两者基本原理相同,只是编队运动描述方式不同。通过两个方程,也可建立编队初始运动状态、初始轨道根数差和编队构形三者之间相互转换的关系式。

2.4 卫星姿态运动模型

2.4.1 姿态运动描述

航天器姿态是描述航天器固连本体坐标系相对于轨道系角度关系的物理量。针对航天器姿态所常用的描述形式有[31]方向矩阵、欧拉角(Euler angles)、Cayley-Rodrigues 参数、四元数(Quaternion)、修正罗德里格斯参数(MRP)等。它们各有优缺点,但对于姿态描述都是等价的。下面仅介绍后续内容会涉及到的欧拉角描述方法、四元数描述方法和修正罗德里格斯参数描述方法。

(1) 欧拉角描述姿态几何意义直观、小角度情况下线性化方便,且在某些情况下可以直接测量。然而其包含三角函数,使得计算效率低且会导致方程中存在奇点,这是它的缺点[32]。从轨道坐标系可以通过三次转动使之与卫星本体坐标系重合,因此用欧拉角表示的姿态矩阵为三次坐标转换矩阵的乘积,转动顺序不同,姿态矩阵也不同。ψ,θ 和 φ 分别代表偏航角、俯仰角和滚转角,对于普遍采用 3-1-2 的旋转顺序,如图 2-2 所示。

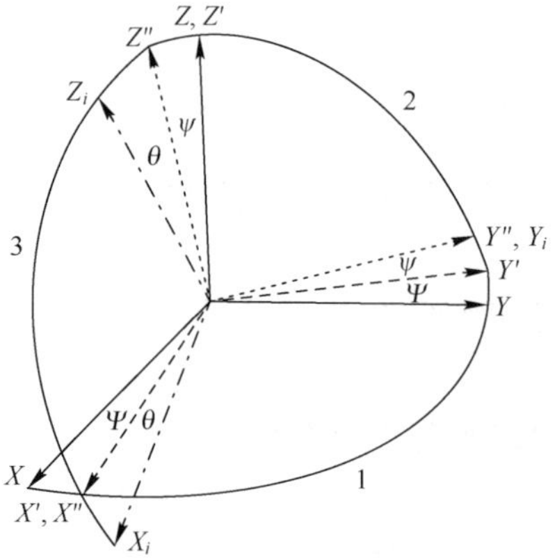

图 2-2　3-1-2 欧拉角转动示意图

将参考坐标系 $OXYZ$ 旋转三次至坐标系 $OX_iY_iZ_i$,其姿态旋转矩阵为

$$\begin{aligned}\boldsymbol{A}_{312}(\psi,\theta,\varphi)&=R_y(\theta)R_x(\varphi)R_z(\psi)\\&=\begin{bmatrix}\cos\theta\cos\psi-\sin\varphi\sin\theta\sin\psi & \cos\theta\sin\psi+\sin\varphi\sin\theta\cos\psi & -\cos\varphi\sin\theta\\ -\cos\varphi\sin\psi & \cos\varphi\cos\psi & \sin\varphi\\ \sin\theta\cos\psi+\sin\varphi\cos\theta\sin\psi & \sin\theta\sin\psi-\sin\varphi\cos\theta\cos\psi & \cos\varphi\cos\theta\end{bmatrix}\end{aligned} \tag{2-55}$$

其中坐标转换矩阵有如下标准形式,即

$$\begin{cases}R_x(\varphi)=\begin{bmatrix}1 & 0 & 0\\ 0 & \cos\varphi & \sin\varphi\\ 0 & -\sin\varphi & \cos\varphi\end{bmatrix}\\ R_y(\theta)=\begin{bmatrix}\cos\theta & 0 & -\sin\theta\\ 0 & 1 & 0\\ \sin\theta & 0 & \cos\theta\end{bmatrix}\\ R_z(\psi)=\begin{bmatrix}\cos\psi & \sin\psi & 0\\ -\sin\psi & \cos\psi & 0\\ 0 & 0 & 1\end{bmatrix}\end{cases} \tag{2-56}$$

（2）四元数常用来描述空间转动，在用于描述航天器姿态时，可避免欧拉角描述带来的奇异性问题[33]。四元数具体形式为

$$\boldsymbol{q}=[q_0\quad \boldsymbol{q}]^{\mathrm{T}},q_0\in R,\boldsymbol{q}\in\mathcal{R}^3 \tag{2-57}$$

式中：q_0 为四元数的标量部分，$q_0=\cos\dfrac{\phi}{2}$；$\boldsymbol{q}=[q_1,q_2,q_3]^{\mathrm{T}}$ 为四元数的向量部分 $\boldsymbol{q}=\hat{e}\sin\dfrac{\phi}{2}$。描述姿态的参数有 4 个，分别是转轴的单位矢量$\hat{\boldsymbol{e}}$在参考坐标系中的三个方向余弦 e_x,e_y,e_z，以及绕此轴的转角 ϕ。如图 2-3 所示，矢量 $\boldsymbol{a}$ 与欧拉轴单位矢量$\hat{\boldsymbol{e}}$的夹角为 θ，当 a 轴绕$\hat{e}$轴旋转时，矢量 $\boldsymbol{a}$ 在轴线为$\hat{e}$的圆锥上移动，a 轴与$\hat{e}$轴的角不发生改变，当绕过 ϕ 角时，a 轴移至 a' 轴。

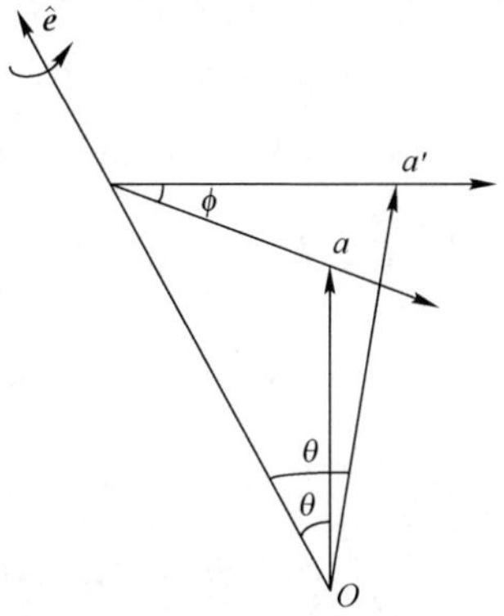

图 2-3　四元数矢量旋转示意图

同时，单位四元数满足约束，即

$$q_0^2+q_1^2+q_2^2+q_3^2=1 \tag{2-58}$$

用四元数表示的姿态矩阵为

$$\boldsymbol{A}(\boldsymbol{q})=\begin{bmatrix} q_1^2+q_0^2-q_3^2-q_2^2 & 2(q_1q_2+q_0q_3) & 2(q_1q_3-q_0q_2) \\ 2(q_1q_2-q_0q_3) & q_2^2+q_0^2-q_3^2-q_1^2 & 2(q_2q_3+q_0q_1) \\ 2(q_1q_3+q_0q_2) & 2(q_2q_3-q_0q_1) & q_3^2+q_0^2-q_1^2-q_2^2 \end{bmatrix} \tag{2-59}$$

（3）基于修正罗格里斯参数描述姿态，即

$$\boldsymbol{\sigma}=[\sigma_1,\sigma_1,\sigma_1]^{\mathrm{T}}=\tan\left(\frac{\phi}{4}\right)\hat{\boldsymbol{e}} \tag{2-60}$$

式中：$\boldsymbol{\sigma}\in\mathcal{R}^3$；$\phi$ 为旋转角；$\hat{\boldsymbol{e}}=[\hat{e}_x,\hat{e}_y,\hat{e}_z]^{\mathrm{T}}\in\mathcal{R}^3$ 为旋转轴单位旋转矢量。

修正罗德里斯参数与四元数描述姿态之间的转换关系为

$$\sigma_i = \frac{q_i}{1+q_0}, i=1,2,3 \tag{2-61}$$

式中：$q_0 = \frac{1-\boldsymbol{\sigma}^{\mathrm{T}}\boldsymbol{\sigma}}{1+\boldsymbol{\sigma}^{\mathrm{T}}\boldsymbol{\sigma}}, q_i = \frac{2\sigma_i}{1+\boldsymbol{\sigma}^{\mathrm{T}}\boldsymbol{\sigma}}$。

从式(2-61)可知，*MRP* 在旋转角 $\phi=\pm 360°$时存在奇异点，因此其可以描述除了返回原点以外的任意姿态运动。与四元数比较，MRP 的参量只有三个，便于计算[34]。

2.4.2 姿态运动学模型

欧拉角表示航天器姿态运动学模型，对于 3-1-2 的转动顺序，以$\hat{\boldsymbol{1}}$、$\hat{\boldsymbol{2}}$、$\hat{\boldsymbol{3}}$分别表示顺序转轴矢量 $\hat{\boldsymbol{1}}=[1 \quad 0 \quad 0]^{\mathrm{T}}$，$\hat{\boldsymbol{2}}=[0 \quad 1 \quad 0]^{\mathrm{T}}$，$\hat{\boldsymbol{3}}=[0 \quad 0 \quad 1]^{\mathrm{T}}$，$\boldsymbol{\omega}=[\omega_x \quad \omega_y \quad \omega_z]^{\mathrm{T}}$ 为本体坐标系相对轨道坐标系的角速度，则有

$$\omega_{312} = R_2(\theta)\{\dot{\theta}\hat{\mathbf{2}} + R_1(\varphi)[\dot{\varphi}\hat{\mathbf{1}} + R_3(\psi)\dot{\psi}\hat{\mathbf{3}}]\} \tag{2-62}$$

$$\begin{bmatrix} \omega_x \\ \omega_y \\ \omega_z \end{bmatrix}_{312} = \begin{bmatrix} -\dot{\psi}\sin\theta\cos\varphi + \dot{\varphi}\cos\theta \\ \dot{\psi}\sin\varphi + \dot{\theta} \\ \dot{\phi}\cos\theta\cos\varphi + \dot{\varphi}\sin\theta \end{bmatrix} \tag{2-63}$$

对于 3-1-2 转动，姿态角速度方程为

$$\begin{bmatrix} \dot{\psi} \\ \dot{\varphi} \\ \dot{\theta} \end{bmatrix}_{312} = \frac{1}{\cos\varphi} \begin{bmatrix} -\omega_x\sin\theta + \omega_z\cos\theta \\ \omega_x\cos\theta\cos\varphi + \omega_z\sin\theta\cos\varphi \\ \omega_x\sin\theta\sin\varphi + \omega_y\cos\varphi - \omega_z\cos\theta\sin\varphi \end{bmatrix} \tag{2-64}$$

四元数的表示的航天器姿态运动学模型为

$$\begin{bmatrix} \dot{q}_0 \\ \dot{q}_1 \\ \dot{q}_2 \\ \dot{q}_3 \end{bmatrix} = \frac{1}{2} \begin{bmatrix} q_0 & -q_3 & q_2 & q_1 \\ q_3 & q_0 & -q_1 & q_2 \\ -q_2 & q_1 & q_0 & q_3 \\ -q_1 & -q_2 & -q_3 & q_0 \end{bmatrix} \begin{bmatrix} 0 \\ \omega_x \\ \omega_y \\ \omega_z \end{bmatrix} \tag{2-65}$$

简写为

$$\begin{cases}\dot{q}_0=-\dfrac{1}{2}\boldsymbol{q}^{\mathrm{T}}\boldsymbol{\omega}\\ \dot{\boldsymbol{q}}=\dfrac{1}{2}(\boldsymbol{q}^{\times}+q_0\boldsymbol{I}_3)\boldsymbol{\omega}\end{cases}\tag{2-66}$$

式中：(q,q_0)为本体坐标系相对于惯性系的单位四元数，并表示在本体系中；$\boldsymbol{\omega}=[\omega_x\quad\omega_y\quad\omega_z]^{\mathrm{T}}$ 为姿态角速度。$\boldsymbol{x}^{x}$ 表示为向量 $\boldsymbol{x}=[x_1\quad x_2\quad x_3]^{\mathrm{T}}$ 的斜对称矩阵，它的形式为

$$\boldsymbol{x}^{x}=\begin{bmatrix}0 & -x_3 & x_2\\ x_3 & 0 & -x_1\\ -x_2 & x_1 & 0\end{bmatrix}\tag{2-67}$$

基于修正罗格里斯参数 $\boldsymbol{\sigma}=[\sigma_1\sigma_2\sigma_3]^{\mathrm{T}}$ 来描述卫星本体系相对于地心惯性系的姿态[35]。相应的姿态运动学模型为

$$\dot{\boldsymbol{\sigma}}=\frac{1}{4}\begin{bmatrix}1-\boldsymbol{\sigma}^{\mathrm{T}}\boldsymbol{\sigma}+2\sigma_1^2 & 2(\sigma_1\sigma_2-\sigma_3) & 2(\sigma_1\sigma_3+\sigma_2)\\ 2(\sigma_1\sigma_2+\sigma_3) & 1-\boldsymbol{\sigma}^{\mathrm{T}}\boldsymbol{\sigma}+2\sigma_2^2 & 2(\sigma_2\sigma_3-\sigma_1)\\ 2(\sigma_1\sigma_3-\sigma_2) & 2(\sigma_2\sigma_3+\sigma_1) & 1-\boldsymbol{\sigma}^{\mathrm{T}}\boldsymbol{\sigma}+2\sigma_3^2\end{bmatrix}\begin{bmatrix}\omega_x\\ \omega_y\\ \omega_z\end{bmatrix}\tag{2-68}$$

写成矢量形式为

$$\dot{\boldsymbol{\sigma}}=\frac{1}{4}[(1-\boldsymbol{\sigma}^{\mathrm{T}}\boldsymbol{\sigma})\boldsymbol{I}_{3\times3}+2\widetilde{\boldsymbol{\sigma}}+2\boldsymbol{\sigma}\boldsymbol{\sigma}^{\mathrm{T}}]\boldsymbol{\omega}\tag{2-69}$$

式中：$\widetilde{\boldsymbol{\sigma}}$为 $\boldsymbol{\sigma}$ 的斜对称矩阵。

2.4.3　姿态动力学模型

假设编队系统中每个航天器都是刚性的，每个航天器在垂直轴上具有 3 个反作用飞轮，以分别提供控制输入。第 i 个航天器（假设系统中航天器数目为 n）的姿态动力学方程[36]为

$$\boldsymbol{J}_i\dot{\boldsymbol{\omega}}_i+\boldsymbol{\omega}_i^{\times}\boldsymbol{J}_i\boldsymbol{\omega}_i=\boldsymbol{M}\tag{2-70}$$

$$\boldsymbol{M}=\boldsymbol{u}_i+\boldsymbol{d}_i\tag{2-71}$$

式中：$\boldsymbol{J}_i\in\mathcal{R}^{3\times3}$为一个对角的正定矩阵，代表了航天器的转动惯量矩阵；$\boldsymbol{\omega}_i\in R^3$ 为航天器本体相对于惯性系$(\mathcal{I})$的角速度；$\boldsymbol{\omega}_i^{\times}\in\mathcal{R}^{3\times3}$为 $\boldsymbol{\omega}_i$ 的反对角矩阵；$\boldsymbol{u}_i\in R^3$ 为执行机构控制输入；$\boldsymbol{d}_i\in R^3$ 为外界环境的扰动。

式(2-70)化为分量形式，得

$$\begin{cases} J_x\dot{\omega}_x-(J_y-J_z)\omega_y\omega_z=M_x \\ J_y\dot{\omega}_y-(J_z-J_x)\omega_z\omega_x=M_y \\ J_z\dot{\omega}_z-(J_x-J_y)\omega_x\omega_y=M_z \end{cases} \tag{2-72}$$

航天器相对地心运动的角速度矢量方向如图 2-4 所示，x_0 为航天器沿轨道运动的切线方向，z_0 由航天器指向地心，y_0 为轨道平面法线方向。

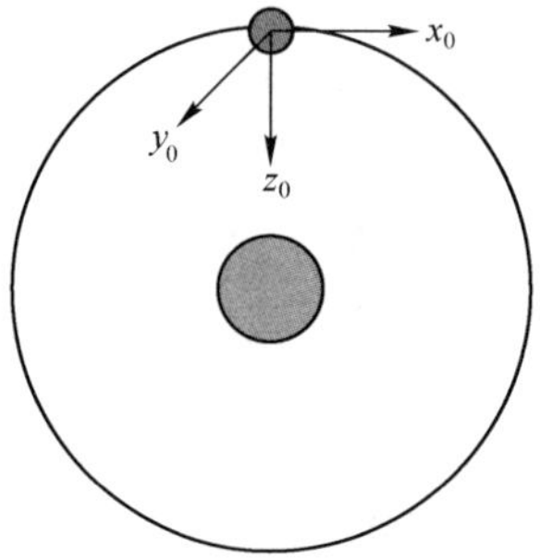

图 2-4　航天器相对地球运动的角速度矢量

由式(2-63)可知航天器本体系相对轨道坐标系的角速度在本体系中的投影为 $\boldsymbol{\omega}_r$，设轨道系相对惯性系的角速度为 ω_0，$\boldsymbol{A}$ 为本体系相对轨道系的姿态转换矩阵，则航天器本体相对惯性系的运动角速度为

$$\boldsymbol{\omega}=\boldsymbol{\omega}_r+\boldsymbol{\omega}_e=\begin{bmatrix} -\dot{\psi}\sin\theta\cos\varphi+\dot{\varphi}\cos\theta \\ \dot{\psi}\sin\varphi+\dot{\theta} \\ \dot{\varphi}\cos\theta\cos\varphi+\dot{\varphi}\sin\theta \end{bmatrix}+\boldsymbol{A}\begin{bmatrix} 0 \\ -\omega_0 \\ 0 \end{bmatrix} \tag{2-73}$$

式(2-72)和式(2-73)完整描述了航天器的姿态角和角速度以及它们的变化，形成了完整的姿态运动方程[37-40]。

当航天器的姿态角和姿态角速度较小的情况下，对式(2-73)进行线性化有

$$\boldsymbol{\omega}=\boldsymbol{\omega}_r+\boldsymbol{\omega}_e\approx\begin{bmatrix} \dot{\varphi} \\ \dot{\theta} \\ \dot{\theta} \end{bmatrix}+\begin{bmatrix} 1 & \psi & -\theta \\ -\psi & 1 & \varphi \\ \theta & -\varphi & 1 \end{bmatrix}\begin{bmatrix} -\omega_0 \\ -\omega_0 \\ 0 \end{bmatrix}=\begin{bmatrix} \dot{\varphi}-\omega_0\psi \\ \dot{\theta}-\omega_0 \\ \dot{\psi}+\omega_0\varphi \end{bmatrix} \tag{2-74}$$

将式(2-74)代入式(2-72)得线性化微分方程为

$$\begin{cases} J_x\ddot{\varphi}+(J_y-J_z-J_x)\omega_0\dot{\psi}+(J_y-J_z)\omega_0^2\varphi=M_x \\ J_y\ddot{\theta}=M_y \\ J_z\ddot{\psi}-(J_y-J_z-J_x)\omega_0\dot{\varphi}+(J_y-J_x)\omega_0^2\psi=M_z \end{cases} \tag{2-75}$$

当航天器姿态角和轨道角速度均较小时,式(2-75)可以进一步简化为

$$\begin{cases} J_x\ddot{\varphi}=M_x \\ J_y\ddot{\theta}=M_y \\ J_z\ddot{\psi}=M_z \end{cases} \tag{2-76}$$

于是得到了航天器三轴完全解耦的动力学方程,所得到简化的线性化模型有利于后续的控制器设计[41]。

2.5　编队优化控制基础

2.5.1　控制系统稳定性判据

稳定性是控制系统需要保证的首要特性。在针对非线性控制系统稳定性的研究中,李雅普诺夫方法最具代表性和普遍性。在对于系统稳定性的判定问题上,李雅普诺夫提出了两种方法:间接法和直接法。间接法将非线性系统在平衡点附近进行线性化得到线性微分方程,分析方程特征根来判断系统稳定性;直接法基于物理学里能量的概念,通过判断系统运动进程中能量的变化情况,来更直观地判断系统的稳定性。

1. 李雅普诺夫稳定性定义

选择研究对象为不受外部影响的非线性时变动态系统,即自治系统,其状态方程的数学表达式为

$$\dot{\boldsymbol{x}}=\boldsymbol{f}(\boldsymbol{x},t),\boldsymbol{x}(t_0)=\boldsymbol{x}_0,t\in[t_0,\infty) \tag{2-77}$$

式中:$\boldsymbol{x}$ 为状态变量;$\boldsymbol{f}$ 为局部 Lipschitz 映射。假设 $\boldsymbol{x}_e=0$ 为系统自治平衡点,则有下述定义:

(1) 若对任意一个实数 ε,均存在依赖于 ε 和 t_0 的另一实数 $\delta(\varepsilon,t_0)>0$,使得当 $\boldsymbol{x}_0$ 满足关系式,即

$$\|\boldsymbol{x}_0-\boldsymbol{x}_e\|\leqslant\delta(\varepsilon,t_0) \tag{2-78}$$

从 $\boldsymbol{x}_0$ 出发的轨迹 $\boldsymbol{\phi}(t;\boldsymbol{x}_0,t_0)$ 满足

$$\|\boldsymbol{\phi}(t;\boldsymbol{x}_0,t_0)-\boldsymbol{x}_e\|\leqslant\varepsilon,\quad \forall t\geqslant t_0 \tag{2-79}$$

则称该系统在平衡点 $\boldsymbol{x}_e$ 处是李雅普诺夫意义下的稳定。

(2) 如果满足上述稳定条件，并且对实数 $\delta(\varepsilon,t_0)>0$ 和任意给定实数 $\mu>0$，均存在实数 $T(\mu,\delta,t_0)>0$，并使得从 $\boldsymbol{x}_0$ 出发的受扰运动 $\phi(t;\boldsymbol{x}_0,t_0)$ 满足

$$\|\boldsymbol{\phi}(t;\boldsymbol{x}_0,t_0)-\boldsymbol{x}_e\|\leqslant\mu,\quad \forall t\geqslant t_0+T(\mu,\delta,t_0) \tag{2-80}$$

则称该系统在平衡点 $\boldsymbol{x}_e$ 点处于李雅普诺夫意义下的稳定状态。

2. 李雅普诺夫稳定性判别方法

假设存在关于状态量的标量函数 $V(\boldsymbol{x})$，并具有一阶连续导数。若标量函数满足以下条件：

(1) $V(\boldsymbol{x})$ 是正定的；

(2) $V(\boldsymbol{x})$ 的时间导数 $\dot{V}(\boldsymbol{x})$ 为负半定；

(3) 对任意初始的状态不恒为零；

(4) 当 $\|\boldsymbol{x}\|\to\infty$ 时，$V(\boldsymbol{x})\to\infty$。

则上述系统是大范围渐近稳定的。

3. 控制系统其他定义与定理

定义 1：针对一个非线性系统，描述形式为 $\dot{\boldsymbol{x}}=\boldsymbol{f}(\boldsymbol{x},\boldsymbol{u})$，其中 $\boldsymbol{x}$ 为状态向量，$\boldsymbol{u}$ 为控制输入向量。若 $\forall \boldsymbol{x}(t_0)=\boldsymbol{x}_0$ 和 $t\geqslant t_0+T$，$\exists\varepsilon>0$ 和 $T(\varepsilon,\boldsymbol{x}_0)$，使得 $\|\boldsymbol{x}(t)\|<\varepsilon$，则该系统的解是一致最终有界的（Uniformly Ultimately Bounded，UUB）。

定义 2：针对一个非线性系统，描述形式为 $\dot{\boldsymbol{x}}=\boldsymbol{f}(\boldsymbol{x},\boldsymbol{u})$，其中 $\boldsymbol{x}$ 是状态向量，$\boldsymbol{u}$ 是控制输入。如果 $\exists\varepsilon>0$ 和 $T(\varepsilon,\boldsymbol{x}_0)<\infty$，能够使得 $t\geqslant t_0+T$，有 $\|\boldsymbol{x}(t)\|<\varepsilon$ 成立，则系统的解是实际有限时间稳定的（Practical Finite-Time Stable，PFS）。

引理 1：给定两个矩阵 $\boldsymbol{M}\in\mathcal{R}^{m\times m}$ 和 $\boldsymbol{N}\in\mathcal{R}^{n\times n}$，使用符号 $\otimes$ 代表 Kronecker 积。那么，有如下事实是成立的：

(1) 如果 $\boldsymbol{M}$ 和 $\boldsymbol{N}$ 是可逆矩阵，那么有 $(\boldsymbol{M}\otimes\boldsymbol{N})^{-1}=\boldsymbol{M}^{-1}\otimes\boldsymbol{N}^{-1}$ 成立；

(2) 有等式 $(\boldsymbol{M}\otimes\boldsymbol{N})(\boldsymbol{X}\otimes\boldsymbol{Y})=\boldsymbol{MX}\otimes\boldsymbol{NY}$ 成立；

(3) 定义矩阵 $\boldsymbol{M}$ 对应的特征根为 $\lambda_1,\cdots,\lambda_m$，$\boldsymbol{N}$ 对应的特征根为 $\mu_1,\cdots,\mu_n$，那么 $\lambda_i\mu_j(i=1,\cdots,m;j=1,\cdots,n)$ 是 $\boldsymbol{M}\otimes\boldsymbol{N}$ 的特征根。

引理 2：如果存在一个正定的李雅普诺夫（Lyapunov）函数 $V(\boldsymbol{x})$ 使快速终端滑模（Fast Terminal Sliding Mode，FTSM）满足如下条件，即

$$\dot{V}(\boldsymbol{x})+\lambda_1 V(\boldsymbol{x})+\lambda_2 V^r(\boldsymbol{x})\leqslant 0 \tag{2-81}$$

式中,参数满足 $\lambda_1>0,\lambda_2>0,0<r<1$,那么系统能够在有限时间内稳定到原点,并且稳定时间能够满足

$$T \leqslant \frac{1}{\lambda_1(1-r)}\ln\frac{\lambda_1 V^{1-r}(x_0)+\lambda_2}{\lambda_2} \tag{2-82}$$

式中:$V(\boldsymbol{x}_0)$为初值。

2.5.2 编队控制图论基础

编队图论和常用引理图论在多智能体系统(Multi-Agent Systems,MAS)和多星编队系统中广为使用。本书后续使用图论理论对多星系统通信拓扑关系进行描述,在本节中,先简单介绍一些常用的基本概念、性质,以及图论在卫星系统中的应用。详细的知识,读者可以参考文献[42-45]。

通常情况下,一个有 n 个顶点的图(Graph)$G=\{V,E,\boldsymbol{A}\}$ 被用来描述多星系统内信息流的情况,即通信拓扑结构,其中 $V=\{v_1,\cdots,v_n\}$ 和 $E\subseteq V\times V$ 分别表示是顶点(Vertex)和边(Edge)的集合。(v_j,v_i)代表了一条边,其中 v_j,v_i 代表了这条边的两个顶点或这条边的端点,v_j,v_i 相互为相邻的顶点,也称为邻居(Neighbor)。加权邻接矩阵(Weighted Adjacency Matrix)$\boldsymbol{A}=[a_{ij}]\in\mathcal{R}^{n\times n}$ 中各元素是非负的,$a_{ij}>0$ 当且仅当$(v_j,v_i)\in E$,这代表了图中存在一个可以从顶点 j 流动到顶点 i 的信息流路径(Path),同时 $a_{ii}=0$ 表示没有自循环(Self-loop)。多星系统中每个卫星都假设为图上的一个顶点 v_i,用边(v_i,v_j)来表示卫星之间的信息流。如果关系 $a_{i,j}=a_{j,i}$ 存在,则它是无向的(Undirected),这对应于在多星系统应用中航天器间的双向测量,反之当 $a_{i,j}\neq a_{j,i}$ 时,代表有向的情况(Directed)。图 2-5 为一个无向图和有向图的示意图。

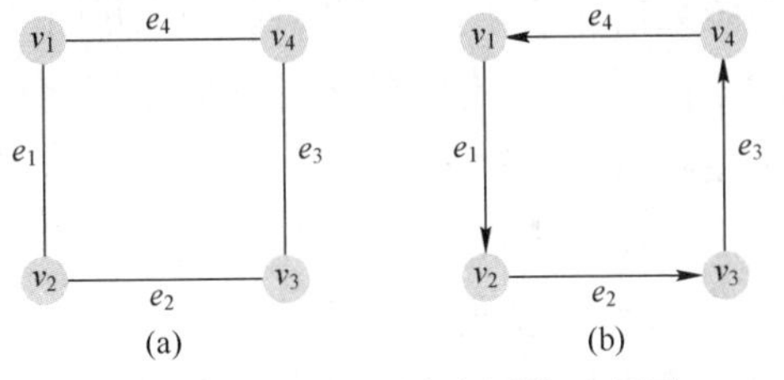

图 2-5 无向图和有向图的示意图

(a) 无向图;(b) 有向图。

Laplacian 矩阵定义为 $\boldsymbol{L}=\boldsymbol{D}-\boldsymbol{A}$,其中入度矩阵(In-Degree Matrix)$\boldsymbol{D}$ 是定义为 $\boldsymbol{D}=\mathrm{diag}(d_1,\cdots,d_n)$的对角矩阵,其中矩阵中元素 $d_i=\sum\limits_{j=1}^{n}a_{i,j}$。一个有向路径

定义为一系列顶点的序列 $v_{k0}, v_{k1}, v_{k2}, \cdots, v_{kl}$，其中 $(v_{k_{i-1}}, v_{k_i}) \in E, i=1,2,\cdots,l$。弱路径定义为顶点序列 $v_{k0}, v_{k1}, v_{k2}, \cdots, v_{kl}$ 使得 $(v_{k_{i-1}}, v_{k_i}) \in E$ 或 $(v_{k_i}, v_{k_{i-1}}) \in E, i=1, 2,\cdots,l$。对于一个有向的路径，如果任意两个顶点能被弱路径连通就称为弱连通，如果任意两个顶点可以通过弱路径连接并且称为强连通，那么对于任何一对不同的顶点 $(v_i, v_j) \in E$，存在从 v_i 到 v_j 的有向路径。如果在一个图 $\boldsymbol{G}$ 中，存在至少一个称为根顶点并通过有向路径连接到所有其他顶点的点，则图 $\boldsymbol{G}$ 具有生成树（Spanning Tree）。双向图 $\boldsymbol{G}$ 如果强连通，则称为连通。对于一个拥有 n 个顶点的系统，如果一个顶点没有任何邻居，则该顶点称为 Leader；如果该顶点至少有一个邻居，则该顶点称为 Follower。对于有 n 个顶点的有向图 $\boldsymbol{G}$，加权 Laplacian 矩阵（Weighted Laplacian Matrix）$\boldsymbol{L}$ 的所有特征值都有非负实部。

假设有 $m(m<n)$ 个 Leader 和 $n-m$ 个 Follower。根据 Leader 和 Follower 的定义，$\boldsymbol{L}$ 可以划分为

$$\begin{bmatrix} \boldsymbol{L}_F & \boldsymbol{L}_R \\ 0_{m\times(n-m)} & 0_{m\times m} \end{bmatrix} \tag{2-83}$$

$$\boldsymbol{L}_F \in \mathcal{R}^{(n-m)\times(n-m)}, \boldsymbol{L}_R \in \mathcal{R}^{(n-m)\times m}$$

下面考虑一个正定的矩阵 $\boldsymbol{B}=\mathrm{diag}(b_1, \cdots, b_n)$，$\boldsymbol{L}+\boldsymbol{B}$ 等价于在相对应的节点上增加一个信息流入。矩阵 $\boldsymbol{B}$ 的选取方法有如下两种方式：

(1) 对于无向图，将信息流入添加到任何顶点；

(2) 对于有向图，将信息流入添加到没有入度的顶点。

显然，使用这种方法，可以构建一个带有生成树的新图，$\boldsymbol{G}$ 是它的一个子图，即 $\boldsymbol{L}_F$ 将被替换为 $\boldsymbol{L}+\boldsymbol{B}$。根据参考文献[46]中引理 4，当且仅当有向图具有有向生成树时 $\boldsymbol{L}_F$ 是可逆的，也就是说，$\boldsymbol{L}+\boldsymbol{B}$ 是可逆的。

针对多星编队系统无向通信拓扑和有向通信拓扑下的不同情况，无向多星编队系统需要相互的通信要求，而有向的多星编队系统允许一些航天器只接受不发送或者只发送不接收信息。对于上述分析的直观解释是，多星编队系统的任何成员都需要至少以一种方式获得控制目标，无论是来自系统中的邻居还是来自外部跟踪信号，否则就无法实现对系统的控制。

这里使用图论的方式来描述多星系统中各卫星的通信拓扑关系。图 $\boldsymbol{G}=\{\boldsymbol{V},\boldsymbol{E},\boldsymbol{A}\}$ 中的每个顶点被用来代表一个卫星，假定多星系统中有 n 个卫星存在，那么系统的邻接矩阵写为

$$\boldsymbol{A}=\begin{cases} a_{i,j}=1, (v_i, v_j) \in E \\ a_{i,j}=0, (v_i, v_j) \notin E \end{cases} \tag{2-84}$$

如果邻接矩阵中的各元素非形式,为一般的非负实数,那么 $\boldsymbol{A}$ 称为加权的邻接矩阵,它的定义为

$$\boldsymbol{A}=\begin{cases}a_{i,j}>0,(v_i,v_j)\in E\\ a_{i,j}=0,(v_i,v_j)\notin E\end{cases}\tag{2-85}$$

$a_{i,j}$称为边(v_i,v_j)的权重,图 $\boldsymbol{G}$ 称为加权图。依据 Laplacian 矩阵的定义,它的形式可以给出为

$$\boldsymbol{L}=\begin{cases}l_{ij}=-a_{ij},i\neq j\\ l_{ij}=\sum_{i=1}^{n}a_{ij},i=j\end{cases}\tag{2-86}$$

式中,$i=1,2,\cdots,n$,第二行中所描述的为 Laplacian 矩阵对角元素的构成,也就是 $i=j$ 情况,此时 $l_{ij}=l_{ii}$。很直接的可以知道,无向图的邻接矩阵 $\boldsymbol{A}$ 与 Laplacian 矩阵 $\boldsymbol{L}$ 都是实对称的,这带来了一些良好的性质。同时,还需要注意,有向图通信拓扑结构下卫星编队的邻接矩阵和 Laplacian 矩阵没有对称性质,这在利用这种性质的便利性设计控制算法来说造成了不便,而单向的通信能在实际编队系统中减小通信依赖。

2.5.3　编队控制优化方法

考虑一般的非线性连续最优控制问题,即 Bolza 型问题。由于在目标函数、状态方程约束、边界约束或路径约束中存在非线性项,非线性连续最优控制问题一般很难得出解析解。

考虑一般的最优控制问题,有目标函数,即

$$J=\Phi(\boldsymbol{x}(t_0),t_0,\boldsymbol{x}(t_f),t_f)+\int_{t_0}^{t_f}g(\boldsymbol{x}(t),\boldsymbol{u}(t),t)\,\mathrm{d}t\tag{2-87}$$

式中:$\boldsymbol{x}(t)$为状态变量;$\boldsymbol{u}(t)$为控制输入变量;t_0 为初始时刻;t_f 为终端时刻,既可是固定的,也可是自由的。

动力学约束为

$$\dot{\boldsymbol{x}}(t)=\boldsymbol{f}(\boldsymbol{x}(t),\boldsymbol{u}(t),t),\quad t\in[t_0,t_f]\tag{2-88}$$

边界条件为

$$E(\boldsymbol{x}(t_0),t_0,\boldsymbol{x}(t_f),t_f)=0\tag{2-89}$$

路径约束为

$$C(\boldsymbol{x}(t),\boldsymbol{u}(t),t)\leqslant 0,\quad t\in[t_0,t_f]\tag{2-90}$$

使得目标函数最小,并满足动力学约束、边界条件和路径约束的问题,就是

连续 Bolza 问题。

上述轨迹优化问题为无限维优化问题,很难获得解析解,因此现阶段常用数值优化方法进行求解,包括间接优化方法和直接优化方法。间接优化方法通过变分法获得一组最优的一阶必要条件,将最优问题转换为 Hamiltonian 边值问题(Hamiltonian Boundary-Value Problem,HBVP)。该方法不对性能指标函数直接寻优,而通过列方程间接求取最优解,因此称为间接法。其优点在于满足了一阶最优条件,获得的最优解精度较高;缺点在于 HBVP 方程的求解十分复杂,难以获得解析解,给存在路径约束的优化问题的求解带来了困难。

直接法的主要思想是将连续的无穷维优化问题转换为离散的有限维优化问题,也称为非线性规划问题(Nonlinear Programming Problem,NLP),再通过非线性数值方法对其进行求解,获得原优化问题的最优解。在直接优化方法中,伪谱法作为配点法的一种,因其较小的优化变量维数和较高的优化精度,越来越受到重视。其主要思想是将控制变量和状态变量进行离散化处理,并通过正交插值多项式对状态变量和控制变量进行逼近。在伪谱法中,动力学约束的微分项通过对插值多项式求导进行近似,并将其转换成代数等式约束形式。由于避免了积分运算,计算效率得到了大大提高。高斯伪谱法由麻省理工学院的 Benson 提出,其证明了由连续最优问题转换而成的 NLP 中的 Karush-Kuhn-Tucker 条件与 HBVP 问题的一阶最优性在离散点上是一致的,因此获得的最优解具有更高的精度。下面将对高斯伪谱法在最优问题中的应用进行简单的介绍。

对于连续 Bolza 型问题,其时间区间为 $t\in[t_0,t_f]$,然而高斯伪谱法需要在固定的时间区间$[-1,1]$上对连续最优问题进行离散。因此引入一个新的时间变量 τ,将$[t_0,t_f]$上的最优问题映射到$[-1,1]$区间上,具体转换关系为

$$\tau=\frac{2t-t_f+t_0}{t_f-t_0} \tag{2-91}$$

则连续 Bolza 问题可以转换为

$$J=\Phi(\boldsymbol{x}(-1),t_0,\boldsymbol{x}(1),t_f)+\frac{t_f-t_0}{2}\int_{-1}^{1}g(\boldsymbol{x}(\tau),\boldsymbol{u}(\tau),\tau;t,t_f)\mathrm{d}\tau \tag{2-92}$$

$$\frac{\mathrm{d}\boldsymbol{x}}{\mathrm{d}\tau}=\frac{t_f-t_0}{2}f(\boldsymbol{x}(\tau),\boldsymbol{u}(\tau),\tau;t,t_f) \tag{2-93}$$

$$E(\boldsymbol{x}(-1),t_0,\boldsymbol{x}(1),t_f)=0 \tag{2-94}$$

$$C(\boldsymbol{x}(\tau),\boldsymbol{u}(\tau),\tau;t,t_f)\leqslant 0 \tag{2-95}$$

尽管进行了时间区间的映射变化，连续 Bolza 问题仍属于连续的无限维优化问题，仍需将其转化为离散的有限维非线性规划问题。高斯伪谱法利用插值多项式对连续问题中的状态变量和控制变量进行逼近，常见的配点方法为 Legendre-Gauss（LG）法，Legendre-Gauss-Radau（LGR）法和 Legendre-Gauss-Lobatto（LGL）法。下面将采用标准 LG 法对连续问题进行离散化。令 Legendre 多项式为 $P_N(\tau)$，则 N 次 Legendre 多项式的零点为

$$\tau_1<\tau_2<\cdots<\tau_N$$

$$\tau_i\in(-1,1],i=1,2,\cdots,N \tag{2-96}$$

上述离散点未包括初始时刻的点，因此补充额外变量 $\tau_0=-1$ 作为初始点。$N+1$ 次 Legendre 多项式可以表示为

$$P_N(\tau)=\frac{1}{2^N N!}\frac{\mathrm{d}^N}{\mathrm{d}\tau^N}[(\tau^2-1)^N] \tag{2-97}$$

令 L_i 为 $N+1$ 次 Legendre 多项式的基，可得

$$L_i(\tau)=\prod_{j=0,j\neq i}^{N}\frac{\tau-\tau_j}{\tau_i-\tau_j} \tag{2-98}$$

并有关系

$$L_i(\tau_j)=\begin{cases}1,i=j\\0,i\neq j\end{cases} \tag{2-99}$$

利用上述 $N+1$ 次 Legendre 多项式对连续优化问题中的各变量进行插值，具体表达式为

$$\boldsymbol{x}(\tau)\approx\boldsymbol{X}(\tau)=\sum_{i=0}^{N}\boldsymbol{x}(\tau_i)\cdot L_i(\tau) \tag{2-100}$$

$$\boldsymbol{u}(\tau)\approx\boldsymbol{U}(\tau)=\sum_{i=0}^{N}\boldsymbol{u}(\tau_i)\cdot L_i(\tau) \tag{2-101}$$

式中：$\boldsymbol{X}(\tau)$ 和 $\boldsymbol{U}(\tau)$ 分别为状态变量和控制变量的近似多项式。

进行求导将原连续优化问题中的状态变量微分约束转化成等式约束，则有

$$\dot{\boldsymbol{x}}(\tau)\approx\dot{\boldsymbol{X}}(\tau)=\sum_{i=0}^{N}\boldsymbol{x}(\tau_i)\cdot\dot{L}_i(\tau) \tag{2-102}$$

Legendre 多项式在 LG 离散点上的导数可以利用差分估计矩阵 $\boldsymbol{D}$ 来表示。差分估计矩阵中的各元素计算方法为

$$D_{ki}=\dot{L}_i(\tau_k)=\sum_{l=0}^{N}\frac{\prod_{j=0,j\neq i,l}^{N}(\tau_k-\tau_j)}{\prod_{j=0,j\neq i}^{N}(\tau_i-\tau_j)},k=1,2,\cdots,N;i=0,1,\cdots,N \tag{2-103}$$

通过上述差分估计矩阵,动力学中的微分约束可以转化成代数等式约束,具体形式为

$$\sum_{i=0}^{N}D_{ki}\cdot\boldsymbol{X}_i-\frac{t_f-t_0}{2}\boldsymbol{f}(\boldsymbol{X}_k,\boldsymbol{U}_k,\tau_k;t_0,t_f)=0,k=1,2,\cdots,N \tag{2-104}$$

需要注意的是,式(2-104)中仅在LG点上进行了采样,并未涉及边界值。定义额外变量为 $\boldsymbol{X}_0=\boldsymbol{X}(-1)$,$\boldsymbol{X}_f$ 以 $\boldsymbol{X}_k$ 代替。利用高斯积分公式,终端状态可以表示为

$$\boldsymbol{X}_f=\boldsymbol{X}_0+\frac{t_f-t_0}{2}\sum_{k=1}^{N}w_k\boldsymbol{f}(\boldsymbol{X}_k,\boldsymbol{U}_k,\tau_k;t_0,t_f) \tag{2-105}$$

$$w_k=\frac{2}{(1-\tau_k^2)(\dot{P}_N(\tau_k))^2} \tag{2-106}$$

式中:w_k 为高斯积分权重。

连续优化问题的目标函数可以转化为

$$J=\Phi(\boldsymbol{X}_0,t_0,\boldsymbol{X}_f,t_f)+\frac{t_f-t_0}{2}\sum_{k=1}^{N}w_k g(\boldsymbol{X}_k,\boldsymbol{U}_k,\tau_k;t_0,t_f) \tag{2-107}$$

边界约束可以写为

$$E(\boldsymbol{X}_0,t_0,\boldsymbol{X}_f,t_f)=0 \tag{2-108}$$

同样地,路径约束在LG点上进行离散化,可得

$$C(\boldsymbol{X}_k,\boldsymbol{U}_k,\tau_k;t_0,t_f)\leqslant 0,k=1,2,\cdots,N \tag{2-109}$$

目标函数式和代数形式约束式构成了转换后的非线性规划问题。对其求解即得到原无限维连续最优问题的解的估计值。

通过高斯伪谱法,无限维连续最优问题已经转换为离散的非线性规划问题,可以利用现有的成熟算法进行求解。现阶段,常用的求解非线性规划问题的算法有以序贯二次规划法(Sequential Quadratic Programming,SQP)为代表的精确算法,和以遗传算法为代表的现代启示算法。SQP算法是目前使用最广泛且适用性比较好的精确非线性规划求解算法。其利用一阶必要条件在各迭代点建立二次规划子式,求解该二次规划子问题可以得到最优迭代方向,优点在于计算效率高和收敛速度快。特别需要指出的是,已有学者提出了基于非线性

规划求解器 SNOPT 的序贯二次规划算法。

2.6　小结

本章围绕卫星编队构形设计、姿轨控制等问题,在给出描述编队相对运动坐标系定义的基础上,详细介绍了非线性和线性化卫星编队轨道动力学模型,以及基于卫星编队状态和轨道根数差描述的编队相对运动模型。同时,针对卫星姿态,在介绍几种常用卫星姿态描述方法的基础上,详细介绍了卫星姿态运动和动力学模型。围绕后续编队姿轨控制技术,在介绍系统稳定性判据基础上,初步介绍了编队控制图论和优化方法。

第 3 章
卫星编队受摄建模与作用机理

低轨空间环境中，卫星除了受地球中心引力外，还要受地球非球形摄动、大气阻力摄动、日月摄动和太阳光压摄动等多种摄动因素的影响。虽然摄动力仅约为地球中心引力的千分之一甚至更小，但这些摄动依然会使卫星轨道根数发生缓慢变化，进而影响编队星间相对运动状态。在分布式卫星编队系统中，卫星轨道受摄发生改变，会造成编队相对运动关系发散，给系统执行任务及星间安全带来不可忽视的影响[47-49]。从地球非球形和大气阻力等主要摄动因素出发，建立编队轨道受摄发散模型，并从多个角度开展编队构形摄动发散特性分析，有利于了解编队在轨运动特性，为编队设计、控制和应用提供基础。

3.1 卫星轨道主要摄动力建模

3.1.1 地球非球谐 J_2 项摄动

如果把地球看成一个质量均匀分布的球体，则其对卫星的引力只存在中心引力。然而实际的地球并不是理想球体，而是一个两极扁平赤道略鼓的类“梨形”椭球体，同时地球质量分布也不均匀。地球的这些特点导致其重力场分布并不均匀。目前广泛采用的地球引力场位函数可表示为

$$U(r,\varphi,\lambda)=\frac{\mu}{r}\left\{1-\sum_{n=2}^{\infty}J_n\left(\frac{R_E}{r}\right)^nP_n(\sin\varphi)+\sum_{n=2}^{\infty}\sum_{m=1}^{\infty}\left(\frac{R_E}{r}\right)^nP_{nm}(\sin\varphi)\left[C_{nm}\cos m\lambda+S_{nm}\sin m\lambda\right]\right\}\tag{3-1}$$

式中：r 和 φ、λ 分别对应卫星在地固坐标系中的地心距及地理经度、纬度；$P_n(x)$、$P_{nm}(x)$ 分别为勒让德多项式和缔和勒让德函数，其具体形式可参见相关资料。对应于 J_n 的一些项称为带谐调和项，对应于 C_{nm} 和 S_{nm} 的项称为田谐调和项。

令位函数的中心引力项 $U_0=\mu/r$，则与二体轨道相比，引力的扰动位函数可表示为

$$R=U-U_0 \tag{3-2}$$

由扰动位引力引起的摄动为地球非球形摄动。由位函数的表达式可知，只要知道引力系数的值，就可以确定地球的引力场。采用不同标准地球模型所得出的引力系数会存在一定差异，但 6 阶以下的带谐项系数认识已取得一致。观测表明，经度对引力位的影响较小，因此在精度要求不高的轨道计算中，田谐调和项的影响往往可忽略不计。以 J_n 表示第 n 阶带谐项系数，则在前 6 阶带谐项系数中 J_2 项[50]的值比其他带谐项值至少高 3 个量级，因此在一般的工程计算中只考虑 J_2 项就足以满足精度要求，该项的摄动影响通常也称为地球扁率影响[51-53]。

大量的研究结果表明，在 J_2 项摄动影响下，卫星轨道摄动量可以分为长期摄动、长周期摄动和短周期摄动三个部分，其中长期摄动造成的轨道根数改变随时间不断积累，短周期摄动的变化周期不大于一个轨道周期，长周期摄动的变化周期大于一个轨道周期。经过大量科研人员的研究，普遍认为 J_2 项摄动下，卫星轨道根数长期摄动变化可表示为

$$\begin{cases}\dot{a}=\dot{e}=\dot{i}=0\\ \dot{\Omega}=-2\sigma\cos i=f_{\Omega}(a,e,i)\\ \dot{\omega}=\sigma(5\cos^2 i-1)=f_{\omega}(a,e,i)\\ \dot{M}=n+\sigma(3\cos^2 i-1)\sqrt{1-e^2}=f_M(a,e,i)\end{cases} \tag{3-3}$$

$$\sigma=\frac{3J_2 nR_e^2}{4a^2\eta^4},n=\sqrt{\frac{\mu}{a^3}},\eta=\sqrt{1-e^2}$$

从式(3-3)可知，在 J_2 项摄动影响下，单星轨道半长轴、偏心率和轨道倾角均没有长期变化，而升交点赤经、近地点幅角和平近点角都存在长期漂移，且漂移率与前 3 个参数有关。

3.1.2 大气阻力摄动

许多人造地球卫星都在近地卫星轨道上运行，对于高度在 170~500km 的低轨道卫星，其空气阻尼的影响不能忽视。高层大气分子撞击卫星表面所产生的气动力，不但会降低轨道高度、影响卫星寿命，而且会因其对多星编队轨道半长轴的影响不同，造成编队构形的发散。

自有分子流与卫星表面发生碰撞时通常都是漫反射，假设卫星表面由无数个微元组成，且来流的质点以相同速度撞击在微元表面，则产生的气动力为

$$\mathrm{d}f_s=-\rho v^2[(2-\delta_n-\delta_t)(\boldsymbol{v}\cdot\boldsymbol{n})^2\boldsymbol{n}+\delta_t(\boldsymbol{v}\cdot\boldsymbol{n})\boldsymbol{v}]\mathrm{d}s \tag{3-4}$$

式中：ρ 为大气密度；v 为微元相对于大气的速度；$\boldsymbol{v}$ 为该速度方向上的单位矢量；$\boldsymbol{n}$ 为 $\mathrm{d}s$ 外法向单位矢量。当卫星表面发生完全镜反射时，$\delta_n=\delta_t=0$；当卫星表面发生完全漫反射时，$\delta_n=\delta_t=1$。

对式(3-4)进行积分可得整个卫星的大气阻力模型为

$$F_s=-\frac{1}{2}C_D\rho S(\boldsymbol{n}\cdot\boldsymbol{v}_s)\boldsymbol{v}_s \tag{3-5}$$

式中：S 为迎风面积；$\boldsymbol{n}$ 为该迎风面积的法线矢量；$\boldsymbol{v}_s$ 为该面积元相对于入射流的平均速度矢量；C_D 为阻力系数；ρ 为大气密度。

若不考虑大气层随地球自转而产生的旋转，结合卫星轨道摄动力作用模型，可得大气阻力影响下的卫星轨道根数摄动方程为

$$\begin{cases}\dfrac{\mathrm{d}a}{\mathrm{d}t}=-\dfrac{na^2}{(1-e^2)^{3/2}}C_D\dfrac{S_D}{m}\rho(1+2e\cos v+e^2)^{3/2}\\[2ex]\dfrac{\mathrm{d}e}{\mathrm{d}t}=-\dfrac{na}{(1-e^2)^{1/2}}C_D\dfrac{S_D}{m}\rho(\cos v+e)(1+2e\cos v+e^2)^{1/2}\\[2ex]\dfrac{\mathrm{d}i}{\mathrm{d}t}=0\\[2ex]\dfrac{\mathrm{d}\Omega}{\mathrm{d}t}=0\\[2ex]\dfrac{\mathrm{d}\omega}{\mathrm{d}t}=-\dfrac{na}{(1-e^2)^{1/2}}C_D\dfrac{S_D}{m}\rho(\cos v+e)(1+2e\cos v+e^2)^{1/2}\\[2ex]\dfrac{\mathrm{d}M}{\mathrm{d}t}=n+\dfrac{na}{(1-e^2)^{1/2}}C_D\dfrac{S_D}{m}\rho\left(\dfrac{r}{a}\right)\sin v(1+e\cos v+e^2)(1+2e\cos v+e^2)^{1/2}\end{cases} \tag{3-6}$$

由式(3-6)可知,大气阻力对卫星的轨道倾角 i 和升交点赤经 Ω 没有影响,只影响轨道平面内的 4 个轨道根数,主要影响轨道半长轴。

3.2 主要摄动力编队受摄建模

3.2.1 J_2 项摄动力编队受摄建模

1. J_2 项摄动力椭圆轨道编队受摄建模

针对近距离卫星编队系统而言,因星间距离较小,其卫星轨道根数差一般为小量。据此,J_2 项摄动力下的编队轨道根数差变化率可以用其一阶微分来代替,具体为 $\Delta\varepsilon=\frac{\partial}{\partial a}f_\varepsilon+\frac{\partial}{\partial e}f_\varepsilon+\frac{\partial}{\partial i}f_\varepsilon$,其中 $\varepsilon=\Omega$、ω 或 M。结合单星轨道根数在 J_2 项摄动力下的摄动模型[5-7],整理得编队相对轨道根数差的变化率为

$$\begin{cases}\Delta\dot{a}=\Delta\dot{e}=\Delta\dot{i}=0\\ \Delta\dot{\Omega}=\frac{7\sigma\cos i}{a}\cdot\Delta a-\frac{8\sigma e\cos i}{\eta^2}\Delta e+2\sigma\sin i\cdot\Delta i\\ \Delta\dot{\omega}=-\frac{7\sigma}{2a}(5\cos^2 i-1)\Delta a+\frac{4\sigma e\cos i}{\eta^2}(5\cos^2 i-1)\Delta e-5\sigma\sin(2i)\cdot\Delta i\\ \Delta\dot{M}=-\left[\frac{3n}{2a}+\frac{7\sigma}{2a}(3\cos^2 i-1)\eta\right]\Delta a+\frac{3\sigma e\cos i}{\eta^2}(3\cos^2 i-1)\Delta e-3\sigma\eta\sin(2i)\cdot\Delta i\end{cases}\tag{3-7}$$

依据上述轨道根数变化率,用符合 δ 表示编队双星间的轨道根数差,则 J_2 项摄动力下椭圆参考轨道编队相对运动学模型可表示为

$$\begin{cases}x=-a\delta e\cos(M+\delta M)+ae[\cos M-\cos(M+\delta M)]+\delta a\\ y=2ae(1-e\cos M)[\sin(M+\delta M)-\sin M]+2a(1-e\cos M)\delta e\sin(M+\delta M)+\\ \quad a(1-e\cos M)[\delta\omega+\delta M+\cos i\delta\Omega]\\ z=a(1-e\cos M)[\sin(\omega+M)\delta i-\cos(\omega+M)\sin i\delta\Omega]\end{cases}\tag{3-8}$$

依据编队初状态和轨道根数差变化率,将 J_2 项摄动力作用下的编队相对运动方程描述为

$$\begin{cases}x=G_x+\delta a_0\\ y=G_y+r_t(\delta\dot{\omega}+\cos i\delta\dot{\Omega}+\delta\dot{M})t\\ z=G_z-r_t\cos(\omega_0+M_0+\dot{\omega}t+\dot{M}t)\sin i\delta\dot{\Omega}t\end{cases}\tag{3-9}$$

$$\begin{cases}G_x=ae\cos(M_0+\dot{M}t)-a(\delta e_0+e)\cos(M_0+\delta M_0+(\dot{M}+\delta\dot{M})t)\\ G_y=r_t[\cos i\delta\Omega_0+\delta\omega_0+\delta M_0+2e\sin(M_0+\delta M_0+(\dot{M}+\delta\dot{M})t)-\\ \quad 2e\sin(M_0+\dot{M}t)+2\sin(M_0+\delta M_0+(\dot{M}+\delta\dot{M})t)\delta e_0]\\ G_z=r_t[\sin(\omega_0+M_0+\dot{\omega}t+\dot{M}t)\delta i_0-\cos(\omega_0+M_0+\dot{\omega}t+\dot{M}t)\sin i\delta\Omega_0]\end{cases}\tag{3-10}$$

式中：$r_t=a[1-e\cos(M_0+\dot{M}t)]$；下标为 0 的变量为编队相对运动初始参数；无下标的变量为编队主星绝对轨道参数，G 为周期变化量。

式(3-10)描述了 J_2 项摄动下编队相对运动状态，但因参数变量多、计算复杂，不利于分析编队发散的机理。为此，下面分别对编队三维运动方向进行分析。

1) x 向状态 J_2 项摄动发散机理

对 x 向编队受摄发散状态进行整理，可得其发散量表达式为

$$\begin{aligned}\Delta x^{\mathrm{T}}=&-a(e+\delta e_0)\sqrt{2[1-\cos(\delta\dot{M}+\dot{M})t]}\sin(M_0+\delta\dot{M}_0-\varphi_{x1})-\\ &ae\sqrt{2(1-\cos\dot{M}t)}\sin(M_0-\varphi_{x2})\end{aligned}\tag{3-11}$$

式中：$\varphi_{x1}=\arctan[(\cos(\delta\dot{M}+\dot{M})t-1)/\sin(\delta\dot{M}+\dot{M})t]=-(\delta\dot{M}+\dot{M})t/2$；$\varphi_{x2}=\arctan[(\cos\dot{M}t-1)/\sin\dot{M}t]$

式(3-11)表明，J_2 向摄动在 x 向造成的发散量呈周期性变化特性，其变化周期与主星轨道一致，幅度随时间推移有增大的趋势。

2) y 向状态 J_2 项摄动发散机理

y 向编队受摄状态经整理后可分解为长期和周期性发散量，其中周期性发散量为

$$\begin{aligned}\Delta y^{\mathrm{T}}\approx&-2a(e+\delta e_0)\sqrt{2(1-\cos(\delta\dot{M}+\dot{M})t)}\sin(M_0+\delta\dot{M}_0+\varphi_y)-\\ &2ae\sqrt{2(1-\cos\dot{M}t)}\sin(M_0+\varphi_{y2})\end{aligned}\tag{3-12}$$

式中：$\varphi_{y1}=\varphi_{x1}$，$\varphi_{y2}=\varphi_{x2}$。

比较式(3-11)和式(3-12)可知,J_2 项摄动对编队 x 和 y 向形成的周期性发散量特性基本保持一致,仅振幅相差两倍,这与理想编队相对运动在两个方向上的特性保持一致。

除因编队相对运动特性造成的周期性发散量外,受升交点赤经、近地点幅角和平近点角受摄变化影响,在沿航迹方向还存在长期发散量为

$$\Delta y^L = r_t(\delta\dot{\omega}+\cos i\delta\dot{\Omega}+\delta\dot{M})t \tag{3-13}$$

3) z 向状态 J_2 项摄动发散机理

从编队运动方程可知,z 向的状态与其他两个方向可解耦。通过整理简化可得 z 向上的周期性发散量为

$$\Delta z^{\mathrm{T}} \approx a\sqrt{2(1-\cos(\dot{\omega}+\dot{M})t} \cdot [\sin(\omega_0+M+\varphi_z)\delta i+\cos(\omega_0+M+\varphi_z)\sin i\delta\Omega_0] \tag{3-14}$$

式中:$\varphi_z = \arctan[\sin(\dot{\omega}+\dot{M})t/(\cos(\dot{\omega}+\dot{M})t-1)]$

对比三个方向的周期性发散方程,发现 z 向与其他两个方向的发散特性明显不同。该方向发散量主要由 J_2 项摄动对主星真近点角和平近点角的影响造成。与理想构形相比,随着时间推移,在 J_2 项摄动作用下,其相位差不断增加,直至两个角变量进动幅度超过半个轨道周期后,才开始衰减。

除周期性发散量外,z 向也存在长期发散量,其表达式为

$$\Delta z^L \approx r_t\cos(\omega_0+M_0+\dot{\omega}t+\dot{M}t)\sin i\delta\dot{\Omega}t \tag{3-15}$$

由式(3-15)可知,z 向的长期发散量与 y 向也不相同。该向发散量主要由升交点赤经变化量造成,呈幅度震荡式增加特点,不是单一的线性递增特性。

2. J_2 项摄动力近圆轨道编队受摄建模

依据定义的 E/I 向量编队参数,针对编队近圆主星轨道,依据 J_2 项摄动方程,经计算整理可得 E/I 向量编队参数受摄发散方程为

$$\frac{\mathrm{d}}{\mathrm{d}t}\delta\boldsymbol{\alpha} = \begin{bmatrix} 0 \\ 12\gamma n\left[(\cos^2 i_d-\cos^2 i)-\dfrac{1}{4}(\cos i_d-\cos i)\cos i\right] \\ -\dfrac{3}{2}\gamma n[(5\cos^2 i_d-1)e_d\sin\omega_d-(5\cos^2 i-1)e\sin\omega] \\ \dfrac{3}{2}\gamma n[(5\cos^2 i_d-1)e_d\cos\omega_d-(5\cos^2 i-1)e\sin\omega] \\ 0 \\ -3\gamma n(\cos i_d-\cos i)\sin i \end{bmatrix} \tag{3-16}$$

式中：$\gamma=\frac{J_2}{2}\left(\frac{R_e}{a}\right)^2\frac{1}{\eta^4}$。

依据三角函数性质，对式(3-16)进行简化，在忽略轨道根数差二阶小量，可得

$$\frac{\mathrm{d}}{\mathrm{d}t}\delta\boldsymbol{\alpha}=\begin{bmatrix}0\\-\frac{21}{2}\gamma n\sin(2i)\delta i_x\\-\frac{3}{2}\gamma n(5\cos^2 i-1)\delta e_y\\\frac{3}{2}\gamma n(5\cos^2 i-1)\delta e_x\\0\\3\gamma n\delta i_x\sin^2 i\end{bmatrix}\tag{3-17}$$

对式(3-17)进行积分，可得 J_2 项摄动下近圆轨道编队参数长期变化量为

$$\delta\boldsymbol{\alpha}(t)=\begin{bmatrix}\delta a\\\delta\lambda_0-\frac{21}{2}\left[\gamma\sin(2i)\delta i_x+\frac{1}{7}\delta a\right](u(t)-u_0)\\\delta e\cos[\varphi+\varphi'(u(t)-u_0)]\\\delta e\sin[\varphi+\varphi'(u(t)-u_0)]\\\delta i_x\\\delta i_y+3\gamma\delta i_x\sin^2 i(u(t)-u_0)\end{bmatrix}\tag{3-18}$$

式中：φ'为 E 向量相位角 φ 对编队主星纬度幅角 u 的微分，$\varphi'=\frac{\mathrm{d}\varphi}{\mathrm{d}u}=\frac{3}{2}\gamma(5\cos^2 i-1)$。

将式(3-18)代入式(2-53)可得 J_2 摄动下，近圆轨道编队受摄运动方程为

$$\begin{cases}\frac{x}{a}=\delta a-\delta e\cos[u(t)-\varphi-\varphi'(u(t)-u_0)]\\\frac{y}{a}=\delta\lambda_0-\frac{21}{2}\left[\gamma\sin(2i)\delta i_x+\frac{1}{7}\delta a\right](u(t)-u_0)+2\delta e\sin[u(t)-\varphi-\varphi'(u(t)-u_0)]\\\frac{z}{a}=\delta i_x[\sin u(t)-3\gamma\sin^2 i(u(t)-u_0)]-\delta i_y\cos u\end{cases}\tag{3-19}$$

从式(3-19)可知,近圆参轨道编队构形在 J_2 项摄动作用下,其构形平面内 E 向量、平面外 I 向量的变化分别如图 3-1 所示。

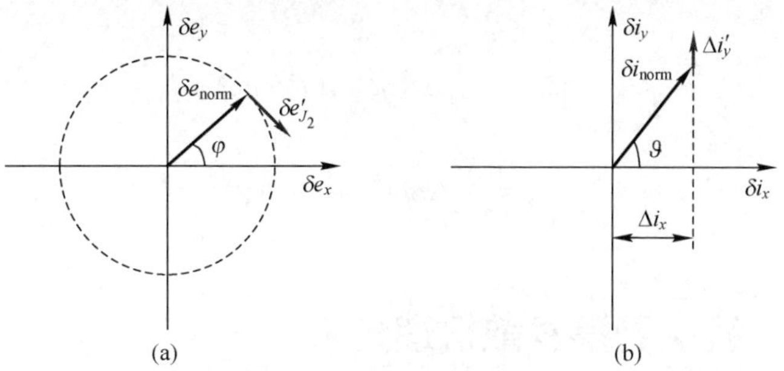

图 3-1　构形平面内平面内 E 向量和平面外 I 向量的变化

(a) 平面内 E 向量受摄变化;(b) 平面外 I 向量受摄变化。

由图 3-1 可知,构形平面内标称 E 向量 δe_{norm} 受 J_2 项摄动构形尺度基本不变,仅相位随时间变化而变化,变化方向由 φ' 的符号决定;平面外标称 I 向量 δi_{norm} 主要因 δi_y 方向的受摄变化影响,造成该向量沿 δi_y 分量漂移,漂移方向由 δi_y 的受摄变化率决定,δi_x 基本不变。除此之外,构形受 J_2 项摄动影响沿航迹向还存在长期漂移,漂移率主要由构形倾角差 δi_x 决定。

3.2.2　大气阻力编队受摄建模

依据式(3-5)描述的大气阻力模型,在近圆轨道假设条件下,大气层对卫星运动的影响主要为阻力,其阻力加速度为

$$a_f = -\frac{1}{2} C_D \frac{S}{m} \rho v^2 \tag{3-20}$$

式中:m 为卫星的质量;v 为卫星相对于大气的速度;S/m 为面质比;$B = C_D S/m$ 为弹道系数。

近圆轨道条件下,式(3-6)描述的大气阻力卫星轨道摄动方程可以简化为

$$\frac{\mathrm{d}a}{\mathrm{d}t} = -C_D \frac{A}{m} n a^2 \rho \tag{3-21}$$

根据单星轨道受摄运动方程,可得大气阻力对卫星编队相对运动的摄动影响为

$$(\Delta a)' = -\Delta B n a^2 \rho \tag{3-22}$$

式中:ΔB 为编队星间面质比差,$\Delta B = B_d - B_c$。

将大气阻力卫星编队相对运动摄动方程代入到 E/I 向量描述的编队运动方程，整理可得近圆参考轨道下大气阻力在径向（半长轴方向）和航迹向造成的发散量分别为

$$\begin{cases} \delta r_r = -\dfrac{1}{n^2}\Delta B\rho v^2(u(t)-u_0) \\ \delta r_t = \dfrac{3}{4n^2}\Delta B\rho v^2(u(t)-u_0)^2 \end{cases} \tag{3-23}$$

3.3 编队受摄发散机理分析

3.3.1 编队构形参数发散机理分析

在近距离编队构形设计过程中，为了保证几百米至几千米的编队构形，基于轨道根数差描述的编队参数值相对较小，甚至有些特殊构形部分轨道根数差会设计为零[54-55]。在此条件下，结合 J_2 项摄动分析结果，分析编队参数发散机理。

由式（3-11）和式（3-12）可知，编队在 x 和 y 向的周期性运动幅度 r_x 为

$$r_x = a\sqrt{(e+\delta e)^2+e^2-2e(e+\delta e)\cos(\delta M)} \tag{3-24}$$

式中：因编队星间沿航迹向距离一般不超过几十千米，即 $\delta M\approx 0$，$\cos\delta M\approx 1$。将其代入式（3-24），得

$$r_x \approx a\delta e \tag{3-25}$$

式（3-25）与 E/I 向量描述的编队构形幅度相同。编队在 x 向和 y 向上的周期性运动幅度与 δe 成正比，且比例系数为编队主星轨道半长轴 a。

由式（3-14）可知，编队在 z 向上的周期性运动幅度 r_z 为

$$r_z = a\sqrt{\delta i^2+\delta\Omega^2\sin^2 i} \tag{3-26}$$

基于卫星编队星间距离较小，即 $r_z \ll a$，由此可知 δi 和 $\delta\Omega$ 为小量，即 $\delta i\cdot\delta\Omega\approx 0$。将其代入式（3-26）可得 z 向周期性运动幅度的近似值为

$$r_z \approx a\delta i + a\delta\Omega\sin i \tag{3-27}$$

由椭圆轨道 J_2 项摄动下沿航迹向长期发散量表达式，可知

$$\Delta y = a[\delta\dot{\omega}+(1+e\cos f)\delta\dot{M}+\cos i\delta\dot{\Omega}]t \tag{3-28}$$

如果基于近圆轨道假设,则有 $e\cos f \ll 1$,式(3-28)可简化为

$$\Delta y = a[\delta\dot{\omega}+\delta\dot{M}+\cos i\delta\dot{\Omega}]t \tag{3-29}$$

将式(3-3)代入式(3-29),可得编队沿航迹向长期发散量为

$$\Delta y = \begin{Bmatrix} -\left[\dfrac{3n}{2a}+\dfrac{7\sigma}{2a}(1+\eta)(3\cos^2 i-1)\right]\delta a+ \\ \dfrac{\sigma e}{\eta^2}(4+3\eta)(3\cos^2 i-1)\delta e-\sigma(4+3\eta)\sin(2i)\cdot\delta i \end{Bmatrix}\cdot at \tag{3-30}$$

轨道根数差编队运动方程研究结果表明,编队成周期性运动的基础条件为 $\delta a \approx 0$。故针对周期性运动卫星编队系统,式(3-30)可进一步简化为

$$\Delta y = 7\sigma e(3\cos^2 i-1)\cdot\delta e\cdot at-7\sigma\sin(2i)\cdot\delta i\cdot at \tag{3-31}$$

面向分布式 SAR 卫星系统近圆、太阳同步轨道使用要求,有 $\eta \approx 1$,$3\cos^2 i \ll 1$,则沿航迹向长期发散量还可简化为

$$\Delta y \approx -7\sigma t[er_x+\sin 2i\cdot(r_z-a\delta\Omega\sin i)] \tag{3-32}$$

式(3-32)表明,针对分布式 SAR 编队系统,其沿航迹向长期发散速率主要由编队相对运动幅度 r_x 和 r_z 组成,且随 r_x 增加而增加。如果在编队构形设计时,为抑制 J_2 项扰动,采用等倾角编队思想取星间轨道倾角差 $\delta i \approx 0$,则沿航迹向长期发散量可近似为

$$\Delta y \approx 7\sigma e(3\cos^2 i-1)r_x t \tag{3-33}$$

该式表明,等倾角编队沿航迹长期发散速率由构形 x 向幅度决定,且可近似为线性关系。

由椭圆轨道 J_2 项摄动下 z 向长期发散量表达式可知

$$\Delta z = -a\cos(\omega+f)\sin i\left(\frac{7\sigma\cos i}{a}\cdot\delta a-\frac{8\sigma e\cos i}{\eta^2}\delta e+2\sigma\sin i\cdot\delta i\right)t \tag{3-34}$$

同理,在周期性近圆轨道假设条件下,有 $\delta a \approx 0$,$\eta \approx 1$,代入式(3-34),可得

$$\Delta z = \sin f(2\sigma\sin^2 i\cdot r_z t-0.5\sin 2i 8\sigma er_x t-2\sigma\sin^2 i a\delta\Omega\cos i\cdot t) \tag{3-35}$$

此时,如果进一步约束为等倾角编队构形,则 z 向上的编队长期发散量可近似为

$$\Delta z = -0.5\sin f\sin 2i 8\sigma er_x t \tag{3-36}$$

式(3-36)表明,等倾角编队 z 向长期发散速率由构形 x 向幅度决定,且可近似为线性关系。

综上所述,编队在 x、y 向上的长期和周期性发散量都与构形尺度 r_x 有关,且几乎其近似成线性比例关系;z 向上的长期发散量也与构形尺度 r_x 成线性比

例关系，但其周期性发散量与构形尺度 r_z 成线性比例关系。

3.3.2 编队初始误差发散机理分析

为了便于分析编队初状态误差对编队相对运动发散的影响，假设编队系统主星（也称参考星）的轨道根数为理想值，轨道根数初始化偏差由环绕星轨道造成[56-58]。在此条件下，各轨道根数初始误差对编队构形的影响分别如下所述。

1）半长轴初始误差发散机理分析

卫星编队运动方程表明，星间半长轴误差主要对 x 向运动产生中心偏移，对其他参数无影响。但从卫星轨道运行原理看，卫星编队半长轴不等，则编队飞行的卫星轨道周期不同，造成编队沿航迹向存在长期漂移[59]。假设编队环绕星与参考星长半轴初始误差为 Δa，则环绕星的半长轴变为 $a_d=a+\Delta a$，此时环绕星轨道角速率为

$$n_d=\sqrt{\frac{\mu}{(a+\Delta a)^3}} \tag{3-37}$$

因 $\Delta a/a\ll 1$，对式（3-37）进行泰勒展开并忽略二阶小量得

$$n_d=\sqrt{\frac{\mu}{a^3}}\left(1-\frac{3\Delta a}{2a}\right) \tag{3-38}$$

从式（3-38）可得，编队半长轴初始误差为 Δa，则造成的平近点角差变化率 $\Delta\dot{M}$为

$$\Delta\dot{M}=n_d-n_c=-\frac{3}{2a}n_c\Delta a \tag{3-39}$$

显然，按上述平近点角差变化率，其对 x、y 和 z 向上都存在周期性的发散量，但因 $\Delta a/a\ll 1$，该周期性发散量相对很小可以忽略不计，但在 y 向上还存在一个长期发散量，其发散速率为

$$\Delta\dot{y}_a=-\frac{3}{2}n_c\Delta a \tag{3-40}$$

2）偏心率初始误差发散机理分析[60]

卫星编队运动方程表明，偏心率初始误差主要影响编队 x 和 y 向的幅度 r_x 及初始相位 α_x，其中对幅度 r_x 的影响可描述为

$$\Delta r_x=a^2\frac{e+\delta e-e\cos(\delta M)}{r_x}\Delta e \tag{3-41}$$

式(3-41)中,基于 δM 为小量的考虑,可简化为

$$\Delta r_x = a\Delta e \tag{3-42}$$

式(3-42)表明,x 和 y 向的振幅偏差随偏心率误差的增加而增加,比例系数为编队系统主星半长轴。偏心率误差导致这两个方向上的编队构形偏差量呈周期性震荡,且幅值稳定。

在初始相位 α_x 中,偏心率的影响可以描述为

$$\Delta\alpha_x = -\frac{e}{2\sin(\delta M)}\frac{1}{1+\tan^2\theta}(e+\delta e)^{-\frac{3}{2}}\Delta e \tag{3-43}$$

式中:$\theta=[e-(e+\delta e)\cos(\delta M)]/(e+\delta e)\sin(\delta M)$,$\Delta\alpha_x$ 的值极小,可将 α_x 近似为常值。

3) 轨道倾角初始误差发散机理分析[61]

卫星编队运动方程表明,轨道倾角初始偏差主要影响编队 z 向幅度 r_z 和初始相位 α_z,其对 z 向幅度 r_z 的影响可简化为

$$\Delta r_z \approx a\Delta i \tag{3-44}$$

式(3-44)表明,z 向的编队幅度偏差与轨道倾角初始误差成正比,比例系数为编队主星半长轴。轨道倾角初始误差对编队构形 x 向和 y 向无影响,仅在 z 向上造成幅度稳定的周期性发散量。同样,在初相位角 α_z 中,因轨道倾角差和升交点赤经差都较小,可以将 α_z 近似为常值。

4) 升交点赤经初始偏差发散机理分析[62]

卫星编队运动方程表明,升交点赤经初始偏差主要影响编队 y 向的常值偏移量 l_y 和 z 向初相位 α_z,其对 l_y 影响为

$$\Delta l_y = a\cos i(1-e\cos M)\cdot\Delta\Omega \tag{3-45}$$

式(3-45)表明,升交点赤经初始误差会在 y 向形成一个主部稳定的常值偏移量 Δl_y^m。

由升交点赤经差与编队 z 向初相位 α_z 的关系,经整理可得其对 z 向的影响为

$$\Delta z = -a\sin i\cdot\Delta\Omega\cos(\omega+M) \tag{3-46}$$

式(3-46)表明,升交点赤经初始误差在 z 向上形成一个周期性偏差量,且周期为编队主星轨道周期。

5) 近地点幅角初始误差发散机理分析

卫星编队运动方程表明,近地点幅角误差直接影响沿航迹向常值漂移量

l_y,其关系式可以表示为

$$\Delta l_y^{\omega}=a(1-e\cos M)\Delta\omega \tag{3-47}$$

式(3-47)表明,近地点幅角初始误差会在 y 向上形成相对稳定的长期偏移量。

6) 平近点角初始误差发散机理分析[63]

卫星编队运动方程表明,平近点角是确定编队环绕星相对参考星位置的重要变量,其对编队参数的影响有 x 向幅度 r_x 和沿航迹常值偏移量 l_y。其中对 x 向幅度 r_x 的影响可以描述为

$$\Delta r_x=\frac{ae(e+\delta e)\sin(\delta M)}{r_x}\Delta M \tag{3-48}$$

式(3-48)表明,平近点角初始误差对 x 向和 y 向幅度造成微弱的影响,特别地当 $\Delta M\approx 0$ 时,该影响近似为零。

平近点角初始误差对沿航迹常值偏移量 l_y 的影响比较直观,可直接描述为

$$\Delta l_y^{M}=a(1-e\cos M)\Delta M \tag{3-49}$$

式(3-49)表明,平近点角初始误差会在 y 向上形成一个长期偏移量。

编队初始误差发散机理分析结果表明,在编队 6 个参数中,虽然初始编队构形参数均对编队运动有影响,但半长轴初始误差影响最大,其会在 y 向形成一个随时间累积的长期发散量,可对任务执行造成不可避免的影响。其他编队参数初始误差除在 y 向形成较小的常值偏移量,仅改变编队相对运动的幅度或相位,不改变编队运动的特性。只要误差量小,其影响几乎可以忽略不计。

3.4 典型任务编队受摄发散算例

1) J_2 项摄动编队受摄发散算例

为验证编队参数受摄发散机理研究结果,以分布式 SAR 卫星编队为背景,面向其基线测绘应用需求,设计一组编队相对运动轨道根数差为

$$\begin{aligned}&\delta a=0,\delta e=-1.079\times10^{-4},\delta i=0.00514^{\circ}\\&\delta\Omega=0.0299678^{\circ},\delta\omega=0.004012^{\circ},\delta M=0^{\circ}\end{aligned} \tag{3-50}$$

以上述参数为编队初始状态,利用 J_2 项摄动编队受摄发散模型,得卫星相对运动曲线,及其在各个方向上的发散量如图 3-2 所示。

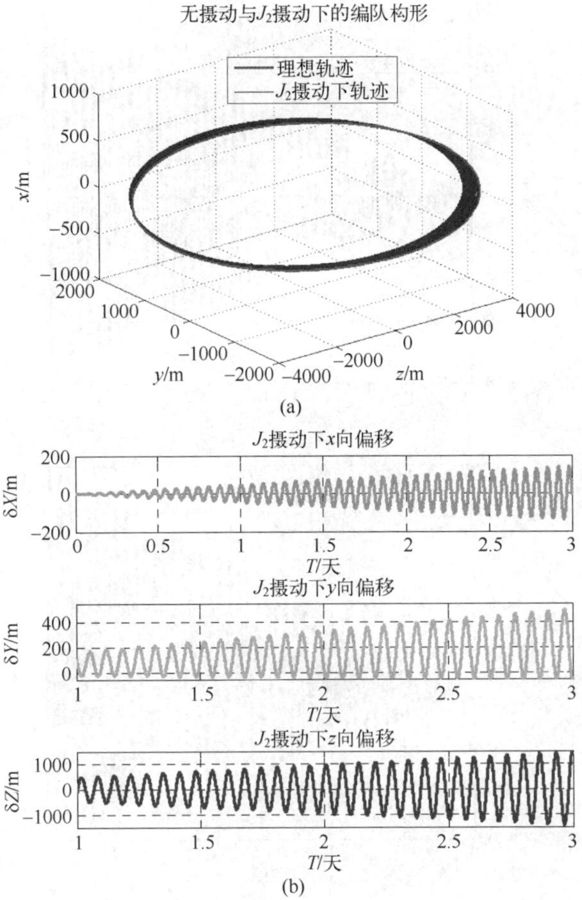

图 3-2　J_2 项摄动编队相对运动发散曲线

(a) 编队相对运动曲线;(b) 三维方向发散曲线。

由图 3-2 给出的仿真结果可知,J_2 摄动项在编队构形 x 向形成一个周期相对稳定,但幅度不断增大的周期性发散量,幅度最大发散到 139. 3m。y 向的发散既有幅度不断增加的周期性量,又有斜率为正值的长期量,幅值最大发散到 496. 8m;z 向发散以幅度不断增加的周期量为主,几乎可以忽略其长期偏移量,幅值最大发散到 1453. 06m。

为进一步验证 J_2 项摄动编队发散机理研究结果,针对图 3-2 所示的三维方向发散量,按周期性和长期漂移特性,将其分解为图 3-3 所示的结果。

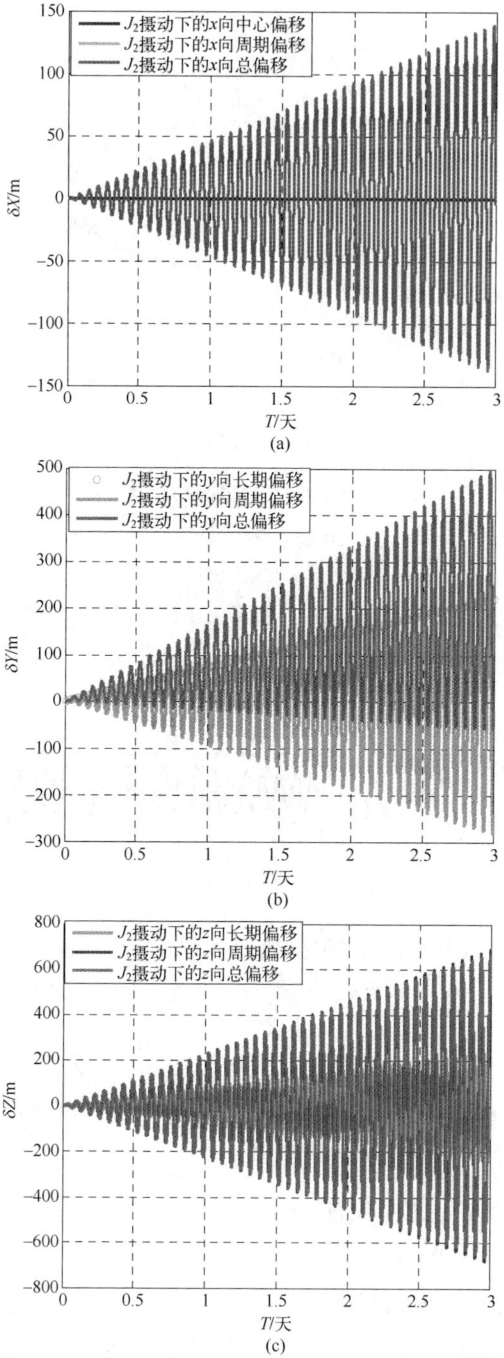

图 3-3 J_2 项摄动编队各向发散曲线

(a) 编队 x 向发散曲线；(b) 编队 y 向发散曲线；(c) 编队 z 向发散曲线。

从图 3-3 给出的仿真结果可知，J_2 项摄动下，编队 x 向仅有幅度不断增大的周期性偏差量，且幅度随时间增加基本成线性增加。编队 y 向周期性发散特性基本 x 向相同，且幅度约为 x 向的 2 倍；除此之外，还存在速率基本固定的长期发散量，这与摄动发散机理分析结果一致。编队 z 向上的发散量以幅度不断增加的周期量为主，也存在一定程度的长期发散量，但长期发散量幅度相对较小，也与理论摄动发散机理分析结果一致。

2）编队初始误差发散算例

为分析初始误差对编队发散特性的影响，在 J_2 项摄动基础上，取编队相对运动半长轴、偏心率和轨道倾角初始偏差为

$$\Delta a = 1\text{m}, \Delta e = 0.0000048, \Delta i = 0.00028^\circ \tag{3-51}$$

在上述编队初始误差条件下，编队各向发散量相对 J_2 项摄动的增量如图 3-4 所示。

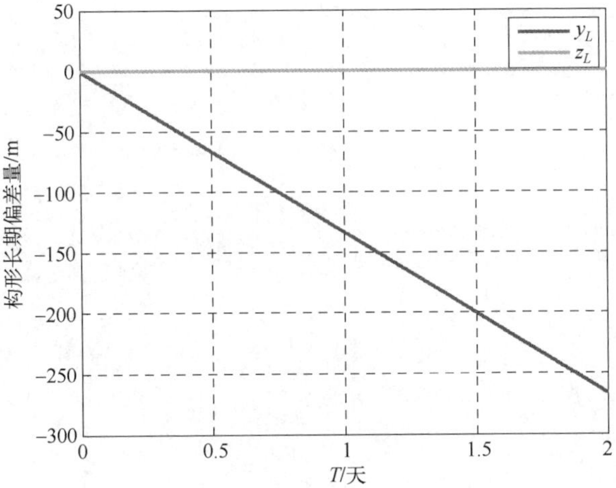

图 3-4　编队初状态误差各向发散曲线

从图 3-4 给出的仿真结果可知，编队初状态在 y 向形成速率相对固定的长期发散量，基本与半长轴初始误差发散机理分析结果一致。z 向也存在速率相对稳定的长期发散量，但其 2 天发散量约为 1m，相对百米量级编队参数可以忽略不计。

3.5 小结

本章针对分布式卫星编队在轨受空间摄动力影响,相对运动关系存在发散的特点,面向低轨空间环境特点,在介绍现有单星轨道主要摄动力作用模型的基础上,分别推导了 J_2 项摄动椭圆轨道和近圆轨道编队受摄发散模型,以及大气阻力编队受摄发散模型。同时,依据分布式卫星编队近距离、小偏差特点,详细阐述了编队构形六要素和初始误差对相对运动发散的作用机理,并以分布式SAR 卫星系统为应用背景,通过仿真分析对两种状态下的编队发散机理进行了验证。

第 4 章 典型卫星编队构形设计方法

分布式卫星编队系统通过多星协同技术,突破了传统单星在结构、体积和功能等方面的限制,可满足多种新兴空间科学和观测任务应用需求。编队系统多星协同方案设计首先需面向不同科学和观测任务,通过编队构形设计明确系统各成员卫星在空间中的几何位置分布,为系统在轨运行奠定基础。本章针对分布式卫星编队星间距离较小的特点,从保障编队系统安全运行角度出发,在全面分析稳定、安全编队构形设计约束集和应用目标的基础上,基于编队相对运动原理,简要阐述了通用编队构形优化设计流程,详细介绍了空间圆、水平圆、Cartwheel 和分布式 SAR 等几种典型任务编队构形解析设计方法,可为多类空间科学任务编队构形设计提供参考。

4.1 编队构形设计约束集

4.1.1 周期性与对称性约束

由 E/I 向量描述的编队相对运动方程可知,星间相对运动关系可以解耦为平面内和平面外两个部分,且平面内 x 向和 y 向存在较强的耦合特性。如忽略平面内 x 向和 y 向的常值偏置量,两者构成一个标准的椭圆,具体椭圆方程可写为

$$x^2+\frac{y^2}{4}=a^2\delta e^2 \tag{4-1}$$

由式(4-1)可知,在忽略平面内两个方向的常值偏置量后,编队构形平面内轨迹可充分集成标准椭圆的周期性和对称性。在此条件下,有利于对构形故

障状态进行监测和处理。因此，基于周期性和对称性设计要求，得编队构形周期性与对称性设计约束条件为

$$\delta a=0, \delta\lambda=0 \tag{4-2}$$

式(4-2)表明，通过构形半长轴和沿航迹常值偏移量参数设计，可保证编队构形在空间具有较好的周期性和对称性。

4.1.2 J_2 项摄动稳定约束

第3章有关卫星编队轨道受摄发散特性的分析结果表明，卫星编队初状态设置不合理，会造成编队在轨相对运动状态发散速度较快，增加编队维持控制频率和燃料消耗量。此外，从分布式卫星编队系统应用角度看，频繁的维持控制也会大幅降低卫星系统应用效能。为此，在分布式卫星编队构形设计时，从编队系统自然漂移稳定性角度出发，通过合理的设计编队构形初状态[64-65]，实现空间主要摄动力的抑制和利用，充分保障编队自然运行的稳定性，对降低分布式卫星编队保持控制燃料消耗量，提升系统对地观测效率具有重要的意义。

从本书第3章关于编队轨道受摄发散特性的研究结果可知，地球非球谐 J_2 项摄动和大气阻力是影响低轨卫星编队相对运动的主要因素。其中，因大气阻力摄动主要由星间面质比决定，与卫星制造工艺相关，且大气密度具有较强的不确定性。为此，本节主要阐述 J_2 项摄动的稳定性设计要求。由式(3-7)描述的编队轨道根数差受摄变化率模型可知，在 J_2 项摄动力下，编队构形 δa、δe 和 δi 无变化，$\delta\Omega$、$\delta\omega$ 和 δM 受摄变化率可表示为

$$\begin{bmatrix}\delta\dot{\Omega}\\ \delta\dot{\omega}\\ \delta\dot{M}\end{bmatrix}=\begin{bmatrix}\dfrac{7\sigma}{a}\cos i & -\dfrac{8\sigma e}{\eta^2}\cos i & 2\sigma\sin i\\ -\dfrac{7\sigma}{2a}(5\cos^2 i-1) & \dfrac{4\sigma e}{\eta^2}(5\cos^2 i-1) & -5\sigma\sin 2i\\ -\dfrac{3n}{2a}-\dfrac{7\sigma\eta}{2a}(3\cos^2 i-1) & \dfrac{3\sigma e}{\eta}(3\cos^2 i-1) & -3\sigma\eta\sin 2i\end{bmatrix}\begin{bmatrix}\delta a\\ \delta e\\ \delta i\end{bmatrix} \tag{4-3}$$

从式(4-3)中可知，严格意义上的稳定构形应满足所有轨道根数差为零，但这种要求显然过于严厉，与卫星编队应用需求与其他约束条件存在严重的冲突。为了能够兼顾和平衡编队系统的多目标应用需求，这里采用广义稳定构形概念，根据构形参数对编队稳定性的影响，将 J_2 项摄动稳定性条件分为三个层次进行描述。

1）第一层次稳定条件

第一层次稳定条件是针对编队沿航迹向受摄存在长期发散的特点，要求编队初始参数能够满足 $\delta\dot{\Omega}\cos i+\delta\dot{\omega}+\delta\dot{M}=0$，以保持编队系统的对称性。依据该约束要求，通过简化后可得第一层次稳定条件为

$$\delta a=\frac{2a\sigma(4+3\eta)}{\eta^2}\frac{(3\cos^2 i-1)e\cdot\delta e-\eta^2\sin 2i\cdot\delta i}{3n+7\sigma(1+\eta)(3\cos^2 i-1)} \tag{4-4}$$

2）第二层次稳定条件

第二层次稳定条件是针对编队 y 向和 z 向构形周期性受摄发散的特点，要求编队初始参数能够满足 $\delta\dot{\Omega}=0$ 和 $\delta\dot{\omega}+\delta\dot{M}=0$。依据该约束要求，通过简化后可得第二层次稳定条件为

$$\begin{cases}\delta a=\dfrac{2a\sigma(4+3\eta)}{\eta^2}\dfrac{(3\cos^2 i-1)e\cdot\delta e-\eta^2\sin 2i\cdot\delta i}{3n+7\sigma(1+\eta)(3\cos^2 i-1)}\\ \delta a=\dfrac{2a(4e\cdot\delta e-\eta^2\tan i\cdot\delta i)}{7\eta^2}\end{cases} \tag{4-5}$$

3）第三层稳定性条件

第三层次稳定条件是针对编队严格意义稳定，要求 $\delta\dot{\Omega}=\delta\dot{\omega}=\delta\dot{M}=0$。通过简化后可得第三层次稳定条件为

$$\delta a=\delta e=\delta i=0 \tag{4-6}$$

式(4-6)表明，第三层次编队构形设计稳定条件较为苛刻，且平面内构形幅度近似为“0”，与编队平面内相对运动应用需求存在冲突。为此，结合近圆轨道 J_2 项摄动编队发散模型，将三个层次稳定约束条件归纳为

$$\delta a=\delta i=0 \tag{4-7}$$

依据式(4-7)，结合编队构形 E/I 向量定义，可得平面外初相位为

$$\vartheta=\frac{\pi}{2}+2k\pi\ 或\ \frac{3\pi}{2}+2k\pi \tag{4-8}$$

式(4-7)表明，为保持卫星编队在沿航迹向运动的稳定性，需约束编队星间半长轴差为零，这与第 4.1.1 节的周期性与对称性约束分析结果一致。为保持卫星编队低轨摄动环境条件下的自然稳定，编队星间轨道倾角需满足等倾角约束条件，这与现有典型任务编队设计约束论述保持一致。

4.1.3　被动安全性约束

被动安全性约束主要是防止卫星编队在轨运行期间发生碰撞损坏卫星，是

编队系统必须满足的条件之一。如果星间被动安全距离不足,造成星间碰撞概率增大,轻则会导致卫星系统执行任务失败,严重的会造成卫星系统因碰撞完全失效或坠毁。第3章的卫星编队受摄发散机理研究结果表明,在空间主要摄动力作用下,编队沿航迹向(y向)相比其他两个方向(x向和z向)最不稳定,容易发生漂移。因此,为了保证编队系统具有足够的安全性,在卫星编队构形设计过程中,取构形星间距离在xoz平面内的投影$d_{xoz}^*=\sqrt{x^2+z^2}$为被动安全距离设计约束。

据此,在构形设计过程中,为了使编队构形能够克服y向漂移影响而不发生碰撞,确保编队在轨运行有足够的被动安全性,定义星间被动安全距离约束条件为

$$d_{xoz}^* \geqslant d_{\text{safe}} \tag{4-9}$$

式中:d_{safe}为编队构形设计最小安全距离要求。

从E/I向量描述的编队相对运动方程可知,当编队构形平面内E向量和I向量相互平行时,即平面内、外初相位差满足

$$\varphi-\vartheta=0\text{ 或 }\pi \tag{4-10}$$

此时,编队相对运动在xoz平面上的投影为椭圆,可表示为

$$\frac{x^2}{r_x^2}+\frac{z^2}{r_z^2}=1 \tag{4-11}$$

星间距离在xoz面上的最小投影距离$d_{\min}$为

$$d_{\min}=\min(r_x, r_z) \tag{4-12}$$

式(4-10)描述的等式约束条件,可称为编队系统最佳安全构形约束条件。

显然,在很多实际应用中,往往很难满足式(4-10)描述的最佳安全构形约束条件,即编队构形平面内E向量和I向量相交[66-69]。此时,通过整理可得基于E/I向量描述的编队相对运动在xoz平面内的投影曲线为

$$Az^2+Bzx+Cx^2=1 \tag{4-13}$$

式中:$A=\dfrac{1}{[a\delta i\cos(\varphi-\vartheta)]^2}$,$B=-\dfrac{2\sin(\varphi-\vartheta)}{a^2\delta e\delta i\cos^2(\varphi-\vartheta)}$,$C=\dfrac{1}{[a\delta e\cos(\varphi-\vartheta)]^2}$。

为研究普遍条件下的编队安全性特点,针对式(4-13)引入两个椭圆定理:

定理1(椭圆判别定理) 对于二次方程$Ax^2+Bxy+Cy^2+Dx+Ey+F=0$,如果满足条件$B^2-4AC<0$,$\begin{vmatrix} 2A & B & D \\ B & 2C & E \\ D & E & 2F \end{vmatrix}<0$,则该方程表示的曲线是椭圆。

定理 2　对于二次方程 $Ax^2+Bxy+Cy^2-1=0$，如果有 $A+C>0$ 和 $B^2-4AC<0$，则该方程表示的曲线是椭圆，并且椭圆的中心在坐标原点，长半轴 α，短半轴 β，长半轴与 x 轴的夹角为 $\chi(\chi\in[0,\pi))$，分别为

$$\begin{cases}\alpha=\dfrac{2}{s-t}\\ \beta=\dfrac{2}{s+t}\\ \chi=\dfrac{1}{2}\mathrm{arctan2}\left(\dfrac{\alpha^2\beta^2B}{\beta^2-\alpha^2},\dfrac{\alpha^2\beta^2(A-C)}{\beta^2-\alpha^2}\right)\end{cases}\tag{4-14}$$

式中：$s=\sqrt{A+C+\sqrt{4AC-B^2}}$，$t=\sqrt{A+C-\sqrt{4AC-B^2}}$。

由定理 1 和定理 2 可知，相交 E/I 向量编队相对运动在 xoz 平面内的投影依然为椭圆，且 xoz 平面投影距离 $\rho_{xz}=\sqrt{x^2+z^2}$ 的最小值为短半轴 β。依据式(4-14)有编队构形星间安全距离最小值为

$$(\rho_{xz})^2_{\min}=\beta^2=\frac{4}{(s+t)^2}=\frac{2}{A+C+\sqrt{(A-C)^2+B^2}}\tag{4-15}$$

将 E/I 向量描述的编队构形参数代入式(4-15)，得

$$(\rho_{xz})^2_{\min}=\frac{2}{\left[\dfrac{1}{(a\delta e)^2}+\dfrac{1}{(a\delta i)^2}\right]\dfrac{1}{\cos^2(\varphi-\vartheta)}+\sqrt{\left[\dfrac{1}{(a\delta e)^2}-\dfrac{1}{(a\delta i)^2}\right]^2\dfrac{1}{\cos^4(\varphi-\vartheta)}+\dfrac{4\sin^2(\varphi-\vartheta)}{(a\delta e)^2(a\delta i)^2\cos^4(\varphi-\vartheta)}}}\tag{4-16}$$

若记 $p=1/(a\delta e)^2$，$q=1/(a\delta i)^2$，$x=\cos^2(\varphi-\vartheta)$，则式(4-16)可转化为

$$(\rho_{xz})^2_{\min}=\frac{2}{F(x)}\tag{4-17}$$

$$F(x)=\frac{p+q+\sqrt{(p-q)^2+4pq(1-x)}}{x}=\frac{p+q+\sqrt{(p+q)^2-4pqx}}{x},x\in(0,1]\tag{4-18}$$

由式(4-17)可知，xoz 面内星间最小安全距离与 $F(x)$ 成反比。为进一步分析编队构形星间安全距离随平面内外参数变化的特性，对 $F(x)$ 求导得

$$F'(x)=-\frac{2pqx/\sqrt{(p+q)^2-4pqx}+p+q+\sqrt{(p+q)^2-4pqx}}{x^2},x\in(0,1]\tag{4-19}$$

由式(4-19)可知，$F'(x)$ 恒小于 0，即 $F(x)$ 在 $x\in(0,1]$ 范围内为递减函数，即 $|\varphi-\vartheta|=0$ 或 π 时，ρ_{xz} 取最小值，即

$$(\rho_{xz})_{\min}=a\min\{\delta e,\delta i\}\tag{4-20}$$

上述分析结果表明，$\varphi-\vartheta$ 的物理意义为编队构型相对偏心率 E 向量和相对倾角 I 向量间的夹角，$|\varphi-\vartheta|=0$ 或 π 表示向量 E 与 I 为平行关系，与前述等倾角编队构形设计结论一致，即安全性最佳平行向量构形设计。

当 $\varphi-\vartheta$ 不平行时，为实现编队构形 xoz 平面安全距离的线性化处理，为通用化稳定、安全构形设计提供支撑。通过深入研究式(4-19)可知，编队构形平面内和平面外的幅度 p,q 在安全距离表达式具有对称性。因此，假设 $p\leqslant q$，即 $\delta i\leqslant\delta e$ 条件下，开展编队星间安全距离线性化处理。

当 $\delta i\leqslant\delta e$ 时，令 $k=\delta i/\delta e$，则 $q/p=k^2$。此时式(4-17)可表示为

$$(\rho_{xz})^2_{\min}=\frac{2}{p\dfrac{1+k^2+\sqrt{(1+k^2)^2-4k^2x}}{x}} \tag{4-21}$$

依据式(4-21)描述的编队构形 xoz 面内安全距离计算表达式，取平面内构形幅度 $a\delta e=100$，研究 k 取不同值时，$(\rho_{xz})^2_{\min}$ 和 $(\rho_{xz})_{\min}$ 随 x 参数变化的特性。其中 $(\rho_{xz})^2_{\min}$ 随 x 变化的曲线如图 4-1 所示。$(\rho_{xz})_{\min}$ 随 x 变化的曲线图 4-2 所示。

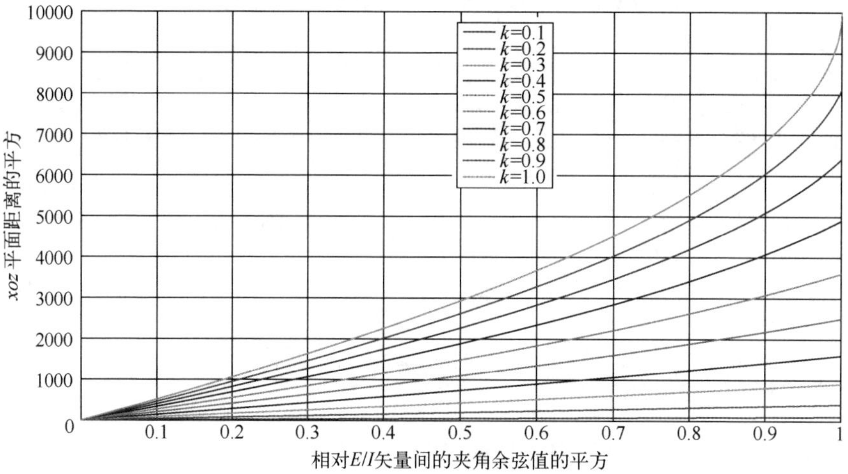

图 4-1　编队 xoz 面安全距离平方随 x 变化的曲线

针对上述仿真结果，依据编队构形 xoz 面内安全距离随 x 变化的趋势，通过深入开展数据量化分析。可得，当 $k\leqslant0.5$ 时，编队构形在 xoz 平面内的最小安全距离可近似为

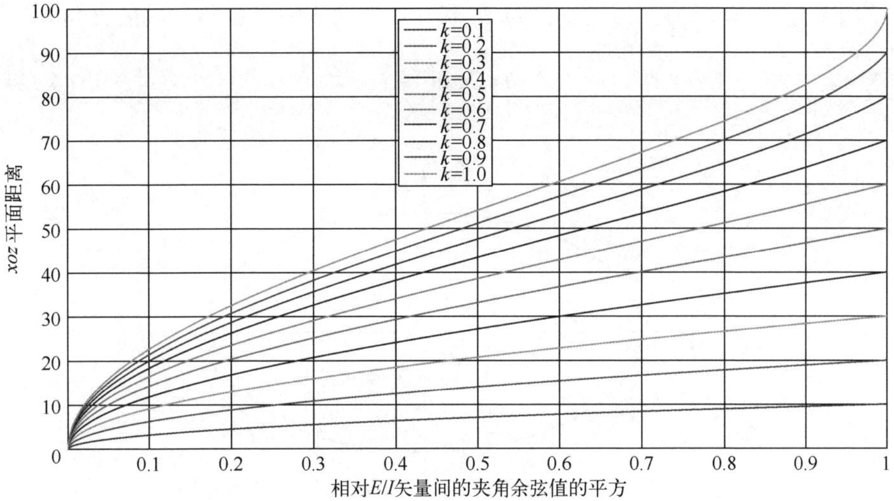

图4-2　编队构形 xoz 面安全距离随 x 变化的曲线

$$(\rho_{xz})_{\min} \approx a\delta i \cdot \cos(\varphi - \vartheta) \tag{4-22}$$

式(4-22)表明，当 $\delta i/\delta e \leqslant 0.5$ 时，编队构形在 xoz 平面内的安全距离与 $\varphi-\vartheta$ 余弦值有较好的线性关系。

结合 J_2 项摄动稳定编队设计约束条件，即 $\vartheta=90°$ 时，式(4-22)可以表示为

$$(\rho_{xz})_{\min} = a\delta i \cdot \sin\varphi \tag{4-23}$$

4.1.4　星间避免互射约束

星间互射约束[70-73]主要针对装有大功率辐射源载荷(如SAR雷达载荷)的卫星编队系统，为避免卫星编队系统对地观测成像过程中，因一颗卫星位于编队中其他卫星的辐射区内，会损坏被辐射卫星电子元器件而产生的约束条件。针对常用的大功率辐射源载荷对外工作形状，如锥形、扇形和四边形等，通常基于空间矢量建模技术，以边界视线建立单星照射能力，为星间互射约束建立奠定基础。这里针对分布式编队沿航迹向受摄发散存在强不确定性的特点，提出以载荷工作边界在垂直于卫星飞行方向上的投影，且载荷边界在卫星轨道坐标系 xoz 平面内的投影结果，来判断星间互射性，如图4-3所示。

定义大功率辐射特性载荷空间照射视角在卫星轨道坐标系 xoz 平面上的投影边界线，其与 x 轴(径向)负方向的夹角依次为 $\theta_{\min}$ 和 $\theta_{\max}$。假设卫星编队系统中任意一颗星，如图4-3中的B星，其在大功率辐射A星轨道坐标系统 xoz

平面上的投影坐标为(x,z)，则计算 B 星与 A 星构成的向量与 x 轴的夹角 θ 为

$$\theta=\operatorname{atan}\left(\frac{z}{x}\right) \tag{4-24}$$

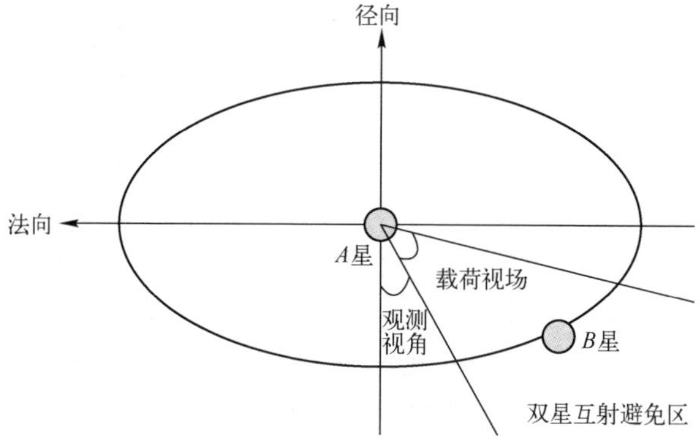

图 4-3　双星避免互射示意图

由式(4-24)可知，为避免卫星编队系统星间互射，则要求 A、B 星构成的向量与 x 轴夹角 θ 满足 $\theta\subset(\theta_{\min},\theta_{\max})$时，$A$ 星不可开机工作。

虽然式(4-24)描述了装有大功率辐射源载荷的卫星编队星间互射约束条件，但该式由编队相对运动状态决定，仅适用于星间避免互射判断，无法直接用于指导编队设计。为此，下面将进一步从编队相对运动原理出发，通过建立星间互射与参数的直接约束关系表达式，以支撑构形设计。

编队安全性分析结果表明，随着平面内 E 向量和平面外 I 向量夹角的变化，其相对运动轨迹始终为椭圆，仅椭圆长轴方向随夹角变化而变化，对式(4-24)描述的互射特性无影响。为此，下面分 E/I 向量同向平行和反向平行两种情形来建立双星的互射特性约束条件。

1) *E/I* 向量同向平行双星互射特性

当 E/I 向量同向平行时，有 $\varphi=\vartheta=\frac{\pi}{2}$。将其代入 E/I 向量相对运动方程得

$$\begin{cases}x=-a\delta e\sin u\\ z=a\delta i\cos u\end{cases} \tag{4-25}$$

此时，卫星编队相对运动状态在 xoz 平面内的投影随编队主星纬度幅角增加的运动曲线如图 4-4 所示。

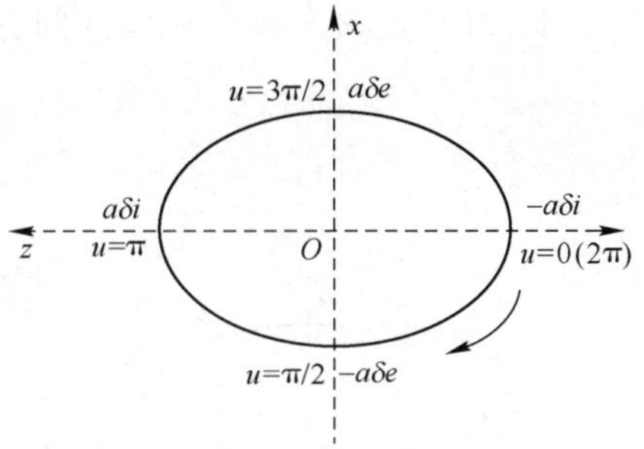

图 4-4　编队构形在 xoz 平面内的投影曲线(E/I 向量同向平行)

因基于太阳同步和回归约束设计的主星轨道结果均为：$u=0 \to \pi$ 时为北纬，且 $u=0 \to \frac{\pi}{2}$ 为升轨，$u=\frac{\pi}{2} \to \pi$ 为降轨；$u=\pi \to 2\pi$ 时为南纬，且 $u=\pi \to \frac{3\pi}{2}$ 为升轨，$u=\frac{3\pi}{2} \to 2\pi$ 为降轨，如图 4-5 所示。

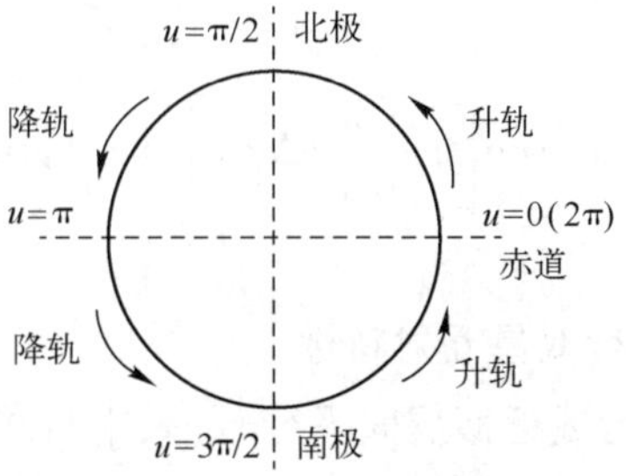

图 4-5　E/I 向量同向平行编队 xoz 面投影升降轨示意图

按上述构形在 xoz 平面内投影的运动规律与主星在纬度向上的升降轨运动特性，为规避双星互射，当 E/I 向量同向平行时编队构形最好设计为：降轨测绘北纬$\left(u=\frac{\pi}{2} \to \pi\right)$，升轨测绘南纬$\left(u=\frac{3\pi}{2} \to 2\pi\right)$，如图 4-6 所示。

当 E/I 向量近似同向平行时，针对 E 向量初始相角 φ 范围最终选择在$\left[0,\frac{\pi}{2}\right]$或$\left[\frac{\pi}{2},\pi\right]$的问题，从平面内 E 向量燃料最优维持控制原理看，假设 φ 位于$\left[0,\frac{\pi}{2}\right]$，则维持控制点火纬度在$\left(\frac{\pi}{2},\pi\right)$和$\left(\frac{3\pi}{2},2\pi\right)$范围内；假设 φ 位于$\left[\frac{\pi}{2},\pi\right]$，则维持控制点火纬度在$\left(0,\frac{\pi}{2}\right)$和$\left(\pi,\frac{3\pi}{2}\right)$范围内。此时，结合降轨测

北纬升轨测南纬的互射要求，以及点火区域与成像区间分离的要求，确定 φ 在 $\left[\frac{\pi}{2},\pi\right]$ 区间。

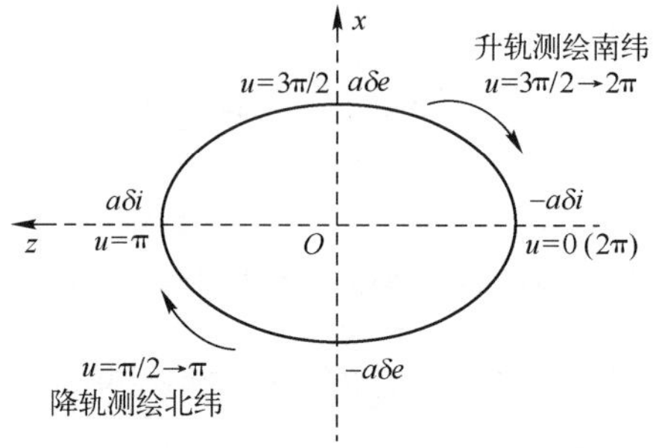

图 4-6　E/I 向量同向平行避免互射观测示意图

基于 E/I 平行向量对编队构形 E 向量初值的约束，假设 $\varphi=\frac{\pi}{2}+\Delta\varphi$，则沿航迹基线可表示为

$$B_{\mathrm{AT}}=|y|=\left|2a\delta e\sin\left[u-\left(\frac{\pi}{2}+\Delta\varphi\right)\right]\right|=|2a\delta e\cos(u-\Delta\varphi)| \qquad (4-26)$$

式中，$\Delta\varphi>0$。

2) E/I 向量反向平行双星互射特性

当 E/I 向量反向平行或近似反向平行时，采用与同向平行相同的分析思路（详细过程不再赘述），可得该条件下，为规避双星互射，编队构形最好设计为升轨测绘北纬$\left(u=0\to\frac{\pi}{2}\right)$，降轨测绘南纬$\left(u=\pi\to\frac{3\pi}{2}\right)$；且 E 向量初始相角 φ 在 $\left[\pi,\frac{3\pi}{2}\right]$区间可满足点火与成像区间分离要求。

4.2　编队构形设计目标集

编队构形优化设计通常是在 4.1 节描述的单个或多个约束条件基础上，面向构形尺度、观测效率和控制性能等应用目标，通过建立优化求解模型，求解编队构形优化参数的过程。其中，构形尺度应用目标主要是依据编队构形受摄发散量与构形尺度大小成正比的特点，从节约编队构形控制燃料消耗量角度出发，要求在编队构形优化求解过程中，通过小的平面内构形幅度降低编队维持控制频率和燃料消耗量[74-77]。考虑到编队构形设计与控制彼此相互关联，读者在阅读本节前，可先预览燃料最优编队构形维持和重构控制方法相关章节的内容。

4.2.1　应用任务优化目标

编队构形作为分布式卫星编队系统应用的基础条件，从各类典型编队任务应用角度看，其构形设计目标首先需要实现面向应用需求的空间构形优化布局。比如，针对空间圆构形，从应用任务角度期望星间距离各向投影达到均衡；而针对 CartWheel 车轮式构形，则期望星间相对距离能够保持均衡。现有文献研究结果表明，不同任务对空间构形应用目标的差距较大，本节不再一一赘述，读者可以根据需要查询相关文献。

本节围绕当前分布式卫星编队技术应用热点——高精度编队干涉测量技术，从双星编队相对运动形成干涉测量基线原理角度出发，重点阐述编队空间几何布局对此类干涉测量系统测绘效率的影响，并建立此类应用测绘效率优化目标函数，供读者参考。

以德国 TanDEM 双星编队干涉测量卫星系统为例，基于卫星编队形成干涉测量基线的原理，可通过编队设计提供两种干涉测量基线。其中一种是用于高程测量(DEM)的垂直有效基线(Effective Cross Track Baseline，ECTB)，定义为星间相对位置在雷达波束径向平面内投影再投影到波束径向垂直方向上的投影，如图 4-7 所示。

结合卫星编队相对运动模型，可得分布式卫星编队形成的干涉测量垂直有效基线为

$$B_{\mathrm{ECT}}=|x\sin\phi+z\cos\phi| \tag{4-27}$$

式中：ϕ 为雷达波束下视角，左侧视取“+”号，右侧视取“-”号；x 和 z 为编队相对运动径向和法向分量。

另一种为用于地面移动目标检测(GMTI)的沿航迹基线(Along Track Base-Line，ATBL)，定义为星间相对位置在沿航迹方向的投影，可表示为

$$B_{\mathrm{AT}}=|y|=|2a\delta e\sin(u-\varphi)+l_y| \tag{4-28}$$

式中：l_y 为编队相对运动在沿航迹向上的常值偏移量，$l_y=-\dfrac{3}{2}(u-u_0)\delta a+\delta\lambda_0$。

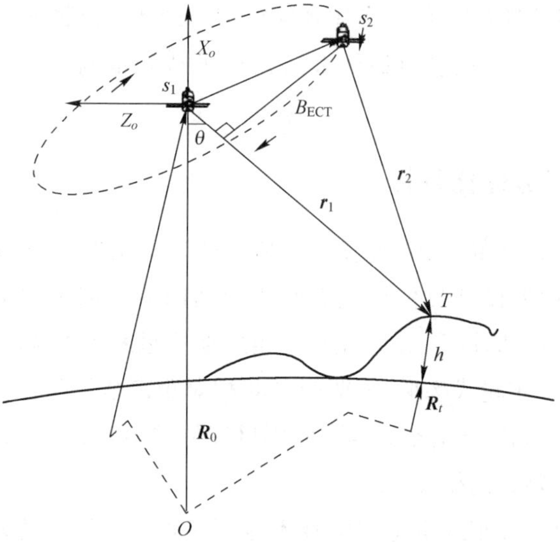

图 4-7　卫星编队垂直有效基线示意图

依据上述编队系统形成干涉测量基线的原理,为分析编队构形测绘效率,首先开展干涉测量垂直有效基线特性研究。式(4-27)描述的垂直有效基线能够基于编队相对运动状态计算基线值,但无法表现基线的特性。为此,定义编队平面内 x 向的运动幅度为 r_x,平面外 z 向的运动幅度为 r_z,则式(2-35)描述的编队相对运动方程可表示为

$$\begin{cases} x = a\delta a - r_x \cos(u-\varphi) \\ y = -\dfrac{3}{2}a\delta a(u-u_0) + a\delta\lambda + 2r_x \sin(u-\varphi) \\ z = r_z \sin(u-\vartheta) \end{cases} \tag{4-29}$$

在 $\delta a=0$ 的周期性约束条件下,将式(4-29)代入垂直有效基线计算公式,可得

$$B_{\text{ECT}} = \left| -r_x \cos(u-\varphi) \cdot \sin\phi + r_z \sin(u-\vartheta) \cdot \cos\phi \right| \tag{4-30}$$

通过三角函数计算,可将式(4-30)整理为

$$B_{\text{ECT}} = \varepsilon \left| \sin(u-\xi) \right| \tag{4-31}$$

式中:$\varepsilon=\sqrt{\varepsilon_x^2+\varepsilon_y^2}$,$\xi=\arctan\dfrac{\varepsilon_x}{\varepsilon_y}$,且

$$\begin{cases} \varepsilon_x = r_x \cos\varphi \sin\phi + r_z \sin\vartheta \cos\phi = B_{\text{ECT}}^{\max} \cdot \sin\xi \\ \varepsilon_y = r_z \cos\vartheta \cos\phi - r_x \sin\varphi \sin\phi = B_{\text{ECT}}^{\max} \cdot \cos\xi \end{cases} \tag{4-32}$$

从式(4-31)可知,在周期性约束条件下,卫星编队系统形成的干涉测量垂直有效基线特性为正弦函数。其幅度和相位由编队初状态决定,计算公式为式(4-32);基线变化周期为卫星轨道周期的一半,且最小值为 0,最大值为三角函数幅值。

显然,具有三角函数周期特性的干涉测量垂直有效基线,仅有部分纬度带满足分编队系统干涉测量要求。如取编队构形参数为 $r_x=990\text{m}$,$r_z=990\text{m}$,$\alpha_x=0°$,$\alpha_z=46°$,$\phi=-36°$,此时 $\varepsilon=560\text{m}$,$\xi=100.8°$,则单个卫星轨道周期内垂直有效基线示意图如图 4-8 所示。

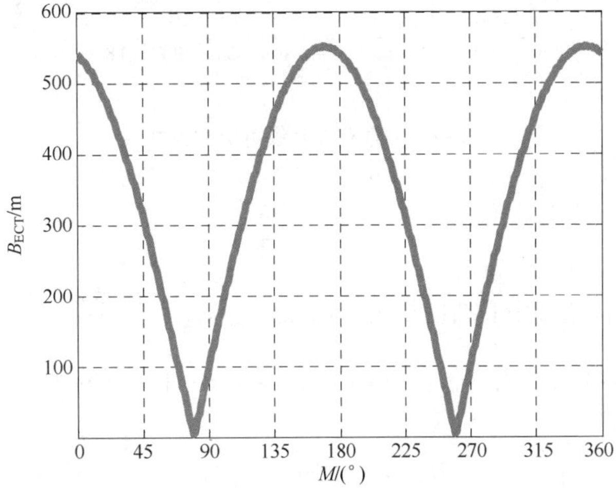

图 4-8　垂直有效基线示意图

由垂直有效基线示意图可知,单个编队构形能提满足干涉测量基线要求的弧段与编队主星纬度幅角相关,可通过合理的设计编队初始参数,可提供更大的观测纬度范围。根据三角函数的定义可知,假设垂直有效基线幅值为任务需求上限 $B_{\text{ECT}}^{\max}$,则在单个周期内,满足垂直有效基线范围要求的比例 σ_{ECT} 为

$$\sigma_{\text{ECT}}=\frac{2}{\pi}\arccos\frac{B_{\text{ECT}}^{\min}}{B_{\text{ECT}}^{\max}} \tag{4-33}$$

从式(4-33)可知,随着任务对垂直有效基线 $B_{\text{ECT}}^{\min}/B_{\text{ECT}}^{\max}$ 比例增加,单构形可观测比例 σ_{ECT} 不断缩小,如图 4-9 所示。

显然,受单构形垂直有效基线可观测比例的限制,为实现编队构形高测绘效率,减少构形数目,垂直有效基线初相位需满足

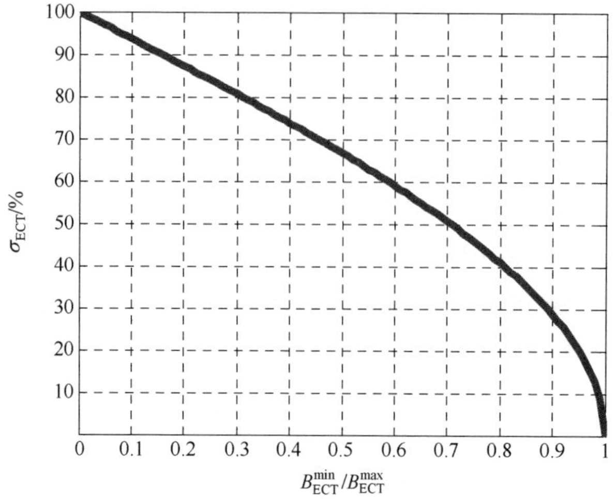

图 4-9　垂直有效基线可测比例曲线

$$\xi = u_{mid} - \frac{\pi}{2} \tag{4-34}$$

式中：u_{mid}为垂直基线中心纬度幅角，且满足 $u_{mid} \in \left[-\frac{\pi}{2}, \frac{\pi}{2}\right]$。

将式(4-34)代入式(4-31)得最优测绘效率目标下的垂直有效基线表达式为

$$B_{ECT} = \varepsilon \left| \cos(u - u_{mid}) \right| \tag{4-35}$$

4.2.2　控制性能优化目标

1）维持频率与燃料消耗目标

自然稳定条件约束下的编队构形优化设计，虽然充分考虑了地球非球谐 J_2 项摄动对编队构形发散的影响，能够有效缓解编队受摄发散速率，但发散依然客观存在。为消除各类扰动对编队构形的影响，保持卫星编队系统标称构形设计结果的稳定性，必须引入维持控制（该部分内容详见第 6 章）操作。

编队构形受摄发散机理研究结果，特别是近圆轨道编队受摄发散模型表明，编队受摄发散量不仅与时间有关，而且与编队构形尺度成正比[78-80]。相同维持周期内，要降低构形，需维持控制燃料消耗量；相同维持阈值内，要降低构形，需维持控制频率。这均需在自然稳定的条件下尽量减小编队构形尺度。据此，假设编队构形平面内和平面外的幅度分别为 r_x、r_z，且构形平面内外维持控制点火脉冲量与构形幅度的系数分别为 k_1、k_2，则以构形维持控制燃料消耗量

dvm 表征的维持频率与燃料消耗目标为

$$\begin{cases} \text{dvm}=\min(f(k_1 r_x+k_2 r_z)) \\ (r_x,r_z)\subset(d_{\text{safe}},B_{\text{ECT}},B_{\text{AT}}) \end{cases} \tag{4-36}$$

式中：f 为构形幅度变化量与燃料消耗量计算函数。

2）重构燃料消耗目标

在多种卫星编队应用任务中，需通过多个构形配合方能完成既定任务。由燃料最优多脉冲重构技术（详细内容见第 7 章）可知，多构形设计结果直接影响构形间切换重构量，为减小编队构形重构燃料消耗量，编队构形设计过程中应尽量减小构形幅度的差异。

在多构形重构过程中，为降低编队构形重构燃料消耗量，提高编队系统星间安全性，降低系统碰撞风险，在编队星间安全距离约束基础上，假设编队构形切换平面内和平面外的尺度变化量分别为 Δr_x、Δr_z，且构形平面内外重构控制点火脉冲量与构形尺度的系数分别为 η_1、η_2，则以构形重构控制燃料消耗量 dvc 表征的重构燃料消耗目标为

$$\begin{cases} \text{dvc}=\min(f(\eta_1\Delta r_x+\eta_2\Delta r_z)) \\ (r_x,r_z)\subset(d_{\text{safe}},B_{\text{ECT}},B_{\text{AT}}) \end{cases} \tag{4-37}$$

4.3　通用构形优化设计流程

分布式卫星编队构形优化设计主要是依据周期性、对称性、稳定性和安全性等单个或多个约束条件，面向各类应用任务或控制性能目标，依据编队相对运动原理，完成星间空间几何构形设计，其本质为非线性多目标优化求解问题，可在优化建模的基础上，利用各类优化算法进行求解。基于各类智能优化算法的编队构形设计流程主要包含以下 4 个步骤。

1）编队构形优化设计决策变量选择

基于式（2-53）利用 E/I 向量描述的编队相对运动方程，通过设计编队构形平面内外幅度和相位 δe、φ、δi、ϑ，以及半长轴差 δa 和沿航迹向偏置量 $\delta\lambda$ 等 6 个参数，即可全面确定星间空间几何关系，理论上可取上述 6 个构形参数的全部或部分作为编队构形优化决策变量。从当前构形优化设计方法角度看，为保证编队构形的周期性和对称性，大多编队构形优化选择以 δe、φ、δi 和 ϑ 等 4 个参数为决策变量进行优化设计。

2）编队构形优化设计约束集建立

由于分布式卫星编队系统的星间距离相对较小，一般的编队构形优化设计都会从安全性和稳定性角度出发建立4.1节所述的约束集。在此基础上，会进一步依据应用需求建立面向任务的约束集。例如空间圆构形设计，通常会建立圆半径约束条件；分布式SAR干涉测量构形设计，通常会建立干涉基线约束条件。由于面向应用需求的约束条件与任务密切相关，通常需要读者面向构形设计任务独立建模，这里不再赘述。

3）编队构形优化设计目标梳理

编队构形优化设计目标通常可分为两大类：一类为面向构形设计应用任务的优化目标，如4.2.1节面向分布式SAR干涉测量卫星系统提出的测绘效率应用目标，通常需要读者根据构形设计任务需求进行确定；另一类为基于构形与控制一体化设计提出的优化目标，如4.2.2节面向分布式编队构形受摄保持和多任务构形切换提出的燃料消耗优化目标，在大多构形优化设计求解过程中均可作为参考。

4）基于优化算法的编队构形参数求解

在决策变量选择、优化约束集建立和优化目标梳理确定编队构形优化求解模型后，按复杂问题优化求解理论，通常可根据编队构形求解类型，选择合适优化算法完成构形求解。当前在编队构形优化求解中应用的主流优化算法有模拟退火算法、遗传算法和蚁群算法等，读者可根据构形设计优化求解任务特点进行选择。

4.4 典型构形解析设计方法

4.4.1 空间圆构形解析设计

空间圆构形作为当前分布式卫星编队构形的一种典型应用，其设计目标是通过构形参数配置使得编队从星围绕主星运动，且相对运动轨迹为圆，圆中心为主星质心，具体应用约束条件可描述为

$$x^2+y^2+z^2=R^2 \tag{4-38}$$

按上述空间圆构形设计约束，在考虑周期和对称性约束条件下，结合式(2-53)利用E/I向量描述的编队相对运动方程，可得空间圆构形解析设计表达式为

$$\begin{cases}\delta e=0.5R\\ \delta a=0\\ \varphi=\alpha\\ \delta i=\sqrt{3}R/2\\ \delta\lambda_0=0\\ \vartheta=\alpha+\dfrac{k}{2}\pi\end{cases}\tag{4-39}$$

式中:α 为初始构形相位,可以任意设计;k 为奇数。

由式(4-39)可以看出,空间圆构形设计只有两个自由度:①空间圆半径;②构形初始相位。其中,空间圆半径主要由空间圆任务对半径的要求确定,理论上构形初相位可在 0°~360°范围内任意选择。但由 4.1.2 节和 4.1.3 节的稳定性和安全性约束条件可知,最优稳定和安全圆构形的初相位应满足

$$\alpha=\frac{k}{2}\pi\tag{4-40}$$

式中:k 为奇数。

4.4.2 水平圆构形解析设计

水平圆构形作为当前分布式卫星编队构形的另一种典型应用,其设计目标是通过构形参数配置使得星间相对运动轨迹在当地水平面的投影为圆形,具体应用约束条件可描述为

$$y^2+z^2=R^2\tag{4-41}$$

按上述水平圆构形设计约束,在考虑周期和对称性约束条件下,结合式(2-53),利用 E/I 向量描述的编队相对运动方程,可得水平圆构形解析设计表达式为

$$\begin{cases}\delta e=0.5R\\ \delta a=0\\ \varphi=\alpha\\ \delta i=R\\ \delta\lambda_0=0\\ \vartheta=\alpha+\dfrac{k}{2}\pi\end{cases}\tag{4-42}$$

式中：α 为初始构形相位，可以任意设计；k 为奇数。

由式(4-42)可以看出，水平圆构形和空间圆构形相似，其设计自由度只有水平圆半径和构形初始相位两个参数。其中，水平圆半径主要由水平圆任务对半径的要求确定，理论上水平圆初始相位可在 0°～360°范围内任意选择。同样，由4.1.2节和4.1.3节的稳定性和安全性约束条件可知，最优稳定和安全水平圆构形的初相位也应满足式(4-40)描述的约束条件。

4.4.3 干涉测量构形解析设计

按4.1节编队构形设计约束集分析结果，在对称绕飞($\delta a=0,\delta\lambda=0$)和等倾角稳定性($\vartheta=\pi/2$)条件下，基于干涉测量的编队构形优化设计可从求解 δa，$\delta\lambda$，δe，φ，δi，ϑ 等6个未知参数，减少至求解 δe，φ，δi 3个参数。此时，描述编队构形形成干涉测量基线的式(4-32)可表示为

$$\begin{cases}\varepsilon_x=r_x\cos\varphi\sin\phi+r_z\cos\phi=B_{\mathrm{ECT}}^{\max}\cdot\sin\left(u_{\mathrm{mid}}-\dfrac{\pi}{2}\right)\\ \varepsilon_y=-r_x\sin\varphi\sin\phi=B_{\mathrm{ECT}}^{\max}\cdot\cos\left(u_{\mathrm{mid}}-\dfrac{\pi}{2}\right)\end{cases}\tag{4-43}$$

依据上述方程组，可将 $r_x(a\delta e)$ 和 $r_z(a\delta i)$ 求解问题，转化为对 u_{mid} 和 φ 进行求解。

依据式(4-43)可知，垂直基线在 y 向的分量可表示为

$$|r_x\sin\varphi\sin\phi|=|B_{\mathrm{ECT}}^{\max}\sin(u_{\mathrm{mid}})|\tag{4-44}$$

在上述表达式中，依据安全约束定性分析结果有

$$d_{\mathrm{xoz}}\approx r_x\sin\varphi\tag{4-45}$$

由编队构形平面内 y 向与 x 向耦合运动关系，可得垂直有效基线范围内，沿航迹向最大值为

$$B_{\mathrm{AT}}^{\max}=|2r_x\sin\phi|\tag{4-46}$$

针对星间安全距离和沿航迹向基线设计约束有

$$d_{\mathrm{safe}}<|r_x\sin\varphi|<\frac{1}{2}B_{\mathrm{AT}}^{\max}\tag{4-47}$$

在编队构形参数范围约束的基础上，以 E/I 向量(近似)同向平行的情形为例，详细阐述干涉测量编队构形解析求解方法。

当 E/I 向量(近似)同向平行，依据近圆轨道 J_2 项摄动发散研究情况，在等倾角稳定编队构形设计条件下，J_2 项摄动下 E 向量初相位 φ 可表示为

$$\varphi=\varphi_0+\frac{3}{2}\gamma(5\cos^2 i-1)n(t-t_0) \tag{4-48}$$

在太阳同步、近地轨道条件下，E 向量初相位 φ 单天的发散量约为 3.5°(0.061rad)。面向编队故障排除与处理时间需求，可得初相位偏置量为

$$\Delta\varphi=0.061N \tag{4-49}$$

式中：N 为给定的故障排除与处理时间，单位为天。

由此，确定平面内编队构形初相位为

$$\varphi_0=\frac{\pi}{2}+\Delta\varphi \tag{4-50}$$

针对垂直有效基线中心相位参数 u_{mid0}，可取 $|r_x\sin\varphi|=\frac{1}{2}B_{\text{AT}}^{\max}$，有

$$u_{\text{mid0}}=\operatorname{asin}\left(\frac{B_{\text{AT}}^{\max}\sin\phi}{2B_{\text{ECT}}^{\max}}\right) \tag{4-51}$$

将式(4-50)和式(4-51)代入式(4-43)，有

$$\begin{cases} r_x=-\dfrac{B_{\text{ECT}}^{\max}\times\cos\left(u_{\text{mid0}}-\dfrac{\pi}{2}\right)}{\sin\varphi_0\sin f} \\ r_z=\dfrac{B_{\text{ECT}}^{\max}\times\sin\left(u_{\text{mid0}}-\dfrac{\pi}{2}\right)-r_x\cos\varphi_0\sin f}{\cos f} \end{cases} \tag{4-52}$$

依据 E/I 向量定义可知，编队绕飞星的轨道根数为

$$\begin{cases} a_d=a\delta a+a_c \\ e_d=\sqrt{(\delta e_x+e_c\cdot\cos\omega_c)^2+(\delta e_y+e_c\cdot\sin\omega_c)^2} \\ i_d=\delta i_x+i_c \\ \Omega_d=\dfrac{\delta i_y}{\sin i_c}+\Omega_c \\ \omega_d=\arctan\left(\dfrac{\delta e_y+e_c\cdot\sin\omega_c}{\delta e_x+e_c\cdot\cos\omega_c}\right) \\ M_d=M_c-(\omega_d-\omega_c)-(\Omega_d-\Omega_c)\cos i_c \end{cases} \tag{4-53}$$

4.5　典型任务编队构形设计算例

本节以干涉测量构形设计为例，并参照 TanDEM 卫星系统在轨干涉测量任

务设计要求,假设现已知编队系统主星轨道参数设计结果如表4-1所列。

表4-1 编队系统主星轨道参数设计结果

轨道参数	平根值
半长轴/km	6890.75
偏心率	0.0011
轨道倾角/(°)	97.45
升交点赤经/(°)	10.86
近地点幅角/(°)	90
平近点角/(°)	0

分布式干涉测量卫星系统SAR雷达载荷采用右侧视模式,且范围为[30°,40°];星间安全距离最小值为200m;垂直有效基线范围为400~650m,沿航迹有效基线不大于520m的约束要求。采用干涉测量构形解析设计方法,设计编队构形*E*/*I*向量参数,如表4-2所列。从表4-2中给出的参数可知,编队构形*E*向量和*I*向量初相位相差35°,处于近似平行状态,且向量*I*的幅度为*E*向量幅度的两倍多,均符合编队构形稳定性和安全性约束理论分析结果。

表4-2 编队构形*E*/*I*向量参数设计结果

构形参数		从星轨道参数	
*E*向量幅度r_x/m	267.57	半长轴a/km	6890.75
*I*向量幅度r_z/m	648.79	偏心率e	0.001132
半长轴偏差Δa/m	0	轨道倾角i/(°)	97.4493
y向偏移量l_y/m	0	升交点赤经Ω/(°)	10.8669
*E*初相位φ/(°)	125	近地点幅角w/(°)	91.1314
*I*初相位ν/(°)	90	平近点角M/(°)	-1.1307

按表4-2所述编队构形参数,双星相对运动轨迹及其在各个面上的投影曲线,如图4-10所示。从图中可知,编队构形在空间的轨迹椭圆形,且xoz平面内椭圆的半长轴存在旋转量,与理论分析结果一致。

在表4-2所列编队构形条件下,卫星编队在最小和最大下视角条件下可提供的干涉测量基线及其可测情况示意图,如图4-11所示。图中,构形在升轨段仅可测北纬,且在可测绘纬度范围内,沿航迹基线在赤道处最大,与理论分析结果一致。

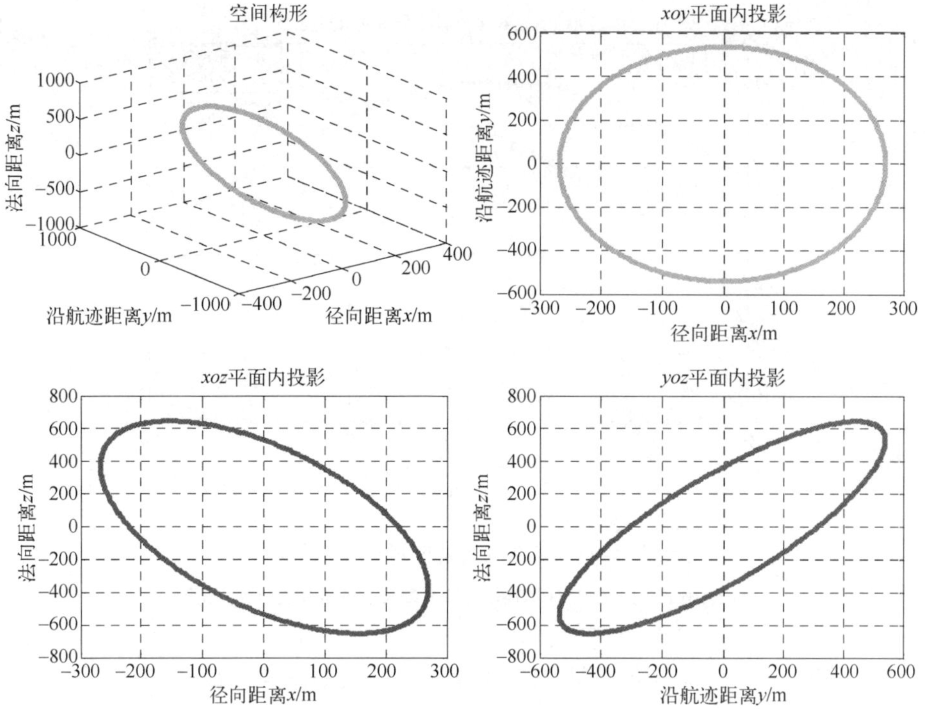

图 4-10　编队相对运动轨迹及投影曲线

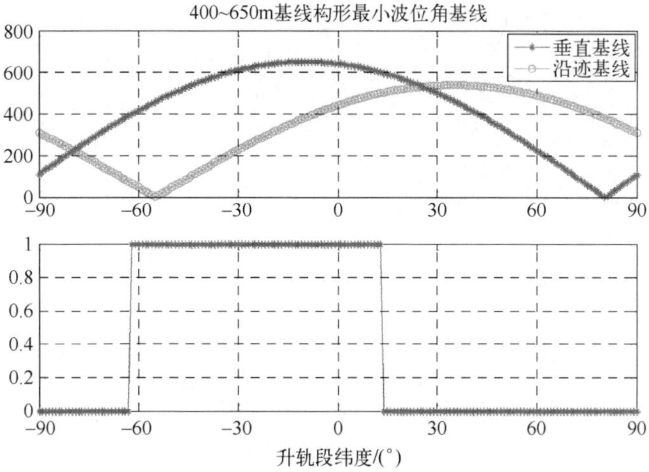

(a)

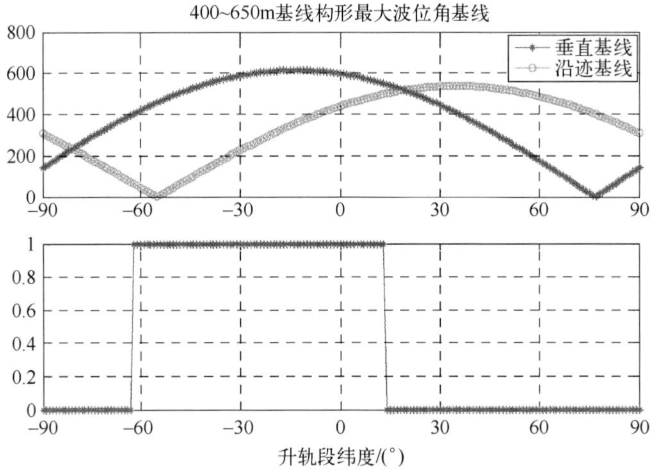

(b)

图 4-11　编队基线及可测情况示意图

(a) 最小下视角基线与可测情况；(b) 最大下视角基线与可测情况。

在编队卫星系统运动周期内，其安全距离曲线如图 4-12 所示。其中，安全距离最小值为 218.4m，与安全距离近似公式计算结果 219.1m 基本一致。

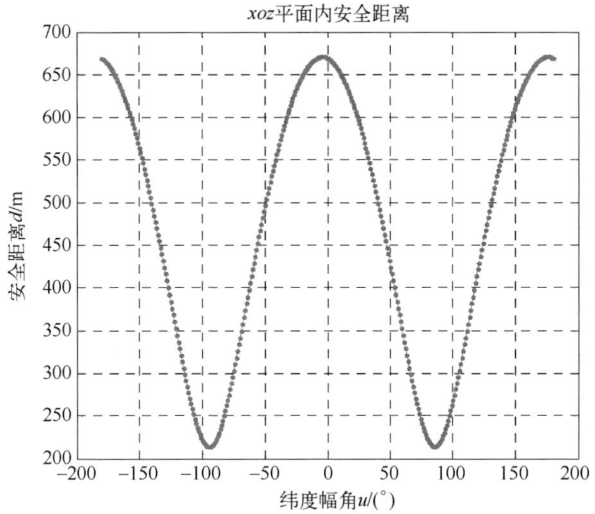

图 4-12　编队飞行全周期安全距离曲线

4.6　小结

本章围绕卫星系统编队构形多约束、多目标优化设计问题，在建立卫星编队构形设计周期性、对称性和稳定性等约束集的基础上，从应用任务和控制性能两个角度梳理了构形优化设计目标集，并简要阐述了通用构形优化设计求解流程。同时，面向空间圆、水平圆和分布式干涉测量构形设计任务，分别推导建立相应的构形解析设计模型。典型任务编队构形设计以典型构形中的干涉测量构形为例，通过仿真分析，验证了本章提出的方法在基线升降轨单边可测和星间安全距离近似处理等方面的正确性。

第 5 章 卫星编队相对导航方法

卫星编队导航系统通过星载测量设备精确获取星间各种状态信息，如单星绝对姿轨状态、相位位置/姿态等，是卫星系统在轨正常运行、执行各类任务的核心保障条件之一。高精度、容错性好的卫星编队导航方法，不仅可为编队系统执行构形保持和重构等控制任务提供稳定、可靠的测量信息，而且可提高系统运行的稳健性，避免出现误点火等情形，对卫星编队系统执行任务的成败具有不可忽略的意义。本章面向几类典型的低轨卫星编队相对导航任务应用需求，针对圆轨道、近圆以及大偏心率椭圆轨道卫星编队相对导航问题，建立相适应的卫星编队飞行相对动力学模型，并结合实际导航系统存在的问题，有针对性地开展自适应卡尔曼滤波算法研究，为新型分布式航天任务积累理论基础。

5.1 圆轨道卫星编队相对导航方法

5.1.1 圆轨道卫星编队相对导航滤波模型

卫星编队轨道运动学模型研究表明，圆轨道编队飞行卫星的相对动力学可采用一阶线性向量微分方程 C-W 方程来描述。本节首先给出了圆形轨道编队飞行卫星的相对导航系统问题模型，进而通过离散化处理抽象出相应的标准离散线性时不变卡尔曼滤波模型。

1) 圆轨道编队卫星相对导航系统模型

对于运行在圆轨道上的编队飞行卫星，依据式(2-34)描述的 C-W 方程，可以将其状态方程描述为

$$\dot{x}=Ax+Bw \tag{5-1}$$

$$A=\begin{bmatrix}0&0&0&1&0&0\\0&0&0&0&1&0\\0&0&0&0&0&1\\3\omega^2&0&0&0&2\omega&0\\0&0&0&-2\omega&0&0\\0&0&-\omega^2&0&0&0\end{bmatrix},\quad B=\begin{bmatrix}0&0&0\\0&0&0\\0&0&0\\1&0&0\\0&1&0\\0&0&1\end{bmatrix} \tag{5-2}$$

系统状态量 $\boldsymbol{x}=[x\quad y\quad z\quad \dot{x}\quad \dot{y}\quad \dot{z}]^{\mathrm{T}}$ 包含编队环绕星在主星 LVLH 坐标系中的 x,y,z 三个位置坐标以及相应的速度量 $\dot{x},\dot{y},\dot{z}$；$\boldsymbol{w}$ 表示为由于空间干扰、未知摄动以及近似误差等因素造成的连续系统过程噪声，该噪声模型参数无法精确获得。

实际工程应用中，卫星相对位置数据可通过轨道状态测量传感器（如全球导航定位系统 GPS）直接获得，并根据轨道坐标系转换，以给定采样时间间隔 T 输出相对状态在主星 LVLH 坐标系下的 x,y,z 三个坐标值。

2）离散化线性时不变系统滤波问题

式（5-1）描述的编队飞行卫星相对动力学状态空间模型为连续时间系统模型，可将一阶线性向量微分方程离散化为多变量线性离散状态空间模型，即

$$\boldsymbol{x}_k=\boldsymbol{\Phi}\boldsymbol{x}_{k-1}+\boldsymbol{w}_{k-1} \tag{5-3}$$

$$\boldsymbol{y}_k=H\boldsymbol{x}_k+\boldsymbol{v}_k \tag{5-4}$$

式中：$\boldsymbol{x}_k$ 为离散化后 $t=t_k$ 时刻的离散系统状态向量，在相对导航问题中具体定义为 $\boldsymbol{x}_k=\boldsymbol{x}(t_k)=[x_k\quad y_k\quad z_k\quad \dot{x}_k\quad \dot{y}_k\quad \dot{z}_k]^{\mathrm{T}}$，包含主星 LVLH 坐标系下的 x_k，y_k，z_k 三个位置坐标以及相应的速度量 $\dot{x}_k,\dot{y}_k,\dot{z}_k$；$\boldsymbol{\Phi}$ 为离散化后的状态转移矩阵。依据连续系统模型状态变量矩阵 $\boldsymbol{A}$，通过求解可得

$$\boldsymbol{\Phi}=e^{AT}=\begin{bmatrix}4-3c_{\omega T}&0&0&\dfrac{s_{\omega T}}{\omega}&\dfrac{2}{\omega}(1-c_{\omega T})&0\\6s_{\omega T}-6\omega T&1&0&\dfrac{2}{\omega}(c_{\omega T}-1)&\dfrac{4s_{\omega T}-3\omega T}{\omega}&0\\0&0&c_{\omega T}&0&0&\dfrac{s_{\omega T}}{\omega}\\3\omega s_{\omega T}&0&0&c_{\omega T}&2s_{\omega T}&0\\6\omega(c_{\omega T}-1)&0&0&-2s_{\omega T}&4c_{\omega T}-3&0\\0&0&-\omega s_{\omega T}&0&0&c_{\omega T}\end{bmatrix} \tag{5-5}$$

式中：$c_{\omega t}=\cos(\omega T)$；$s_{\omega t}=\sin(\omega T)$；$\omega$ 为卫星编队主星圆轨道角速度；T 为相对状态测量采样时间间隔；$\boldsymbol{w}_k$ 为 $n\times1$ 维连续系统过程噪声；$\boldsymbol{w}(t)$ 为离散后的等效噪声序列。由于 $\boldsymbol{w}$ 的协方差参数未知，$\boldsymbol{w}_k$ 的均值为零，协方差为未知常值 $\boldsymbol{Q}$。测量 $\boldsymbol{y}_k$ 为由 GPS 等轨道传感器编队卫星相对位置测量数据组成，系统的测量方程参数 $H=[\boldsymbol{I}_3\quad \boldsymbol{0}_3]$，其中 $\boldsymbol{I}_3$ 表示维度为 3 的单位矩阵，$\boldsymbol{0}_3$ 表示维度为 3 的全零矩阵。测量噪声 $\boldsymbol{v}_k$ 均值为零，协方差为常值 R。

针对上述离散线性时不变系统方程式(5-3)及测量方程式(5-4)构成的滤波研究对象模型，满足以下假设条件：

(1) 协方差参数 $\boldsymbol{Q}$ 和 R 满足有界半正定条件($\boldsymbol{Q}\geqslant0, R\geqslant0$)；

(2) 给定初始估计状态$\hat{\boldsymbol{x}}_{0|0}$满足零均值多维正态分布且协方差 $\boldsymbol{P}_{0|0}\geqslant0$；

(3) 初始状态与过程噪声 $\boldsymbol{w}_k$ 和测量噪声 $\boldsymbol{v}_k$，两两独立，互不相关；

(4) 线性时不变系统方程式(5-3)及式(5-4)完全能控，完全能观，即系统参数满足能观和能控的判定条件。

采用常值系统状态转移矩阵 $\boldsymbol{\Phi}$ 和测量矩阵 $\boldsymbol{H}$ 分别替代 $\boldsymbol{\Phi}_k$ 和 H_k，则其标准卡尔曼滤波算法的完整一步状态预测和状态校正可简化为

$$\hat{\boldsymbol{x}}_{k|k-1}=\boldsymbol{\Phi}\hat{\boldsymbol{x}}_{k-1|k-1} \tag{5-6}$$

$$\boldsymbol{P}_{k|k-1}=\boldsymbol{\Phi}\boldsymbol{P}_{k-1|k-1}\boldsymbol{\Phi}^{\mathrm{T}}+\boldsymbol{Q} \tag{5-7}$$

$$\boldsymbol{K}_k=\boldsymbol{P}_{k|k-1}\boldsymbol{H}^{\mathrm{T}}\boldsymbol{H}\boldsymbol{P}_{k|k-1}\boldsymbol{H}^{\mathrm{T}}+\boldsymbol{R}^{-1} \tag{5-8}$$

$$\hat{\boldsymbol{x}}_{k|k}=\hat{\boldsymbol{x}}_{k|k-1}+\boldsymbol{K}_k(\boldsymbol{y}_k-\boldsymbol{H}\hat{\boldsymbol{x}}_{k|k-1}) \tag{5-9}$$

$$\boldsymbol{P}_{k|k}=\boldsymbol{P}_{k|k-1}-\boldsymbol{K}_k\boldsymbol{H}\boldsymbol{P}_{k|k-1} \tag{5-10}$$

虽然圆轨道下卫星编队飞行相对导航问题可转化为标准的线性时不变(Linear Time-Invariant, LTI)系统状态估计问题，但值得注意的是卡尔曼滤波器是最小方差意义上的最优滤波器，这一点是基于系统模型和噪声参数均已知的情况；相反，不精确的模型或参数必然会导致滤波器估计精度的下降，甚至会致使滤波器发散[81-82]。理想的标准卡尔曼滤波器依赖于精确先验已知的噪声参数 $\boldsymbol{Q}$ 和 $\boldsymbol{R}$，而实际的卫星运行环境存在多种无法精确获得的摄动、干扰以及模型近似误差，系统的过程噪声参数 $\boldsymbol{Q}$ 是无法精确获得。实际应用中，轨道参数测量传感器的噪声参数特性可通过大量的离线测试、数据分析和校正标定可获得较为准确的测量噪声统计特性参数 $\boldsymbol{R}$。但是，卫星运行过程中，动力学模型的未知残差、空间大气阻力或者其他星体带来的干扰摄动是无法离线获得或者

预测的[83],也就是说,针对卫星编队飞行相对导航问题,无法精确获得过程噪声参数 Q 是实现精确相对导航需要克服的重要理论问题[84-86]。

反观标准卡尔曼滤波器的重要步骤以及稳态卡尔曼滤波器相关理论可知,如果采用错误或者有偏差的噪声参数 $\boldsymbol{Q}$,势必将影响到标准卡尔曼滤波器的协方差递推过程式(5-7),进而影响迭代计算出的卡尔曼增益矩阵式(5-8),并最终导致式(5-9)状态更新步骤的最终输出结果。而对于稳态卡尔曼滤波器来说,采用不准确的参数 $\boldsymbol{Q}$ 必然得到不准确的黎卡提方程,那么相应解算出来的稳态先验估计协方差参数 $\boldsymbol{P}$ 及稳态增益矩阵 $\boldsymbol{K}$ 都不能准确,必将导致最终估计偏差。

本节主要研究含有未知过程噪声参数 $\boldsymbol{Q}$ 的线性时不变系统滤波问题,目标是在不增加卡尔曼滤波器计算复杂度的前提条件下,提出一种新型的能抑制或者消除未知或不精确噪声参数 $\boldsymbol{Q}$ 影响的自适应卡尔曼滤波器方法,进而减小卡尔曼滤波器性能对噪声参数 $\boldsymbol{Q}$ 的依赖。在此,做以下三点假设:

(1) 假设除参数 $\boldsymbol{Q}$ 以外的系统模型参数(包括 $\boldsymbol{R}$)均可精确已知且可直接使用。

(2) 未知噪声参数 $\boldsymbol{Q}$ 在实际系统中通常可考虑为不随时间变化的未知常值参数。

(3) 卡尔曼滤波器的简便、高效也是其能广泛应用的重要原因,在此,特意强调提出的新方法不能过于复杂而要保持或者继承其简单易行的优势。

5.1.2 基于协方差估计的自适应滤波算法

对于标准卡尔曼滤波,如果无法预先获得精确的过程噪声方差 $\boldsymbol{Q}$,则经典卡尔曼滤波器中的先验估计误差协方差计算步骤无法使用;否则,采用不准确或者错误的方差参数 $\boldsymbol{Q}$ 将会得到有偏差的协方差参数以及卡尔曼增益矩阵,进而破坏卡尔曼理论的最优性,导致输出的状态估计精度降低,甚至导致滤波器不稳定。针对卡尔曼滤波器对方差参数 $\boldsymbol{Q}$ 的依赖问题,本节提出一种新型的自适应方法,通过采用后验估计信息序列直接在线估计先验误差协方差参数。

从标准卡尔曼滤波器的计算步骤式(5-6)~式(5-10)可知,过程噪声参数 $\boldsymbol{Q}$ 主要作用是参与先验协方差的计算式(5-7);由此出发,本节旨在提出一种不依赖于噪声参数 $\boldsymbol{Q}$ 的先验协方差计算方法。

具体地说,新型方法仅仅保留了标准卡尔曼滤波器主要步骤式(5-6)~式(5-10)中的状态预测步骤式(5-6),增益计算步骤式(5-8)以及状态更新步骤式(5-9);而其先验协方差计算步骤式(5-7)采用新计算方式进行替换。依据先验估计误差协方差的计算形式不同,下面给出新方法的两种形式,即递归形式和增量形式。

1) 新型协方差自适应方法的增量计算形式

该新方法之所以称为协方差的增量计算性形式,是因为其数学上采用了通过计算上一时刻协方差估计量的调整增量而后进行叠加修正的形式,具体为

$$\hat{\boldsymbol{P}}_{k|k-1}=\hat{\boldsymbol{P}}_{k-1|k-2}+\Delta\hat{\boldsymbol{P}}_{k-1}^{*} \tag{5-11}$$

$$\Delta\hat{\boldsymbol{P}}_{k-1}^{*}=(\Delta\hat{\boldsymbol{x}}_{k-1}\Delta\hat{\boldsymbol{x}}_{k-1}^{\mathrm{T}}-\boldsymbol{K}_{k-1}\boldsymbol{H}\hat{\boldsymbol{P}}_{k-1|k-2})/(k-1) \tag{5-12}$$

$$\Delta\hat{\boldsymbol{x}}_{k}=\hat{\boldsymbol{x}}_{k|k-1}-\hat{\boldsymbol{x}}_{k-1|k-2} \tag{5-13}$$

式中:$\hat{\boldsymbol{P}}_{k|k-1}$为由新方法计算得到的 k 时刻先验误差协方差 $\boldsymbol{P}_{k|k-1}$估计值;$\Delta\hat{\boldsymbol{P}}_{k-1}^{*}$为由后验信息计算得到的上一时刻先验误差协方差$\hat{\boldsymbol{P}}_{k|k-1}$调整量;$\Delta\hat{\boldsymbol{x}}_{k}$ 为后验残差向量序列,可通过对滤波器的后验状态估计向量和先验状态估计向量做差获得。

注意,由于卡尔曼滤波器步骤式(5-9)中的后验估计误差协方差 $\boldsymbol{P}_{k|k-1}$,并未在上述新型先验估计误差协方差计算方法中采用,因而卡尔曼滤波器步骤式(5-9)在新方法中不需要进行计算,相应计算量亦可节约。

2) 新型协方差自适应方法的递归计算形式

与上述增量形式不同,递归计算方式是通过后验信息进行反馈,且由加权方式修正上一时刻的协方差估计量,具体为

$$\hat{\boldsymbol{P}}_{k|k-1}=\hat{\boldsymbol{P}}_{k-1|k-2}k-2/k-1+\delta\hat{\boldsymbol{P}}_{k-1}^{*}/k-1 \tag{5-14}$$

$$\delta\hat{\boldsymbol{P}}_{k-1}^{*}=\Delta\hat{\boldsymbol{x}}_{k-1}\Delta\hat{\boldsymbol{x}}_{k-1}^{\mathrm{T}}+\hat{\boldsymbol{P}}_{k-1|k-1} \tag{5-15}$$

式中:$\delta\hat{\boldsymbol{P}}_{k-1}^{*}$为由后验残差向量序列和后验估计误差协方差计算得到的后验信息;$\Delta\hat{\boldsymbol{x}}_{k}$ 为后验残差向量序列,计算方式同上。

注意,该递归形式中需要后验估计误差协方差 $\boldsymbol{P}_{k|k-1}$参与计算,因而卡尔曼滤波器步骤式(5-9)仍需要保留。与上述增量形式相比,该递归形式最大的优点是其上述两步骤中全部是加法运算,即使在实际应用中用于运算的数字处理器位数有限而导致数值误差或截断误差,其计算出的先验误差协方差矩阵仍能保持半正定的特性,避免潜在的发散或者不稳定现象。

标准卡尔曼滤波器及其两种改进型的数据流程如图 5-1 所示。

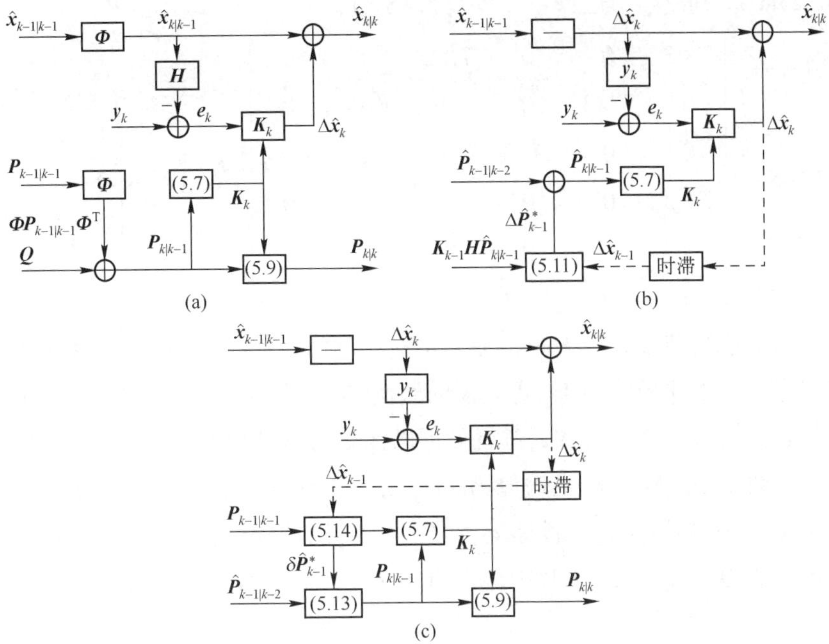

图 5-1　标准卡尔曼滤波器及其两种改进型的流程框图

(a) 标准卡尔曼滤波器的流程框图;(b) 增量形式的新型自适应卡尔曼滤波器流程框图;

(c) 递归形式的新型自适应卡尔曼滤波器流程框图。

对比以上流程框图可知,两种改进型滤波器与标准卡尔曼滤波器的最大不同是放弃了标准卡尔曼滤波器中的先验误差协方差计算步骤式(5-7),转而采用反馈的后验新息序列在线自适应调整先验误差协方差$\hat{P}_{k|k-1}$。

(1) 在新方法的增量形式中,用后验信息序列 $\Delta\hat{\boldsymbol{x}}_{k-1}$ 以及 $K_{k-1}H\hat{P}_{k-1|k-2}$来计算先验误差协方差的修正量 $\Delta\hat{P}_{k-1}^{*}$,进而对上一时刻的先验误差协方差估计量$\hat{P}_{k-1|k-2}$进行校正,获得新一时刻的先验误差协方差$\hat{P}_{k|k-1}$。

(2) 在新方法的递归形式中,用后验信息序列 $\Delta\hat{\boldsymbol{x}}_{k-1}$ 以及后验协方差$\hat{P}_{k-1|k-1}$来计算先验误差协方差的修正量 $\delta\hat{P}_{k-1}^{*}$,进而对上一时刻的先验误差协方差估计量$\hat{P}_{k-1|k-2}$进行校正,获得新一时刻的先验误差协方差$\hat{P}_{k|k-1}$。

5.1.3　典型圆轨道卫星编队相对导航算例

圆轨道卫星编队飞行场景设计中,主星轨道的半长轴取为 6998455m,系统状态方程初始参数设置取为 $\boldsymbol{x}(0)=[2000\text{m}\quad 2000\text{m}\quad 1000\text{m}\quad 0\text{m/s}\quad -0.4325\text{m/s}\quad 0\text{m/s}]^{\mathrm{T}}$，过噪声参数 $\boldsymbol{Q}$ 和测量噪声序列 $\boldsymbol{v}_k$ 的方差 $\boldsymbol{R}$ 设置为

$$\boldsymbol{Q}=10^{-6}\times\begin{bmatrix} T^3/3 & 0 & 0 & T^2/2 & 0 & 0 \\ 0 & T^3/3 & 0 & 0 & T^2/2 & 0 \\ 0 & 0 & T^3/3 & 0 & 0 & T^2/2 \\ T^2/2 & 0 & 0 & T & 0 & 0 \\ 0 & T^2/2 & 0 & 0 & T & 0 \\ 0 & 0 & T^2/2 & 0 & 0 & T \end{bmatrix},\boldsymbol{R}=10^{-4}\times\begin{bmatrix} 1 & 0 & 0 \\ 0 & 1 & 0 \\ 0 & 0 & 1 \end{bmatrix}$$

依据上述模型参数在 Matlab 平台上对实际的运动状态参数进行数值仿真，相对状态测量采样周期为 1s，仿真总时长为 2h 即 7200s；采用 100 次蒙特卡洛重复仿真数据对后续实验数据进行分析以保证仿真结果的可靠性；各次重复仿真的真值数据采用随机产生均值为 $\boldsymbol{x}(0)$，协方差为 $\boldsymbol{P}_{0|0}=\text{diag}([5,5,5,0.01,0.01,0.01])$ 的初始状态。目标运动的真实参考数据仿真时过程噪声协方差参数采用真值 $\boldsymbol{Q}$，而进行滤波时则假设真值 $\boldsymbol{Q}$ 未知，仅仅采用不准确的参数 $\boldsymbol{Q}_0$ 代替。

为了研究两种改进型滤波器的实际性能，本节后续仿真研究中采用以下对比分析算法：标准卡尔曼滤波器（NKF）、基于真值 $\boldsymbol{Q}$ 估计的自适应估计算法 Qe2KF 以及基于变异贝叶斯的自适应卡尔曼滤波算法 VBKF。其中，标准卡尔曼滤波器中过程噪声参数仅仅不准确的参数 $\boldsymbol{Q}_0$ 可用。为了保持算法对比的一致性和公平性，在启动上述多个滤波器之前，均采用标准卡尔曼滤波器及标称参数 $\boldsymbol{Q}_0$（NKF）先确保滤波状态达到初步的稳定状态，即在 k_0 时刻前均采用 NKF 而 k_0 时刻后启动相应的自适应滤波算法，且 k_0 均设置为常值参数 10。另外，由于本部分中已假设测量协方差参数 $\boldsymbol{R}$ 为精确已知，则上述算法中有关 $\boldsymbol{R}$ 自适应调整的机制或者方法步骤在本研究中均简化去除。

上述方法的性能指标采用平均均方误差（Average Root Mean Square Error, ARMSE）指标进行评价，具体是由滤波器达到稳定状态后的 3000s 时刻后滤波估计数据为

$$\text{ARMSE}_{\text{pos}}=\sqrt{\frac{1}{100\times 4201}\sum_{l=1}^{100}\sum_{k=3000}^{7200}[(\hat{x}_{k,l}-x_{k,l}^*)^2+(\hat{y}_{k,l}-y_{k,l}^*)^2+(\hat{z}_{k,l}-z_{k,l}^*)^2]} \tag{5-16}$$

$$\mathrm{ARMSE_{vel}} = \sqrt{\frac{1}{100 \times 4201}\sum_{l=1}^{100}\sum_{k=3000}^{7200}[(\dot{\hat{x}}_{k,l} - \dot{x}^*_{k,l})^2 + (\dot{\hat{y}}_{k,l} - \dot{y}^*_{k,l})^2 + (\dot{\hat{z}}_{k,l} - \dot{z}^*_{k,l})^2]} \tag{5-17}$$

式中：下标 l 为对应参数为第 l 次蒙特卡洛重复试验的数据；下标 k 为对应参数的时刻；$\hat{x}_{k,l}$，$\hat{y}_{k,l}$ 和 $\hat{z}_{k,l}$ 分别为第 l 次蒙特卡洛重复试验的 k 时刻状态估计向量中的位置坐标；$\dot{\hat{x}}_{k,l}$，$\dot{\hat{y}}_{k,l}$ 和 $\dot{\hat{z}}_{k,l}$ 分别为第 l 次蒙特卡洛重复试验的 k 时刻真实参考向量中的速度元素；$x^*_{k,l}$，$y^*_{k,l}$ 和 $z^*_{k,l}$ 以及 $\dot{x}^*_{k,l}$，$\dot{y}^*_{k,l}$ 和 $\dot{z}^*_{k,l}$ 分别为第 l 次蒙特卡洛重复试验的 k 时刻真实参考向量元素。

为了对比研究圆轨道卫星编队相对导航问题中，新方法以及对比方法对不精确或有偏差过程噪声参数 $\boldsymbol{Q}_0$ 的适应能力，本节设置不精确的参数 $\boldsymbol{Q}_0$ 为其真实值 $\boldsymbol{Q}$ 特定元素以系数 α 或 β 比放大或者缩小后的矩阵，即

$$\boldsymbol{Q}_0 = 10^{-4} \times \begin{bmatrix} \alpha T^3/3 & 0 & 0 & \alpha T^2/2 & 0 & 0 \\ 0 & \beta T^3/3 & 0 & 0 & \beta T^2/2 & 0 \\ 0 & 0 & T^3/3 & 0 & 0 & T^2/2 \\ \alpha T^2/2 & 0 & 0 & \alpha T & 0 & 0 \\ 0 & \beta T^2/2 & 0 & 0 & \beta T & 0 \\ 0 & 0 & T^2/2 & 0 & 0 & T \end{bmatrix}$$

针对上述设置下的不精确参数，若采用不同的系数 α 或 β 数值，则可获得多种情况下的连续不同质量或精确度的噪声参数 $\boldsymbol{Q}_0$。随着系数 α 或 β 在 0.1～10 范围连续变化，100 次蒙特卡洛试验后的 ARMSE 实验数据如图 5-2 所示。

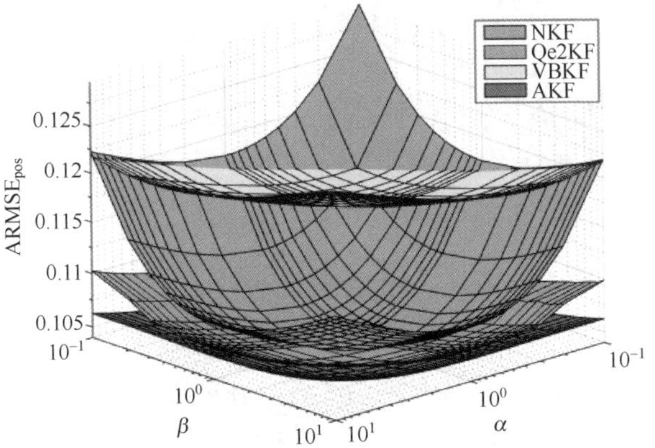

图 5-2 参数 α 及 β 在 0.1～10 间变化时各方法的三维位置误差 ARMSE 实验数据

显然，在无法获取精确的过程噪声协方差 $\boldsymbol{Q}$ 情况下，基于标准卡尔曼滤波器是无法达到最优滤波状态的。实际上，在该种情况下，各种自适应卡尔曼滤波器均为基于特定假设或者近似条件的次优方法。上述结果与基于标准测试模型的数学结果是一致的，可得出关于各种算法是实际滤波性能的以下总结：对于基于在线估计参数 $\boldsymbol{Q}$ 的自适应方法，最大的劣势或缺陷是其无法保证参数 $\boldsymbol{Q}$ 的半正定性；基于变异贝叶斯的自适应滤波器 VBKF，虽然对某些偏差较大的情况比较具有一定适应性，但也无法保证对任意形式或质量参数 $\boldsymbol{Q}_0$ 的适应能力，并且估计误差参数表明其性能甚至可能劣于标准卡尔曼滤波算法；对比上述结果，很显然，新方法 AKF 的滤波性能在滤波精度和对不精确参数 $\boldsymbol{Q}_0$ 的适应性上均优于其他方法。

5.2 近圆轨道卫星编队相对导航方法

5.2.1 近圆轨道卫星编队相对导航滤波模型

圆轨道卫星编队飞行的相对动力学可采用一阶线性向量 C-W 方程来描述，而对于近圆轨道卫星编队飞行其运行轨道为含有小偏心率的椭圆数学模型，因而其系统模型与上述圆轨道模型有较大不同，本节首先给出了近圆形轨道卫星编队飞行相对导航系统问题模型，进而抽象出相应的标准非线性连续离散系统滤波问题模型。

1) 近圆轨道卫星编队相对导航系统模型

由于近圆轨道下卫星编队的运行轨道为小偏心率椭圆轨道，依据式(2-13)可知，椭圆轨道卫星编队飞行相对导航系统模型为

$$\begin{cases}\ddot{x}-2\dot{\theta}\dot{y}-\dot{\theta}^2x-\ddot{\theta}y=-\dfrac{\mu(r+x)}{[(r+x)^2+y^2+z^2]^{3/2}}+\dfrac{\mu}{r^2}+w_x\\ \ddot{y}+2\dot{\theta}\dot{x}-\dot{\theta}^2y+\ddot{\theta}x=-\dfrac{\mu y}{[(r+x)^2+y^2+z^2]^{3/2}}+w_y\\ \ddot{z}=-\dfrac{\mu z}{[(r+x)^2+y^2+z^2]^{3/2}}+w_z\\ \ddot{r}-r\dot{\theta}^2+\dfrac{\mu}{r^2}=0\\ \ddot{\theta}+\dfrac{2\dot{r}\dot{\theta}}{r}=0\end{cases}\tag{5-18}$$

式中：x 为编队环绕星在主星轨道坐标系下的径向坐标；y 为编队环绕星在主星轨道坐标系下的沿航迹向坐标；z 为编队环绕星在主星轨道坐标系下的法向坐标；θ 为编队主星轨道角速度；r 为主星轨道的半径；$\boldsymbol{w}=[w_x,w_y,w_z]^{\mathrm{T}}$ 为空间存在的未知干扰摄动在径向、沿航迹向及法向的分量。上述模型中含有的控制加速度量实际上设为给定量，直接叠加在上述模型；实际中卫星的轨道机动较少，可假设实验分析的卫星运行阶段未进行轨道机动，简化考虑控制量的影响得到标准状态空间系统模型。

在实际工程应用中，近圆轨道卫星编队相对位置状态仍然可采用轨道测量传感器（如全球导航定位系统 GPS）直接获得，并根据轨道坐标系转换，以给定的采样时间间隔 T 输出相对状态在主星 LVLH 坐标系下的 x,y,z 三个坐标值。

2）非线性连续离散滤波标准问题数学模型

近圆轨道卫星编队相对导航方法研究中，依据式（5-18）模型定义系统的状态向量 $\boldsymbol{x}=[x,y,z,\dot{x},\dot{y},\dot{z},r,\dot{r},\theta,\dot{\theta}]^{\mathrm{T}}$ 包含相对状态的相对位置数据、相对速度值，主星轨道矢径及其变化率，主星真近点角及其速率，则上述卫星编队飞行动力学模型可采用以下非线性随机微分方程（Stochastic Differential Equaiton，SDE）描述为

$$\mathrm{d}\boldsymbol{x}=\boldsymbol{f}(\boldsymbol{x})\,\mathrm{d}t+\boldsymbol{G}\mathrm{d}\boldsymbol{w}_t \quad t\geqslant t_0 \tag{5-19}$$

$$\boldsymbol{f}(\boldsymbol{x})=\begin{bmatrix} \dot{x} \\ \dot{y} \\ \dot{z} \\ \dot{\theta}^2x-\dfrac{2\dot{r}}{r}\dot{\theta}y+2\dot{\theta}\dot{y}+\dfrac{\mu}{r^2}-\dfrac{\mu(r+x)}{[(r+x)^2+y^2+z^2]^{3/2}} \\ \dfrac{2\dot{r}}{r}\dot{\theta}x-2\dot{\theta}\dot{x}+\dot{\theta}^2y-\dfrac{\mu y}{[(r+x)^2+y^2+z^2]^{3/2}} \\ -\dfrac{\mu z}{[(r+x)^2+y^2+z^2]^{3/2}} \\ \dot{r} \\ r\dot{\theta}^2-\dfrac{\mu}{r^2} \\ \dot{\theta} \\ -\dfrac{2\dot{r}}{r}\dot{\theta} \end{bmatrix}$$

式中：加速度噪声序列$\{\boldsymbol{w}_t=[w_x,w_y,w_z]^{\mathrm{T}},t\geqslant t_0\}$为三维的布朗运动过程向量，其传播矩阵为$\boldsymbol{Q}=\sigma^2\boldsymbol{I}_3$，即$E[\mathrm{d}\boldsymbol{w}_t\mathrm{d}\boldsymbol{w}_t^{\mathrm{T}}]=\boldsymbol{Q}\mathrm{d}t$；系数矩阵$\boldsymbol{G}=[\boldsymbol{0}_3,\boldsymbol{I}_3,\boldsymbol{0}_{4\times3}]^{\mathrm{T}}$，$\boldsymbol{I}_3$表示维度为 3 的单位矩阵，$\boldsymbol{0}_3$表示维度为 3 的全零方阵，$\boldsymbol{0}_{4\times3}$表示维度为 4×3 的零阵；非线性方程$\boldsymbol{f}$为卫星编队飞行非线性动力学模型。

系统的测量模型为

$$\boldsymbol{y}_k=\boldsymbol{H}\boldsymbol{x}_k+\boldsymbol{v}_k \tag{5-20}$$

式中：$\boldsymbol{y}_k$测量值为$m\times1$维由 GPS 等轨道传感器提供的卫星编队相对位置测量数据组成；系统测量方程参数$\boldsymbol{H}=[\boldsymbol{I}_3\quad\boldsymbol{0}_{3\times7}]$，其中$\boldsymbol{I}_3$表示维度为 3 的单位矩阵，$\boldsymbol{0}_{3\times7}$表示维度为 3×7 的零阵；测量噪声$\boldsymbol{v}_k$均值为零，协方差为常值$\boldsymbol{R}$。

与传统的离散扩展卡尔曼滤波器相比，非线性连续离散卡尔曼滤波器不仅要处理系统的模型非线性问题，还需要应对系统动力学模型中的非线性连续微分方程。因此，前述两种非线性连续离散扩展卡尔曼滤波器中，先离散化后线性化的思路中需要采取数值近似方法来模拟连续系统模型的状态演变，而先线性化后离散化的思路实际上需要采用数值积分方法近似积分期望和协方差的微分方程。两种数值近似过程虽然在非线性连续离散扩展卡尔曼滤波器中使用阶段不同，但均是基于数字计算设备上的数值方法，必然额外引入不可预知的近似误差。实际上，传统离散卡尔曼滤波器方法的一些问题和限制在非线性连续离散扩展卡尔曼滤波器应用中更加严重。

对于非线性连续离散系统的滤波问题，尤其是系统模型含有较强的非线性项或者测量信息较少更新频率低的情况，由于模型参数不精确、线性化近似或者离散化近似过程等原因产生的不确定性或者干扰，必然会降低甚至破坏扩展卡尔曼方法的理论假设及近似约束，进一步使得非线性连续离散滤波问题变得棘手。考虑到本部分所研究的非线性连续离散系统在实际工程应用中较为普遍，研究如何应对该含未知或不可预测近似误差的非线性连续离散滤波问题具有较大的实际意义，而对该课题的近圆轨道比编队飞行卫星相对导航问题来说十分关键。

5.2.2 基于随机序列反馈的自适应滤波算法

对于非线性连续离散扩展卡尔曼滤波器，为了消除离散化和线性化过程引入的未知和不可预测近似误差，本节提出了一种可用于非线性连续离散系统的后验随机序列反馈自适应卡尔曼滤波器设计方法。

新型方法保留了卡尔曼理论中预测—更新的基本框架，尤其是滤波器的状态和协方差更新实现仍然与离散卡尔曼滤波器相关步骤相同，由于非线性连续动力学模型的存在，非线性连续离散滤波器的重点在于其先验状态估计和先验误差协方差的计算，所以本节重点介绍了采用数值积分方法近似求取先验估计量的过程及基于后验新息反馈估算的先验误差协方差计算方法。

1）基于龙格-库塔数值积分的连续系统先验估计状态计算

在非线性连续离散滤波问题中，先验估计状态的推演要基于对非线性 SDE 模型式(5-2)数值方法进行积分得到；为了得到较为精确的数值近似结果，新方法中先将积分区间$[t_k, t_{k+1}]$分为若干较小的子区间，而后对各子区间依次采用 4 阶龙格-库塔方法积分。

具体地说，引入 z 个等时间间隔的中间离散时刻 $t_{k,1}<t_{k,2}<\cdots<t_{k,i}<\cdots<t_{k,z}$，且令 $t_{k,1}=t_k$ 及 $t_{k,z}=t_{k+1}$，其中 $\delta=t_{k,i+1}-t_{k,i}=T/(z-1)$；对于每个积分子时间区间$[t_{k,i}, t_{k,i+1}]$，给定 $t_{k,i}$时刻对状态估计值 $\hat{\boldsymbol{x}}(t_{k,i})$，$t_{k,i+1}$时刻的估计值 $\hat{\boldsymbol{x}}(t_{k,i+1})$可采用以下计算公式获得，具体为

$$\begin{cases}\hat{\boldsymbol{x}}(t_{k,i+1})=\hat{\boldsymbol{x}}(t_{k,i})+\dfrac{\delta}{6}(\boldsymbol{M}1+2\boldsymbol{M}2+2\boldsymbol{M}3+\boldsymbol{M}4)\\ \boldsymbol{M}1=\boldsymbol{f}(\hat{\boldsymbol{x}}(t_{k,i}))\\ \boldsymbol{M}2=\boldsymbol{f}(\hat{\boldsymbol{x}}(t_{k,i})+\dfrac{\delta}{2}\boldsymbol{M}1)\\ \boldsymbol{M}3=\boldsymbol{f}(\hat{\boldsymbol{x}}(t_{k,i})+\dfrac{\delta}{2}\boldsymbol{M}2)\\ \boldsymbol{M}4=\boldsymbol{f}(\hat{\boldsymbol{x}}(t_{k,i})+\delta\boldsymbol{M}3)\end{cases}\tag{5-21}$$

给定初始条件 $\hat{\boldsymbol{x}}(t_{k,1})=\hat{\boldsymbol{x}}(t_k)$，依次计算 $\hat{\boldsymbol{x}}(t_{k,i})$可分 z 步递归计算得到 t_{k+1}时刻的状态估计量 $\hat{\boldsymbol{x}}(t_{k+1})=\hat{\boldsymbol{x}}(t_{k,z})$；至此，$\hat{\boldsymbol{x}}(t_{k+1})$为采用数值积分近似方法求取得到的状态估计量，可令为先验状态估计量，即 $\hat{\boldsymbol{x}}_{k+1|k}=\hat{\boldsymbol{x}}(t_{k+1})$。

需要注意的是，本节中给出的数值计算方法完全可采用高阶或更高级的数值积分方法替换，以获取更高的解算精确度。

2）基于后验随机序列反馈评估的先验误差协方差矩阵计算

从非线性连续离散扩展卡尔曼滤波器步骤可知，不管是先离散后线性化方法还是先线性化后离散方法，都需要先验的系统噪声统计特性参数。同时，上述先验误差协方差的推演过程均是基于状态向量预测和先验误差协方差的近似计算足够精确高这一重要前提，即该计算过程中没有考虑数值离散和线性化

过程中产生的近似误差。考虑到实际应用中近似化误差会对滤波器性能产生不可忽略的影响，本节提出一种可通过在线评估的后验随机序列信息，挖掘分析其中隐含的噪声和近似误差统计特性，进而迭代修正先验误差协方差计算方法，具体为

$$\hat{\boldsymbol{P}}_{k+1|k}=\hat{\boldsymbol{P}}_{k|k-1}+\Delta\hat{\boldsymbol{P}}_{k}^{*} \tag{5-22}$$

$$\Delta\hat{\boldsymbol{P}}_{k}^{*}=\hat{\boldsymbol{P}}_{k}^{*}-\hat{\boldsymbol{P}}_{k-N}^{*} \tag{5-23}$$

$$\hat{\boldsymbol{P}}_{j}^{*}=(\Delta\hat{\boldsymbol{x}}_{j}\Delta\hat{\boldsymbol{x}}_{j}^{\mathrm{T}}+\boldsymbol{P}_{j|j})/N,\quad j=k-N\text{ 或 }k \tag{5-24}$$

$$\Delta\hat{\boldsymbol{x}}_{k}=\hat{\boldsymbol{x}}_{k|k-1}-\hat{\boldsymbol{x}}_{k-1|k-2} \tag{5-25}$$

式中：$\hat{\boldsymbol{P}}_{k|k-1}$为由新方法计算得到的 k 时刻先验误差协方差 $\boldsymbol{P}_{k|k-1}$估计值；$\Delta\hat{\boldsymbol{P}}_{k-1}^{*}$为由后验信息计算得到的上一时刻先验误差协方差$\hat{\boldsymbol{P}}_{k|k-1}$的调整量；$\hat{\boldsymbol{P}}_{j}^{*}$ 为由后验信息序列和后验协方差矩阵计算得到的后验信息矩阵；$\Delta\hat{\boldsymbol{x}}_{k}$为后验残差向量，可通过对滤波器的后验状态估计向量和先验状态估计向量做差获得。

完成上述先验状态和协方差据矩阵的计算后，新方法滤波器的更新步骤可按照式(5-8)~式(5-10)计算后验状态估计量和后验估计误差协方差。

通过对比新自适应滤波方法与已有方法的数学形式，尤其是它们的状态预测和协方差预测步骤，关于本方法的特点和优势可总结为以下几点。

(1) 在新方法中，状态向量预测的实现与传统方法基本相同，但对于先验误差协方差的演算过程有较大不同；新方法的协方差演算过程没有采用传统方法中基于数值近似方法的模型离散化或者非线性模型线性化过程；先验协方差矩阵为 $n\times n$ 个元素，不管是采用数值方法近似积分协方差微分方程还是线性化求取雅克比矩阵的复杂数学运算，都需要特别的计算能力和计算时间实现。相比而言，新方法能避免这些复杂的算法步骤，表明新算法具有简单、高效的特点和优势，适用于硬件设备计算能力有限但有实时性能要求的工程应用。

(2) 在新方法的协方差计算过程中，系统噪声的传播矩阵 $\boldsymbol{Q}$ 没有参与先验误差协方差的计算；传播矩阵 $\boldsymbol{Q}$ 描述了系统连续噪声序列$\{\boldsymbol{w}_t=[w_x,w_y,w_z]^{\mathrm{T}},t\geqslant t_0\}$的统计特性，在连续离散扩展卡尔曼滤波器协方差解算过程是必要的参数；但实际应用中，布朗运动的传播矩阵参数是往往无法精确获得的，有偏差或者不精确的传播矩阵 $\boldsymbol{Q}$ 参数必然会导致相应的连续离散扩展卡尔曼滤波器性能降低。新方法从根源上弱化了连续离散扩展卡尔曼滤波器中协方差推演依赖精确先验已知 $\boldsymbol{Q}$ 的约束，从而降低甚至消除不精确或者错误传播矩阵 $\boldsymbol{Q}$ 对

滤波性能的负面影响。

(3) 连续离散滤波问题比较棘手问题之一,采用线性化和离散化模拟实际系统模型难免引入未知的近似误差。在现有的连续离散扩展卡尔曼滤波器中,这些未知且不可预测的离散化和线性化误差被认为是可忽略的或者可被包含于系统噪声中的。然而,若实际应用的测量系统观测数据频率较低时间间隔较长,或者采用的数值近似方法不够精确,随着积分或者线性化离散化的时间区间变大,近似化和离散化造成的误差会变大。值得注意的是,这些未知或不可预测近似误差的幅值或特性与系统模型特性、状态量的具体数值以及数值方法特点等多种因素有关,当该误差变得不可忽略时必然会影响扩展卡尔曼滤波器的假设有效性。

(4) 新方法基本思路是通过在线分析和挖掘后验序列中的隐含统计特性信息,用于校正和调整先验估计误差协方差矩阵,也就是说,在协方差的计算中实际上已经将未知近似误差和系统过程噪声的统计特性采用反馈分析方式考虑了进来。需要强调的是,采用高级的数值解算方法或者多步递归计算可以一定程度上削弱未知近似误差,但其代价是大大增加了数值近似部分的计算量,并且仍不能保证滤波性能的最优性;新方法先验估计状态向量的预测过程中,仍然可适当采用高级的数值积分方法或者多步积分的策略以削弱状态预测偏差,但协方差的重建过程采用反馈校正的方式,一方面简化了算法的实现复杂度,另一方面协方差的计算过程中也隐含评估了未知近似误差的影响。

(5) 为了计算新时刻先验误差协方差所需的协方差修正量 $\Delta\hat{\boldsymbol{P}}_{k-1}^{*}$,新方法设置了有两个特别机制用于计算和存储量后验信息矩阵 $\hat{\boldsymbol{P}}_{j}^{*}$:①增加了用于存储后验信息矩阵 $\hat{\boldsymbol{P}}_{j}^{*}$ 的数据缓存,其中存储过去 N 时刻的矩阵 $\hat{\boldsymbol{P}}_{j}^{*}$;②额外增加了一条用于传输后验向量序列 $\Delta\hat{\boldsymbol{x}}_{k-1}$ 信息反馈通道,其作用是将状态向量递推过程的信息反馈到协方差的递推过程,计算最新时刻的后验信息矩阵 $\hat{\boldsymbol{P}}_{j}^{*}$。总之,后验序列反馈用于协方差校正的过程实际上构成了新方法的核心概念——闭环滤波形式;未知干扰或残差、不可预测的近似误差等因素造成的不利因素,通过后验新息反馈到协方差的计算过程中,进而引起对先验协方差 $\hat{\boldsymbol{P}}_{k+1|k}$ 以及进一步卡尔曼增益矩阵 $\boldsymbol{K}_K$ 的相应校正,最终调整后验状态估计量的估计结果。

(6) 特殊情况下,如果将式(5-6)中的协方差修正量 $\Delta\hat{\boldsymbol{P}}_{k-1}^{*}$ 置零,滤波过程中新方法的先验误差协方差 $\hat{\boldsymbol{P}}_{k+1|k}$ 以及对应的卡尔曼增益矩阵 $\boldsymbol{K}_K$ 将会变为常

矩阵，即新方法退化为类似常增益卡尔曼滤波器。不过，常增益卡尔曼滤波器实际上是只适用于线性时不变系统的稳态滤波器状态，对于含有非线性或者时变因素的模型，最优滤波器的先验误差协方差 $\hat{\boldsymbol{P}}_{k+1|k}$ 以及增益矩阵 $\boldsymbol{K}_K$ 应是随着系统变化而相应调整的。从某种程度上说，新方法可以视为对常增益卡尔曼滤波器的一种拓展：新方法中的先验误差协方差修正量 $\Delta\hat{\boldsymbol{P}}_{k-1}^{*}$ 可视为通过反馈信息序列实现对协方差 $\hat{\boldsymbol{P}}_{k+1|k}$ 以及增益矩阵 $\boldsymbol{K}_K$ 的实时在线调整，使得新方法更能适应系统模型以及未知干扰、误差及残差等不可预测因素的影响。

对于非线性连续离散卡尔曼滤波问题，当且仅当其所要求的前提约束严格满足时并且模型近似过程精确无误，其最小方差意义上的最优才能得到保证；如果在非线性连续离散系统模型的离散化近似和线性化近似过程中存在无法预知或者不可预测的模型误差，则最优的滤波稳态是无法达到的。为了解决该问题，新方法采用了两个近似假设条件获得，而该两假设条件是无法严格意义上得到满足的，这也是该新方法为次优的根本原因。从某种程度上说，上述两条假设的有效性或者说近似条件的质量直接会影响新方法的最终估计结果。在新算法的具体实现步骤中，为了提高上述前提假设的有效性，可采用以下算法步骤中的技巧，如表 5-1 所列。

表 5-1　新自适应卡尔曼滤波器具体算法

算法 1　新自适应卡尔曼滤波器
准备阶段（$t_0 \sim t_{\text{start}}$） （1）初始化滤波器参数 $\boldsymbol{x}_{0\|0}, \boldsymbol{P}_{0\|0}$； （2）采用现有的非线性连续离散卡尔曼滤波器方法使得滤波器达到初步收敛和稳定状态，直至启动新方法的时刻 t_{start}； （3）采用循环缓存存储后验新息矩阵 $\boldsymbol{P}_j^{*}$； （4）在 t_{start} 前计算先验估计误差协方差 $\boldsymbol{P}_{k\|k-1}$
迭代阶段（从 t_{k-1} 到 t_k，$t_k \geqslant t_{\text{start}}$） 预测步骤 （1）采用龙格-库塔数值积分近似积分，计算先验状态估计向量； （2）采用新方法随机序列反馈的方法，估在线计先验误差协方差矩阵； 更新步骤 滤波器的测量更新步骤； 存储步骤 更新缓存的后验新息矩阵，去除 $\boldsymbol{P}_{k-N}^{*}$ 添加 $\boldsymbol{P}_k^{*}$

在启动新自适应滤波方法之前，可预先采用辅助的非线性离散卡尔曼滤波器或其他辅助方法使得滤波器达到一定程度的稳定和收敛状态，以提高算法近

似假设条件的有效性。当滤波状态初期的剧烈振动和波动时,两个假设条件有效性及质量较差,对协方差参数估计的效果不利,因而在滤波器初步稳定和收敛后开始启动新方法有益于提高算法性能。

由于近似误差的不可预测和无法预知性,以及精确的滤波器初始参数无法获取问题,上述“一定程度的稳定和收敛”是指最优稳态滤波无法企及的情况下,对于辅助的连续离散卡尔曼滤波器或其他方法,仅仅有不精确的过程噪声协方差或者对该参数的粗略假设或者猜测可用。具体来说,可采用较大的协方差参数等保守的参数设置,确保滤波器不发散基础上趋于次优的收敛状态。在判断滤波状态是否处于稳定或者收敛状态时,可采用对新息序列 $\boldsymbol{e}_k$ 的相关性检验分析滤波器状态,例如采用卡方检验分析序列的统计特性或者文献[87]中讨论的自相关函数检验法。

由上述讨论可知,新的自适应卡尔曼滤波器与经典卡尔曼理论并不冲突或者矛盾,而是对经典卡尔曼理论的一种补充:当卡尔曼滤波器所要求的过程噪声协方差参数无法精确获得时,卡尔曼理论的最优性无法保证,而该新方法通过采用最优滤波器近似假设给出次优的先验误差协方差估计方法,避免错误的滤波参数误导或者致使卡尔曼滤波器发散。新方法对于实际工程应用中较为常见动力学模型存在无法预测的残差、干扰等问题较为适用。

5.2.3　典型近圆轨道卫星编队相对导航算例

近圆轨道卫星编队飞行场景设计参考文献[88],主星轨道参数采用哈勃空间望远镜任务的卫星参数,半长轴为 6998455m,轨道偏心率为 0.00172。主星和从星相对轨道采用有界的编队构形,其相对运动的动力学模型以及测量模型分别为式(5-19)和式(5-20),初始参数设置为 $\boldsymbol{x}(0)=[200\ \ 200\ \ 100\ \ 0.01\ \ -0.4325\ \ 0.01\ \ 6986417\ \ 0\ \ 0\ \ 0.0011]^{\mathrm{T}}$,位置单位为 m,速度单位为 m/s,角度单位为 rad,角速度单位为 rad/s。布朗运动过程 $w_\alpha, w_\beta, w_\eta$ 的频谱密度为 $\sqrt{10}\times 10^{-11}\mathrm{m/s^{3/2}}$;系统真实参考数据采用欧拉方法模拟,数值近似步长为 100μs 以保证数值模拟的精度,仿真总时长为 3h。测量系统模型中,测量噪声序列 $\boldsymbol{v}_k$ 的方差 $\boldsymbol{R}$ 假设为单位矩阵 $\boldsymbol{I}_3$,测量信息序列则按照真实的系统状态数据生成。

本试验将新方法 CD-AKF 与 ICD-EKF、DCD-EKF 以及常值卡尔曼滤波器 CGKF 进行了性能对比。为了保证比较的公平性和一致性,上述方法的具体实现均是基于 4 阶龙格-库塔数值积分方法,且在相邻测量间隔内单步数值积分区间内采用一步迭代方法。对于 CD-AKF 与 CGKF 初始滤波状态的收敛过程先采用 ICD-EKF 使得滤波达到初步稳定，进而启动 CD-AKF 与 CGKF，其中 CGKF 的常值增益矩阵采用初步稳定时刻 ICD-EKF 的增益矩阵。在本算法中 CD-AKF 的参数 N 设置为 15，本节中全部仿真实验均采用该相同参数。

对于近圆卫星编队飞行相对导航滤波问题，CD-AKF 的启动时刻需要依据该问题模型进行分析，选取合适状态点使得模型可由近似线性模型逼近。考虑卫星轨道动力学模型，在主星轨道的半长轴变化率趋于 0，即 $\dot{r}\to 0$，进而依据模型动力学公式可知，主星的轨道半长轴趋于常值 $r\to r_c$，轨道角加速度 $\ddot{\theta}$ 趋于 0，$\ddot{\theta}\to 0$，轨道角速度趋于常值 $\dot{\theta}\to\dot{\theta}_c$，轨道半长轴的加速度 $\ddot{r}\to\kappa_c=(r_c\varphi_c^2-\mu/r_c^2)$。另外，对于编队构形尺寸 200~500m 左右的情况，卫星编队相对位置数据相对于半长轴属于小量，即 x,y,z,r。在 $\dot{r}\to 0$ 时，系统非线性动力学模型 $\boldsymbol{f}(\boldsymbol{x})$ 可简化为

$$\boldsymbol{f}(\boldsymbol{x})=\begin{bmatrix}\dot{x}\\ \dot{y}\\ \dot{z}\\ \dot{\theta}^2x-\dfrac{2\dot{r}}{r}\dot{\theta}y+2\dot{\theta}\dot{y}+\dfrac{\mu}{r^2}-\dfrac{\mu(r+x)}{[(r+x)^2+y^2+z^2]^{3/2}}\\ \dfrac{2\dot{r}}{r}\dot{\theta}x-2\dot{\theta}\dot{x}+\dot{\theta}^2y-\dfrac{\mu y}{[(r+x)^2+y^2+z^2]^{3/2}}\\ -\dfrac{\mu z}{[(r+x)^2+y^2+z^2]^{3/2}}\\ \dot{r}\\ r\dot{\theta}^2-\dfrac{\mu}{r^2}\\ \dot{\theta}\\ -\dfrac{2\dot{r}}{r}\dot{\theta}\end{bmatrix}\approx\begin{bmatrix}\dot{x}\\ \dot{y}\\ \dot{z}\\ \dot{\theta}^2x+2\dot{\theta}\dot{y}\\ -2\dot{\theta}\dot{x}\\ -\dot{\theta}^2z\\ 0\\ \kappa_c\\ \dot{\theta}_c\\ 0\end{bmatrix}$$

由上述分析可知，当卫星的半长轴参数可知当预测状态量 $\dot{r}\to 0$ 时可作为新方法的启动条件。需要注意的是，在实际运行中，精确瞬时状态条件 $\dot{r}=0$ 时刻是无法通过离散的采样信息捕捉到的，且是受到随机因素影响不可重复的。本试验中，通过对状态向量元素 $\dot{r}$ 实时预测，直至该元素取值在 0 附近且绝对值最小的取值时刻，作为备选启动时刻。另外，同样需要采用卡方检验测试滤波是否

达到稳定。

为了分析新方法针对近圆卫星编队相对导航问题采用不同采样周期时的性能变化。实际卫星工程应用中，在不影响编队飞行任务需求的前提下，适当降低测量系统周期可节约星上资源，而在任务需要高精度的算法时进而采用高频率测量信息更新。本试验中，通过模拟测量信息的更新周期为0.1~10s，对比研究各种算法的输出精度。作为算法评估的精度指标，本节计算了100次重复实验各种算法估计结果的相对状态三维位置数据累计平均均方误差数据，具体的数据结果随采样周期变化关系如图5-3所示；各种算法的相对计算时间系数如图5-4所示。

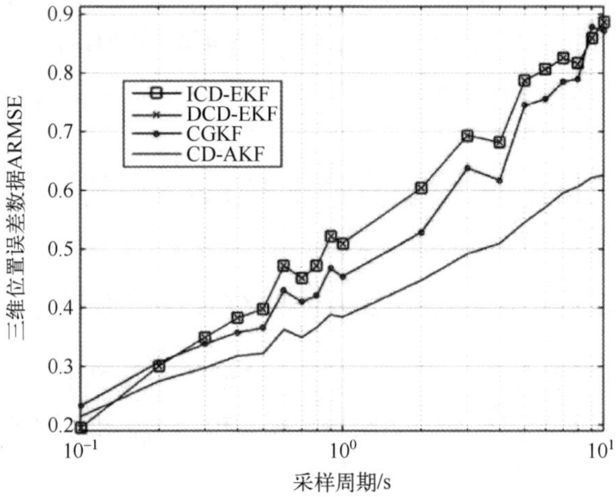

图5-3　采样周期在0.1~10s间变化时各种算法的三维位置误差ARMSE数据

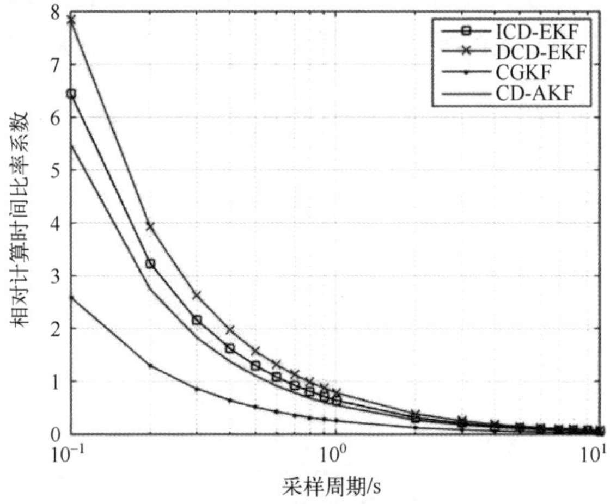

图5-4　采样周期在0.1~10s间变化时各种算法的相对计算时间系数

通过分析图中结果数据,很显然新方法 CD-AKF 相比于其他方法的性能优势与标准模型试验中数据一致,可总结如下:

(1) 当采样周期较小时,数值近似过程造成的未知误差幅度较小因而对算法的性能影响较小,对于全部算法采样周期较小时的滤波性能较优;随着采样周期逐渐增加算法的计算量明显减少,但算法误差指标参数表明较大采样周期下数值误差的负面影响变得不可忽略。特殊地,针对采样周期为 0.1s 时,ICD-EKF 以及 DCD-EKF 可输出优于其他方法的估计结果。

(2) 对于采样周期大于 0.3s 的情况,随着采样间隔增加数值近似误差幅值也随之变大,致使 ICD-EKF 以及 DCD-EKF 在消耗更多运算时间的情况下,却仍然输出明显劣于 CD-AKF 与 CGKF 的结果。尽管 CD-AKF 平均计算时间相比 CGKF 高出一倍,但是新方法 CD-AKF 的性能相比 CGKF 有明显提高,表明新方法具有较高的在线评估未知近似误差并且实时反馈调整算法参数的能力。

5.3 大偏心率椭圆轨道卫星编队相对导航方法

5.3.1 大偏心率椭圆轨道卫星编队相对导航滤波模型

本节首先给出了大偏心率椭圆轨道卫星编队飞行的相对导航系统问题模型,进而抽象出含有非线性动力学模型和测量模型的标准非线性连续离散系统滤波问题。

1) 大偏心率椭圆轨道卫星编队相对导航系统模型

大偏心率椭圆轨道下编队卫星的运行轨道仍然为椭圆轨道模型,依据式(2-13)可知,大偏心率椭圆轨道卫星编队飞行相对导航系统模型可表示为

$$\begin{cases}\ddot{x}-2\dot{\theta}\dot{y}-\dot{\theta}^2x-\ddot{\theta}y=-\dfrac{\mu(r+x)}{[(r+x)^2+y^2+z^2]^{3/2}}+\dfrac{\mu}{r^2}+w_x\\ \ddot{y}+2\dot{\theta}\dot{x}-\dot{\theta}^2y+\ddot{\theta}x=-\dfrac{\mu y}{[(r+x)^2+y^2+z^2]^{3/2}}+w_y\\ \ddot{z}=-\dfrac{\mu z}{[(r+x)^2+y^2+z^2]^{3/2}}+w_z\\ \ddot{r}-r\dot{\theta}^2+\dfrac{\mu}{r^2}=0\\ \ddot{\theta}+\dfrac{2\dot{r}\dot{\theta}}{r}=0\end{cases} \tag{5-26}$$

式中：x 为编队环绕星在主星轨道坐标系下的径向坐标；y 为编队环绕星在主星轨道坐标系下的沿航迹向坐标；z 为编队环绕星在主星轨道坐标系下的法向坐标；θ 为主星轨道角速度；r 为主星轨道矢径；$\boldsymbol{w}=[w_x,w_y,w_z]^{\mathrm{T}}$为空间存在的未知干扰摄动在径向、沿航迹向及法向的分量。

与小偏心率近圆卫星编队场景中的主星轨道矢径 r 和轨道角速度 θ 仅仅为小幅度变化不同，大偏心率椭圆下参数 r 及 θ 在不同轨道区间发生凝固现象，会出现较大的波动变化。因而，大偏心率椭圆轨道相对动力学模型中的非线性明显增强，针对该类含有随机噪声的强非线性连续动力学模型，如何采用有效的非线性变换以及数值近似方法应对系统模型随机微分方程以及强非线性是关键难点。

在大偏心率椭圆轨道卫星编队工程应用中，基于 GPS 的相对测量系统难以实现较高的轨道测量数据，甚至无法实现可靠地相对状态测量。激光测距雷达传感器可实现卫星编队间的相对距离和相对角度观测，其具体观测量包括在主星本体系下对环绕星的仰角 α、方位角 β 和距离测量 ρ，具体测量值为

$$\begin{cases}\tilde{\rho}=\sqrt{x^2+y^2+z^2}+v_\rho \\ \tilde{\alpha}=\arctan\left(\dfrac{y}{x}\right)+v_\alpha \\ \tilde{\beta}=\arctan\left(\dfrac{z}{\sqrt{x^2+y^2}}\right)+v_\beta\end{cases} \tag{5-27}$$

式中：$\tilde{\alpha}$,$\tilde{\beta}$,$\tilde{\rho}$分别为在主星本体系下对环绕星的观测仰角、方位角以及距离测量量；v_α，v_β，v_ρ为对应测量的测量噪声，其几何关系如图 5-5 所示。

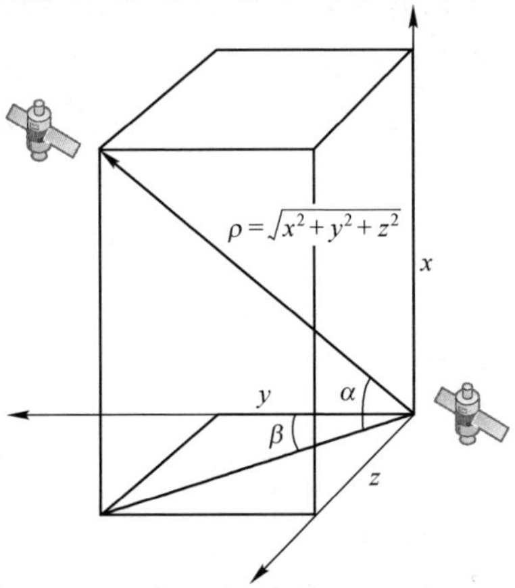

图 5-5　激光雷达测量原理图

2）非线性连续离散滤波标准问题数学模型

依据上述模型定义系统状态向量为 $\boldsymbol{x}=[x,y,z,\dot{x},\dot{y},\dot{z},r,\dot{r},\theta,\dot{\theta}]^{\mathrm{T}}$，该状态向量包含相对状态的相对位置数据、相对速度数，主星轨道矢径及其变化率，主星真近点角及其速率。上述卫星编队飞行动力学模型可采用以下非线性随机微分方程（Stochastic Differential Equaiton, SDE）表示为

$$\mathrm{d}\boldsymbol{x}=\boldsymbol{f}(\boldsymbol{x})\,\mathrm{d}t+\boldsymbol{G}\mathrm{d}\boldsymbol{w}_t \quad t\geqslant t_0 \tag{5-28}$$

式中：$\boldsymbol{f}(\boldsymbol{x})=\begin{bmatrix} \dot{x} \\ \dot{y} \\ \dot{z} \\ \dot{\theta}^2x-\dfrac{2\dot{r}}{r}\dot{\theta}y+2\dot{\theta}\dot{y}+\dfrac{\mu}{r^2}-\dfrac{\mu(r+x)}{[(r+x)^2+y^2+z^2]^{3/2}} \\ \dfrac{2\dot{r}}{r}\dot{\theta}x-2\dot{\theta}\dot{x}+\dot{\theta}^2y-\dfrac{\mu y}{[(r+x)^2+y^2+z^2]^{3/2}} \\ -\dfrac{\mu z}{[(r+x)^2+y^2+z^2]^{3/2}} \\ \dot{r} \\ r\dot{\theta}^2-\dfrac{\mu}{r^2} \\ \dot{\theta} \\ -\dfrac{2\dot{r}}{r}\dot{\theta} \end{bmatrix}$；加速度噪声序列 $\{\boldsymbol{w}_t=[w_x,w_y,w_z]^{\mathrm{T}},t\geqslant t_0\}$ 为三维的布朗运动过程向量，其传播矩阵为 $\boldsymbol{Q}=\sigma^2\boldsymbol{I}_3$，即 $E[\mathrm{d}\boldsymbol{w}_t\mathrm{d}\boldsymbol{w}_t^{\mathrm{T}}]=\boldsymbol{Q}\mathrm{d}t$；系数矩阵 $\boldsymbol{G}=[\boldsymbol{0}_3,\boldsymbol{I}_3,\boldsymbol{0}_{3\times4}]^{\mathrm{T}}$，$\boldsymbol{I}_3$ 表示维度为 3 的单位矩阵，$\boldsymbol{0}_3$ 表示维度为 3 的全零方阵，$\boldsymbol{0}_{4\times3}$ 表示维度为 4×3 的全零方阵；非线性方程 f 为卫星编队飞行的非线性动力学模型。

系统测量模型与 GPS 的线性模型不同，为非线性函数模型，具体为

$$\boldsymbol{y}_k=\boldsymbol{h}(\boldsymbol{x}_k)+\boldsymbol{v}_k \tag{5-29}$$

式中：$\boldsymbol{h}(\boldsymbol{x})=\begin{bmatrix} \sqrt{x_k^2+y_k^2+z_k^2} \\ \arctan(y_k/x_k) \\ \arctan\left(z_k/\sqrt{x_k^2+y_k^2}\right) \end{bmatrix}$；$\boldsymbol{v}_k=[v_\rho,v_\alpha,v_\beta]^{\mathrm{T}}$ 为测量噪声向量；$\boldsymbol{h}$ 为系统非线性测量模型[89]；测量噪声 $\boldsymbol{v}_k$ 均值为零向量，协方差为 $\boldsymbol{R}$。

上述强非线性随机微分方程和强非线性离散测量方程联合组成了本节研究的强非线性连续离散系统数学模型。针对该类强非线性连续离散系统,其对应的状态估计问题称为强非线性滤波问题。从滤波问题的动力学模型来说,强非线性和随机微分形式使得系统动力学模型变得异常复杂,一般的线性化近似策略无法满足滤波器状态预测和协方差演算的精度要求,需要采用更有效的非线性变换准则以及精确数值近似方法分别用于消除非线性近似误差和离散化近似误差。另外,本节研究中滤波问题的非线性测量模型也是与前述部分的主要不同点,非线性测量模型的近似变换过程会额外引入测量模型近似误差,必然会影响最终滤波性能。总之,对于本节中的强非线性连续离散滤波器问题,模型的强非线性和随机连续模型必然要求采用有效的非线性变换技术和精确数值方法相结合。

考虑到大偏心率椭圆轨道编队飞行卫星相对导航问题中的强非线性连续随机微分动力学模型和含有三角函数的非线性测量模型,本节研究含有强非线性项且测量信息较少、更新频率低的连续离散滤波问题,重点研究采用数值积分方法和采样点结合的方式强化对非线性变换误差和数值近似误差的抑制效果,达到提高算法滤波性能的作用,对此类卫星编队飞行相对导航问题来说十分关键。

5.3.2　基于误差自适应控制的容积卡尔曼滤波算法

1) 新型连续离散容积卡尔曼滤波方法

现有两种连续离散容积卡尔曼滤波器中,针对先验状态向量的预测,一种是采用离散化思路近似模拟随机微分方程的连续状态演化过程而后采用容积准则采样点模拟高斯积分过程求取预测状态,另一种则直接采用容积采样点模拟逼近计算一阶矩的微分向量而后采用数值方法近似解算求取先验状态向量的预测。本节在上述两种思路的基础上,提出以下新型状态预测步骤,即

$$\hat{\boldsymbol{x}}_i(t_{k-1})=\hat{\boldsymbol{x}}_{k-1|k-1}+\boldsymbol{S}_{k-1|k-1}\boldsymbol{\xi}_i \tag{5-30}$$

$$\frac{\mathrm{d}\hat{\boldsymbol{x}}_i(t)}{\mathrm{d}t}=\boldsymbol{f}(\hat{\boldsymbol{x}}_i(t)),\quad t\in[t_{k-1}\quad t_k],\quad i=1,\cdots,2n \tag{5-31}$$

$$\hat{\boldsymbol{x}}_{k|k-1}=\frac{1}{2n}\sum_{i=1}^{2n}\hat{\boldsymbol{x}}_i(t_k) \tag{5-32}$$

式中:$\hat{\boldsymbol{x}}_i(t_k)$为$t_k$时刻的第$i$个容积采样向量,由$t_{k-1}$时刻的向量$\hat{\boldsymbol{x}}_i(t_{k-1})$依据上一时刻的后验估计值$\hat{\boldsymbol{x}}_{k-1|k-1}$以及其后验协方差$\boldsymbol{P}_{k-1|k-1}$平方根矩阵$\boldsymbol{S}_{k-1|k-1}$计算得到。其中,$\boldsymbol{S}_{k-1|k-1}$为满足条件$\boldsymbol{P}_{k-1|k-1}=\boldsymbol{S}_{k-1|k-1}\boldsymbol{S}_{k|k-1}^{\mathrm{T}}$的三角矩阵。$t_k$时刻的第$i$

个容积采样向量 $\hat{\boldsymbol{x}}_i(t_k)$ 由微分方程分别积分得到，积分近似的初值为 $\hat{\boldsymbol{x}}_i(t_{k-1})$，$2n$ 个容积向量点依次计算互不相关。进而，先验预测状态向量 $\hat{\boldsymbol{x}}_{k|k-1}$ 可由各个容积向量均值得到。

本方法实际上是分别以 $2n$ 个容积向量为初始条件，对时间区间 $[t_{k-1}\quad t_k]$ 依次解算微分方程，模拟随机微分方程形式的系统动力学演进过程。由于数学上缺少有效应对随机微分方程的解算工具，精确求取随机微分方程是不现实的，因而本节状态预测过程中先舍去了随机微分方程布朗运动过程噪声项，将模型近似简化为非线性定常微分方程。在数学中，针对非线性定常微分方程的数值积分方法较多，可采用较为高级的龙格-库塔方法、多步积分子区间 Δt 等措施提高微分方程的计算精度。

在状态递推过程中已经计算出来的容积采样点，结合高斯拉格朗日方法进一步计算其误差协方差。在获取上述容积采样向量 $\hat{\boldsymbol{x}}_i(t_k)$ 的基础上，先验误差协方差的预测为

$$\boldsymbol{P}_{k|k-1}=\frac{1}{2n}\sum_{i=1}^{2n}(\hat{\boldsymbol{x}}_i(t_k)-\hat{\boldsymbol{x}}_{k|k-1})(\hat{\boldsymbol{x}}_i(t_k)-\hat{\boldsymbol{x}}_{k|k-1})^{\mathrm{T}}+\boldsymbol{Q}_k^* \tag{5-33}$$

需要注意的是，与过程噪声布朗运动的传播矩阵 $\boldsymbol{Q}$ 不同，$\boldsymbol{Q}_k^*$ 为等效过程噪声协方差矩阵，描述随机微分模型的动力学模型中连续噪声 $\sqrt{\boldsymbol{Q}}\,\mathrm{d}\boldsymbol{w}(t)$ 在采样子时间区间 Δt 内造成的不确定性影响。由文献[60,61]可知，$\boldsymbol{Q}_k^*$ 可近似计算为

$$\boldsymbol{Q}_k^*=\int_{t_{k-1}}^{t_k}\boldsymbol{\Phi}(\boldsymbol{x}(t))\boldsymbol{Q}\boldsymbol{\Phi}^{\mathrm{T}}(\boldsymbol{x}(t))\,\mathrm{d}t \tag{5-34}$$

式中：$\boldsymbol{\Phi}(\boldsymbol{x}(t))$ 为与时间和状态向量有关的状态转移矩阵。实际上，该状态转移矩阵 $\boldsymbol{\Phi}(\boldsymbol{x}(t))$ 的显性表达矩阵在容积卡尔曼滤波器理论中并没有计算，因而本方法中需要采用额外的近似高斯拉格朗日方法计算得到，具体为

$$\boldsymbol{Q}_k^*=\left(\boldsymbol{I}_{n\times n}-\boldsymbol{J}_{t_{k-1}+\Delta t/2}\frac{\Delta t}{2}\right)^{-1}\boldsymbol{Q}\left(\boldsymbol{I}_{n\times n}-\boldsymbol{J}_{t_{k-1}+\Delta t/2}\frac{\Delta t}{2}\right)^{-\mathrm{T}}\Delta t \tag{5-35}$$

$$\boldsymbol{J}_{t_{k-1}+\Delta t/2}=\boldsymbol{J}(\hat{\boldsymbol{x}}(t_{k-1}+\Delta t/2))=\left.\frac{\partial\boldsymbol{f}(\boldsymbol{x})}{\partial\boldsymbol{x}}\right|_{\boldsymbol{x}=\boldsymbol{x}(t_{k-1}+\Delta t/2)} \tag{5-36}$$

$$\hat{\boldsymbol{x}}(t_{k-1}+\Delta t/2)\approx\frac{1}{2}\left(\hat{\boldsymbol{x}}_{k-1|k-1}+\hat{\boldsymbol{x}}_{k|k-1}-\boldsymbol{J}(\hat{\boldsymbol{x}}_{k-1|k-1})\boldsymbol{f}(\hat{\boldsymbol{x}}_{k-1|k-1})\frac{\Delta t^2}{4}\right) \tag{5-37}$$

在上述等效过程噪声协方差矩阵 $\boldsymbol{Q}_k^*$ 的计算过程中，由于先验状态预测过程中的积分时间区间 $[t_{k-1}\quad t_k]$ 可划分为若干子区间 Δt，协方差矩阵 $\boldsymbol{Q}_k^*$ 的计算过程同样可以采用子区间 Δt 提高协方差矩阵 $\boldsymbol{Q}_k^*$ 的计算精度。

高斯拉格朗日方法属于针对定常微分方程解算的隐性龙格-库塔积分方法的一种，是基于高斯拉格朗日二次型积分方法[90]。在文献[91]和文献[92]中，高斯拉格朗日方法被用于近似求取先验误差协方差；与文献[91]和文献[92]不同，二阶高斯拉格朗日方法仅仅用于近似求取等效协方差矩阵 $\boldsymbol{Q}_k^*$。在上述公式中用到了子区间中点 $t_{k-1}+\Delta t/2$ 时刻的状态估计值 $\hat{\boldsymbol{x}}(t_{k-1}+\Delta t/2)$，在本方法中该估计量是由 t_{k-1} 时刻的后验状态估计量 $\hat{\boldsymbol{x}}_{k-1|k-1}$ 和 t_k 时刻的状态预测向量 $\hat{\boldsymbol{x}}_{k|k-1}$ 基于泰勒-亨瑞近似和多项式展开方法演化近似得到的，更详细的理论推导和证明可参阅文献[91]。

2）新型连续离散容积卡尔曼滤波方法平方根形式

为了避免算法实施过程由于计算设备位数有限而导致截断误差破坏算法稳定性的问题，本节给出新方法的平方根形式，以提高新方法的算术稳定性。

平方根形式的初始化需要解算初始时刻的协方差平方根矩阵 $S_{0|0}$，即通过矩阵分解解算 $\boldsymbol{P}_0=\boldsymbol{S}_{0|0}\boldsymbol{S}_{0|0}^{\mathrm{T}}$，进而初始的容积采样向量计算得到，描述为矩阵形式，即

$$\boldsymbol{X}(t_{k-1})=[\hat{\boldsymbol{x}}_1 \quad \cdots \quad \hat{\boldsymbol{x}}_n \quad \cdots \quad \hat{\boldsymbol{x}}_{2n}]_{t_{k-1}}=\hat{\boldsymbol{x}}_{k-1|k-1}\cdot[1 \quad \cdots \quad 1]+[\boldsymbol{S}_{k-1|k-1} \quad -\boldsymbol{S}_{k-1|k-1}] \tag{5-38}$$

式中：$\boldsymbol{X}(t):=[\hat{\boldsymbol{x}}_1 \quad \cdots \quad \hat{\boldsymbol{x}}_n \quad \cdots \quad \hat{\boldsymbol{x}}_{2n}]$，定义为由 t 时刻 $2n$ 个 n 维容积采样列向量重新组合的矩阵式状态，即将 $2n$ 个容积采样向量组成一个新矩阵。进一步对各个容积点的数值积分式可重新描述为增广状态矩阵微分方程解算问题，即

$$\frac{\mathrm{d}\boldsymbol{X}(t)}{\mathrm{d}t}=\boldsymbol{f}(\boldsymbol{X}(t)), \quad t\in[t_{k-1} \quad t_k] \tag{5-39}$$

式中：$\boldsymbol{f}(\boldsymbol{X}(t))=[\boldsymbol{f}(\hat{\boldsymbol{x}}_1(t)) \quad \cdots \quad \boldsymbol{f}(\hat{\boldsymbol{x}}_{2n}(t))]\in R^{n\times 2n}$ 为增广状态向量 $\boldsymbol{X}(t)$ 的增广函数，具体实现为状态矩阵 $\boldsymbol{X}(t)$ 中各个列向量 $\hat{\boldsymbol{x}}_i$ 分别积分解算的组合。以 t_{k-1} 时刻的状态矩阵 $\boldsymbol{X}(t_{k-1})$ 为初始条件，在时间区间$[t_{k-1} \quad t_k]$上进行积分可得新状态矩阵 $\boldsymbol{X}(t_k)$，而后先验状态估计量的一步预测可计算为

$$\hat{\boldsymbol{x}}_{k|k-1}=\boldsymbol{X}(t_k)\cdot\boldsymbol{W}^v \tag{5-40}$$

式中：$\boldsymbol{W}^v=\dfrac{1}{2n}[1 \quad 1 \quad L \quad 1]^{\mathrm{T}}$ 为容积向量的权重向量，与上述计算一致，均以求取容积采样向量的均值作为先验状态估计 $\hat{\boldsymbol{x}}_{k|k-1}$。

在该平方根形式的新方法中，无需计算先验估计误差协方差的显性形式，而是直接采用容积采样向量计算平方根协方差矩阵 $S_{k|k-1}$，具体计算公式为

$$[\boldsymbol{S}_{k|k-1}\boldsymbol{0}_{2n\times n}]=\mathbf{Tria}\left\{\left[\frac{\boldsymbol{X}(t_k)-\hat{\boldsymbol{x}}_{k|k-1}\cdot[1\quad\cdots\quad1]}{\sqrt{2n}}\left(I_{n\times n}-J_{t_{k-1}+\Delta t/2}\frac{\Delta t}{2}\right)^{-1}\sqrt{\Delta t\boldsymbol{Q}}\right]\right\} \tag{5-41}$$

式中：$\mathbf{Tria}\{\cdot\}$表征对矩阵进行三角化转换的操作过程，如文献[93]中的QR矩阵分解；$\boldsymbol{0}_{2n\times n}$表示维数为$2n\times n$的全零矩阵；$\left(\boldsymbol{I}_{n\times n}-\boldsymbol{J}_{t_{k-1}+\Delta t/2}\frac{\Delta t}{2}\right)^{-1}\sqrt{\Delta t\boldsymbol{Q}}$实际上为等效矩阵$\boldsymbol{Q}_k^*$的平方根形式。

该计算步骤实际上是将标准形式容积卡尔曼滤波器的协方差计算步骤直接整合，其具体计算结果与标准形式是一致的，即

$$\begin{aligned}\boldsymbol{P}_{k|k-1}=&\left[\frac{\boldsymbol{X}(t_k)-\hat{\boldsymbol{x}}_{k|k-1}\cdot[1\quad\cdots\quad1]}{\sqrt{2n}}\quad\left(\boldsymbol{I}_{n\times n}-\boldsymbol{J}_{t_{k-1}+\Delta t/2}\frac{\Delta t}{2}\right)^{-1}\sqrt{\Delta t\boldsymbol{Q}}\right]\cdot\\&\left[\frac{\boldsymbol{X}(t_k)-\hat{\boldsymbol{x}}_{k|k-1}\cdot[1\quad\cdots\quad1]}{\sqrt{2n}}\quad\left(\boldsymbol{I}_{n\times n}-\boldsymbol{J}_{t_{k-1}+\Delta t/2}\frac{\Delta t}{2}\right)^{-1}\sqrt{\Delta t\boldsymbol{Q}}\right]^{\mathrm{T}}\\=&\mathbf{Tria}\left\{\left[\frac{\boldsymbol{X}(t_k)-\hat{\boldsymbol{x}}_{k|k-1}\cdot[1\quad\cdots\quad1]}{\sqrt{2n}}\quad\left(\boldsymbol{I}_{n\times n}-\boldsymbol{J}_{t_{k-1}+\Delta t/2}\frac{\Delta t}{2}\right)^{-1}\sqrt{\Delta t\boldsymbol{Q}}\right]\right\}\cdot\\&\left(\mathbf{Tria}\left\{\left[\frac{\boldsymbol{X}(t_k)-\hat{\boldsymbol{x}}_{k|k-1}\cdot[1\quad\cdots\quad1]}{\sqrt{2n}}\quad\left(\boldsymbol{I}_{n\times n}-\boldsymbol{J}_{t_{k-1}+\Delta t/2}\frac{\Delta t}{2}\right)^{-1}\sqrt{\Delta t\boldsymbol{Q}}\right]\right\}\right)^{\mathrm{T}}\end{aligned} \tag{5-42}$$

又由

$$\boldsymbol{P}_{k|k-1}=\boldsymbol{S}_{k|k-1}\boldsymbol{S}_{k|k-1}^{\mathrm{T}}=[\boldsymbol{S}_{k|k-1}\boldsymbol{0}_{2n\times n}]\begin{bmatrix}\boldsymbol{S}_{k|k-1}^{\mathrm{T}}\\\boldsymbol{0}_{n\times 2n}\end{bmatrix} \tag{5-43}$$

进而可得上述平方根形式$\boldsymbol{S}_{k|k-1}$的计算公式。

该平方根形式滤波器主要是将容积准则的采样向量有关计算步骤整合起来，一方面，使得算法的形式更加紧凑，简化不必要的计算且保证算法的计算稳定性；另一方面，由于系统模型为连续微分模型需要进行数值近似解算，需要将数值近似的状态递推和协方差演算步骤联合起来，采用多步迭代等方法提高算法数值精确度，对各个容积向量整体操作可保证数值积分算法的一致性。对于量测更新步骤来说，新方法的平方根形式与传统容积卡尔曼滤波方法的量测更新步骤相似。

3）误差控制连续离散容积滤波方法

数值方法NIRK（Nested Implicit Runge-Kutta）属于高斯近似方法的一种，具有稳定性、刚性精度和对称性等优势。从数值解算定常微分方程角度来说，离散的数值精度必然会影响到状态估计精度；对于实际应用中的含有较大采样时

间间隔的滤波问题，相比于欧拉近似和龙格–库塔等显性数值方法来说，NIRK 方法具有明显较优的数值性能，并且更适用于本部分研究的非线性连续离散滤波问题[94-95]。相关研究[96-97]中已经验证了 NIRK 四阶形式和六阶形式在雷达跟踪问题中的应用效果；由于 NIRK 四阶形式和六阶形式的数学原理一致，关于两者的详细讨论和数学原理可参阅文献[98-99]。本节分析介绍中，采用 NIRK 的四阶形式与平方根容积卡尔曼滤波的融合思路，以提高新非线性连续离散滤波方法的数学精确度及稳定性。

状态矩阵 $\boldsymbol{X}(t):=[x_1 \quad \cdots \quad x_n \quad \cdots \quad x_{2n}]$ 定义为 $n\times 2n$ 维矩阵。为了便于进行数值积分计算，需要将矩阵形式的容积采样向量存储方式转换为列向量形式，而在完成数值迭代计算后则重新规整为矩阵形式。下面的类似公式推导过程和迭代步骤的具体实现中均采取同样措施，不再赘述。

假设两个离散测量连续采样间隔 $[t_{k-1} \quad t_k]$ 可分为多个子区间，$\{t_{k-1}^l\}$ 表示为各个子区间的时间节点，即 $t_{k-1}^0=t_{k-1}, t_{k-1}^0<t_{k-1}^1<\cdots<t_{k-1}^{L-1}<t_{k-1}^L, t_{k-1}^L=t_k$。进而对于区间 $[t_{k-1}^l t_{k-1}^{l+1}]$，$0\leqslant l<L$，基于四阶 NIRK 方法的状态 $\boldsymbol{X}(t)$ 近似解算过程可等效于解算以下非线性离线问题，即

$$\begin{cases}\hat{\boldsymbol{X}}_{l,1}^2=\dfrac{9+4\sqrt{3}}{18}\hat{\boldsymbol{X}}_l+\dfrac{9-4\sqrt{3}}{18}\hat{\boldsymbol{X}}_{l+1}+\tau_l\left[\dfrac{3+\sqrt{3}}{36}\boldsymbol{f}(\hat{\boldsymbol{X}}_l)-\dfrac{3-\sqrt{3}}{36}\boldsymbol{f}(\hat{\boldsymbol{X}}_{l+1})\right]\\ \hat{\boldsymbol{X}}_{l,2}^2=\dfrac{9-4\sqrt{3}}{18}\hat{\boldsymbol{X}}_l+\dfrac{9+4\sqrt{3}}{18}\hat{\boldsymbol{X}}_{l+1}+\tau_l\left[\dfrac{3-\sqrt{3}}{36}\boldsymbol{f}(\hat{\boldsymbol{X}}_l)-\dfrac{3+\sqrt{3}}{36}\boldsymbol{f}(\hat{\boldsymbol{X}}_{l+1})\right]\\ \hat{\boldsymbol{X}}_{l+1}=\hat{\boldsymbol{X}}_l+\tau_l[\boldsymbol{f}(\hat{\boldsymbol{X}}_{l,1}^2)+\boldsymbol{f}(\hat{\boldsymbol{X}}_{l,2}^2)]/2\end{cases},\quad l=0,1,2,\cdots \tag{5-44}$$

式中：$\hat{\boldsymbol{X}}_l$ 为 t_{k-1}^l 时刻对状态 $\boldsymbol{X}(t)$ 的数值估计；$\tau_l:=t_{k-1}^{l+1}-t_{k-1}^l$ 定义为当前积分的子区间时间间隔，该时间区间的大小为定值或变量均可。依据文献[99]，子区间 $[t_{k-1}^l \quad t_{k-1}^{l+1}]$ 内，上述非线性方程可采用牛顿迭代方法解算，即

$$\begin{cases}\hat{\boldsymbol{X}}_{l,1}^2=\dfrac{9+4\sqrt{3}}{18}\hat{\boldsymbol{X}}_l+\dfrac{9-4\sqrt{3}}{18}\hat{\boldsymbol{X}}_{l+1}+\tau_l\left[\dfrac{3+\sqrt{3}}{36}\boldsymbol{f}(\hat{\boldsymbol{X}}_l)-\dfrac{3-\sqrt{3}}{36}\boldsymbol{f}(\hat{\boldsymbol{X}}_{l+1})\right]\\ \hat{\boldsymbol{X}}_{l,2}^2=\dfrac{9-4\sqrt{3}}{18}\hat{\boldsymbol{X}}_l+\dfrac{9+4\sqrt{3}}{18}\hat{\boldsymbol{X}}_{l+1}+\tau_l\left[\dfrac{3-\sqrt{3}}{36}\boldsymbol{f}(\hat{\boldsymbol{X}}_l)-\dfrac{3+\sqrt{3}}{36}\boldsymbol{f}(\hat{\boldsymbol{X}}_{l+1})\right]\\ \left[I_{2n^2\times 2n^2}-\dfrac{\tau_l J(\hat{\boldsymbol{X}}_l)}{4}\right]^2(\hat{\boldsymbol{X}}_{l+1}^{\ell+1}-\hat{\boldsymbol{X}}_{l+1}^{\ell})=-\hat{\boldsymbol{X}}_{l+1}^{\ell}+\hat{\boldsymbol{X}}_l+\dfrac{\tau_l[\boldsymbol{f}(\hat{\boldsymbol{X}}_{l,1}^{2,\ell})+\boldsymbol{f}(\hat{\boldsymbol{X}}_{l,2}^{2,\ell})]}{2}\end{cases}\quad l=0,1,2,3 \tag{5-45}$$

式中：$\hat{\boldsymbol{X}}_{l+1}^{\ell}$为在时间节点 t_{k-1}^{l}处基于初始条件 $\boldsymbol{X}_{l+1}^{0}=\boldsymbol{X}_l$经过当前 ℓ 次迭代后得到的数值结果；$\hat{\boldsymbol{X}}_l$为上一时间间隔得到的状态估计量。在上述迭代计算中，本节采用了 4 次牛顿迭代方法保证数值近似达到 4 阶的精度[99]。

值得注意的是，式(5-45)的算法实现中由于整合为列矩阵，相应地 $\boldsymbol{f}(\boldsymbol{X}(t))$也变换为针对列向量元素的函数，即$\boldsymbol{f}(\boldsymbol{X}(t))=[\boldsymbol{f}(\hat{\boldsymbol{x}}_1(t))^{\mathrm{T}} \quad \cdots \quad \boldsymbol{f}(\hat{\boldsymbol{x}}_{2n}(t))^{\mathrm{T}}]^{\mathrm{T}}$。而上述迭代计算过程中，采用的 $2n^2\times 2n^2$ 维度偏导数矩阵 $\boldsymbol{J}(\boldsymbol{X}(t))$则定义为列向量函数$\boldsymbol{f}(\boldsymbol{X}(t))$对于列向量 $\boldsymbol{X}(t)$中各个容积向量元素的偏导，为块对角矩阵，即 $\boldsymbol{J}(\boldsymbol{X}(t))=\text{block-diag}(\boldsymbol{J}(\hat{\boldsymbol{x}}_1(t)),\cdots,\boldsymbol{J}(\hat{\boldsymbol{x}}_{2n}(t)))$，$\boldsymbol{J}(\hat{\boldsymbol{x}}_i(t))=\partial\boldsymbol{f}(\hat{\boldsymbol{x}}_i(t))/\partial\,\hat{\boldsymbol{x}}_i(t)$。显然，由于上述模型中各个容积采样向量 $\hat{\boldsymbol{x}}_i(t)$，模型$\boldsymbol{f}(\hat{\boldsymbol{x}}_i(t))$以及状态 $\hat{\boldsymbol{x}}_i(t)$均互相独立，则在算法实际实现时可将各个容积向量的积分迭代过程分解独立编程实现，在完成一步迭代后再将各个容积向量重新整合成新的状态 $\boldsymbol{X}(t)$。与相关研究方法[99-100]相比，新方法依次处理各个容积采样向量，避免了直接计算 $2n^2\times 2n^2$系数矩阵$[\boldsymbol{I}_{2n^2\times 2n^2}-\tau_l\boldsymbol{J}(\hat{\boldsymbol{X}}_l)/4]$的过程，使得新方法的计算效率优于文献[99-100]中的研究方法。

在 NIRK 方法中，中间时间点$\{t_{k-1}^{l}\}$以及相应的间隔 τ_l是该算法中尚未确定的关键参数，过大的间隔参数会影响到数值计算精确度而过小的时间间隔则增加不必要的计算复杂度。为了保证数值近似达到实际问题可接受的计算精度，本节引入一种对数值误差在线评估并自适应调节误差的数值方法，并将其嵌入到新方法平方根滤波器形式中以提高算法的计算效率和估计精度。如算法步骤 1 所示，本方法中，对于连续测量时间间隔$[t_{k-1} \quad t_k]$中，采样时间节点$\{t_{k-1}^{l}\}$以及子区间 $\tau_l:=t_{k-1}^{l+1}-t_{k-1}^{l}$的确定是根据用户设定的全局精度参数 ε_g以及按照在线确定的残差评估参数$|\boldsymbol{le}_{l+1}|_{sc}$和$|\boldsymbol{ge}_{l+1}|_{sc}$，具体计算方法为

$$\begin{cases}|\boldsymbol{le}_{l+1}|_{sc}:=\max\limits_{i=1,\cdots,2n^2}\{|\boldsymbol{le}_{i,l+1}|/(1+|\hat{\boldsymbol{X}}_{i,l+1}^{4}|)\}\\|\boldsymbol{ge}_{l+1}|_{sc}:=\max\limits_{i=1,\cdots,2n^2}\{|\boldsymbol{ge}_{l+1}|/(1+|\hat{\boldsymbol{X}}_{i,l+1}|)\}\end{cases}\tag{5-46}$$

式中：$\boldsymbol{le}_{l+1}=\hat{\boldsymbol{X}}_{l+1}^{4}-\hat{\boldsymbol{X}}_{l+1}^{3}$；$\boldsymbol{ge}_{l+1}=\boldsymbol{ge}_l+\boldsymbol{le}_{l+1}$；下标 i 为相应向量的第 i 个元素；$\boldsymbol{le}_{l+1}$为子区间$[t_{k-1}^{l} \quad t_{k-1}^{l+1}]$内的数值积分近似误差，即当前局部数值误差评估量；$\boldsymbol{ge}_{l+1}$为从上次测量采样时刻 t_{k-1}到目前为止 t_{k-1}^{l+1}多步数值迭代近似步骤中各子区间内数值近似误差的叠加量，即当前子区间全局数值误差评估量。全局误差参数 ε_g以及局部误差参数 $\varepsilon_{\mathrm{loc}}$实际上是作为标量参数$|\boldsymbol{ge}_{l+1}|_{sc}$和$|\boldsymbol{le}_{l+1}|_{sc}$的控制上界参与

数值积分步长在线控制，在算法具体实现中标量参数 $|\boldsymbol{ge}_{l+1}|_{sc}$ 和 $|\boldsymbol{le}_{l+1}|_{sc}$ 比对应的向量参数 $\boldsymbol{ge}_{l+1}$ 和 $\boldsymbol{le}_{l+1}$ 更便于操作，关于计算公式的详细理论可参阅文献[99-100]。与文献[99-100]不同，本部分方法中没有额外采用复杂的数值误差评估方法，而是选取 NIRK 的单步迭代误差 $\boldsymbol{le}_{l+1}$ 作为积分近似精确的指标；虽然理论上说文献[99,100]中的特殊设计方法比本部分方法更精确，但也需要额外的计算过程以因而降低了算法的计算效率。具体的算法实现步骤如表 5-2 所列。

表 5-2　精确的新型平方根连续离散容积卡尔曼滤波器具体算法

初始化参数　设置初始化状态 $\boldsymbol{x}_{0|0}:=\boldsymbol{x}_0$，平方根协方差 $\boldsymbol{S}_{0|0}$，以及参数上界 $\varepsilon_g:=10^{-2}$

迭代步骤　从时刻 t_{k-1} 到 t_k，$k=1,2,\cdots$

预测步骤：给定上一时刻 t_{k-1} 的后验估计 $\hat{\boldsymbol{x}}_{k-1|k-1}$ 及 $\boldsymbol{S}_{k-1|k-1}$，预测时刻 t_k 的先验估计状态量 $\hat{\boldsymbol{x}}_{k|k-1}$ 以及平方根协方差矩阵 $\boldsymbol{S}_{k|k-1}$。初始化容积准则 0 采样向量 $\hat{\boldsymbol{x}}_i(t_{k-1})$，局部上界参数 $\varepsilon_{\text{loc}}:=\varepsilon_g^{3/2}$，初始最小时间间隔 $\tau_{\text{initial}}:=0.001$，最大时间间隔 $\tau_{\max}:=0.1$，$M:=1$；

1) While $M=1$ do;

2) $l:=0, M:=0, \tau_0:=\tau_{\text{initial}}, t_{k-1}^0:=t_{k-1}, \hat{\boldsymbol{X}}_0:=[\hat{\boldsymbol{x}}_1^{\text{T}}(t_{k-1}^0) \quad \cdots \quad \hat{\boldsymbol{x}}_{2n}^{\text{T}}(t_{k-1}^0)]^{\text{T}}, \boldsymbol{S}(t_{k-1}^0):=\boldsymbol{S}_{k-1|k-1}$，$\boldsymbol{ge}_0=0$，$|\boldsymbol{ge}_{l+1}|_{sc}=0$

3) While $(t_{k-1}^l<t_k)\&(M=0)$ do;

4) $t_{k-1}^{l+1}=t_{k-1}^l+\tau_l$，计算状态迭代 $\hat{\boldsymbol{X}}_{l+1}$，计算参数 $\boldsymbol{le}_{l+1}$，$|\boldsymbol{le}_{l+1}|_{sc}$；

5) $\tau_l^*:=\min\{1.5, 0.8(\varepsilon_{\text{loc}}/|\boldsymbol{le}_{l+1}|_{sc})^{1/3}\}\tau_1$；

6) If $|\boldsymbol{le}_{l+1}|_{sc}>\varepsilon_{\text{loc}}$，

$\tau_l:=\tau_l^*$，转到步骤 4)；

else do;

7) 计算参数 $|\boldsymbol{ge}_{l+1}|_{sc}$；

8) If $|\boldsymbol{ge}_{l+1}|_{sc}>\varepsilon_g$，

$M:=1, \varepsilon_{\text{loc}}:=(0.8\varepsilon_g/\max\limits_{l}|\boldsymbol{ge}_l|_{sc})^{3/2}\varepsilon_{\text{loc}}$ 转到步骤 2)；

else do;

9) 将 $\hat{\boldsymbol{X}}_{l+1}$ 分为 $2n$ 个独立的容积采样向量 $\hat{\boldsymbol{x}}_i(t_{k-1}^{l+1})$，计算它们的均值 $\hat{\boldsymbol{x}}(t_{k-1}^{l+1})$，采用 $\hat{\boldsymbol{x}}_i(t_{k-1}^{l+1})$ 计算子区间 τ_l 协方差平方根形式 $\boldsymbol{S}(t_{k-1}^{l+1})$；

10) $\tau_{l+1}:=\min\{\tau_l^*, t_k-t_{k-1}^{l+1}, \tau_{\max}\}$；

11) $l:=l+1$，采用 $\hat{\boldsymbol{x}}(t_{k-1}^{l+1})$ and $\boldsymbol{S}(t_{k-1}^{l+1})$ 更新容积采样向量 $\hat{\boldsymbol{x}}_i(t_{k-1}^{l+1})$.

end{else}

end{else}

end{while}

end{while}

更新步骤：在计算了 $t_{k-1}^{l+1}=t_k$ 时刻的先验状态估计量 $\hat{\boldsymbol{x}}_{k|k-1}=\hat{\boldsymbol{x}}(t_{k-1}^{l+1})$，以及先验估计误差的平方根形式 $\boldsymbol{S}_{k|k-1}=\boldsymbol{S}(t_{k-1}^{l+1})$，则进一步更新容积采样向量 $\hat{\boldsymbol{x}}_{i,k|k-1}=\hat{\boldsymbol{x}}_i(t_{k-1}^{l+1})$ 以及测量信息 $\boldsymbol{z}_{k|k-1}$

5.3.3 大偏心率椭圆轨道卫星编队相对导航算例

为了验证新方法在大偏心率椭圆编队卫星飞行相对导航问题中的性能效果，本节采用典型的大偏心卫星编队参数分析了新方法在该相对导航问题模型中的算法设置问题以及过程数据，研究了不同参数设置下的性能变化情况，为实现算法在工程应用中提供理论和实践经验。

大偏心率椭圆卫星编队飞行场景设计参考文献[99]，主星参考轨道参数：轨道半长轴为42096km，轨道偏心率为0.8，轨道倾角为51.7°，升焦点赤经0°，近地点辐角0°，平近点角0°，环绕星在远地点时与主星相距1km，主星和从星相对运动动力学模型以及测量模型初始参数设置为 $\boldsymbol{x}(0)=[-500\quad 0\quad 200\quad 0\quad 0.8\quad 0\quad 8419200\quad 0\quad 0\quad 0.001]^{\mathrm{T}}$，位置单位为m，速度单位为m/s，角度单位为rad，角速度单位为rad/s。布朗运动过程 $w_\alpha, w_\beta, w_\eta$ 的频谱密度为 $\sqrt{10}\times10^{-11}\mathrm{m/s^{3/2}}$；系统真实参考数据采用欧拉方法模拟，数值近似步长为100μs以保证数值模拟的精度，仿真总时间长度为24h。非线性测量模型 $\boldsymbol{h}(\boldsymbol{x}_k)$ 中，测量噪声序列测量噪声的协方差矩阵为 $\boldsymbol{R}_k=\mathrm{diag}([\sigma_r^2\quad \sigma_\theta^2\quad \sigma_\phi^2])$，$\sigma_r=50\mathrm{m}$，$\sigma_\theta=\sigma_\phi=0.1°$，测量信息序列则按照真实的系统状态数据生成。

本节针对测量系统采样周期较大的情况，如5~60s范围内变化时，新方法滤波性能变化情况。算法实施过程中选取显性的4阶龙格-库塔方法作为数值近似工具已经无法保证算法计算精度；为了提高算法的数值计算精度，本节采用前述部分中的NIRK及误差自适应控制方法实现滤波器预测，即采用新方法的平方根NIRK形式NCD-CKFNIRK；在实验设计时，试验设置NCD-CKF方法结合参数 $m=4,8$ 及16作为对比算法进行分析。

算法性能分析同样采用三维位置数据的累积平均均方根误差和三维位置数据的累积平均均方根误差作为评估指标；100次蒙特卡洛重复试验后，算法不同设置下的三维位置误差ARMSE数据随着采样周期变化的结果如图5-6所示。显然，新方法中采用不同迭代步数的数值积分方法对于采样周期较小的编队飞行相对导航问题较为有效，而当采样周期逐渐增加时不同的参数设置表现出不同的滤波精度和稳定性能：在采样周期小于25s情况下，几种参数设置的三维位置和速度状态的估计精度较为相近；当采样周期增加至25s、35s以及50s时，几种参数设置下的滤波过程分别出现不同程度的发散；相比来说，基于NIRK方法的自适应误差控制，本节提出的新方法在卫星编队相对状态估计上表现出优于其他方法的滤波精度、适应性能以及稳定性能，如图5-7所示。

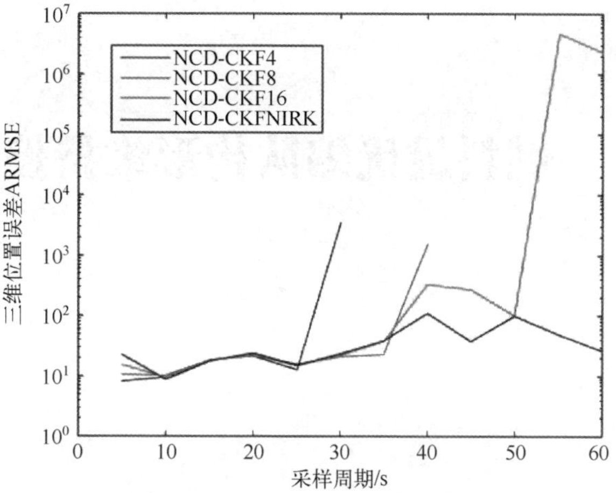

图5-6 测量采样周期为5~60s时各种算法设置的三维位置误差ARMSE数据

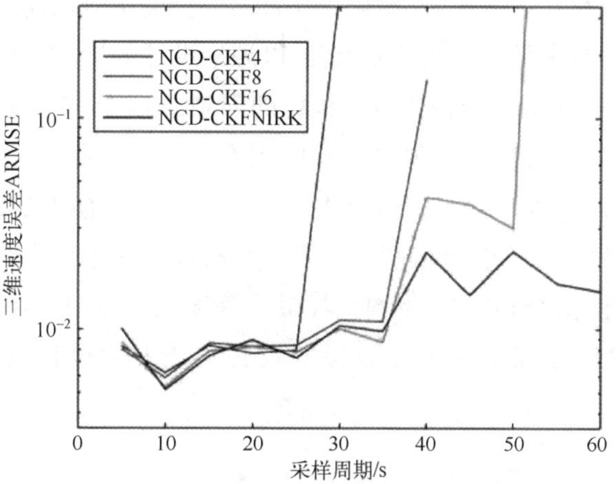

图5-7 测量采样周期为5~60s时各种算法设置的三维速度误差ARMSE数据

5.4 小结

本章以卫星编队飞行相对导航技术为研究主题,针对圆轨道、近圆轨道和大偏心率椭圆轨道三种卫星编队应用场景相对导航系统问题,抽象出相应的系统问题模型,并提出具有针对性的新型自适应卡尔曼滤波算法。围绕三种典型特征轨道卫星编队相对状态测量应用需求,通过设计典型应用场景,完成了新型自适应滤波算法的仿真分析工作。

第 6 章 燃料最优编队构形维持控制方法

卫星编队轨道摄动理论研究表明，由于空间摄动影响，理论设计的标称编队构形在轨受摄存在发散现象，会破坏分布式卫星编队应用需求。为保证编队构形在轨能够始终满足应用任务需求，需以理论设计的标称构形为目标进行维持控制[101,102]。受星载轨道控制执行机构的限制，构形维持控制策略及方法与燃料消耗量息息相关，会影响卫星在轨使用寿命[103]。同时，在分布式 SAR 卫星系统应用领域，因维持控制瞬时点火对相对状态测量模型的改变，造成维持控制过程中部分时段不可干涉测量，频繁的维持控制频率也会影响卫星系统的使用效率。为此，围绕频次低、燃料消耗最小等优化目标，开展编队构形维持控制方法研究，对指导编队构形在轨保持及其系统方案设计具有比较重要的意义。

6.1 高斯摄动方程

依据 2.3.2.4 节给出的近圆轨道 E/I 向量相对运动模型，假设脉冲点火条件下，相对位置改变量为零，则可得常用轨道控制高斯摄动方程为[104-106]

$$\begin{cases} a\delta a = 2\delta v_t / n \\ a\delta\lambda = -2\delta v_r / n - 3(u-u_M)\delta v_t / n \\ a\delta e_x = \delta v_r \sin u_M / n + 2\delta v_t \cos u_M / n \\ a\delta e_y = -\delta v_r \cos u_M / n + 2\delta v_t \sin u_M / n \\ a\delta i_x = \delta v_n \cos u_M / n \\ a\delta i_y = \delta v_n \sin u_M / n \end{cases} \tag{6-1}$$

上述轨道控制方程具有这样的物理意义：在某一指定时刻，即在指定的纬度幅角 u_M 处，若对环绕星施加一速度脉冲 $\delta v=[\delta v_r \quad \delta v_t \quad \delta v_n]$，则可得到需要的相对轨道根数变化量。从式(6-1)可知，轨道控制继承了编队平面内、外可解耦的特点，在编队控制策略规划时可分别从轨道平面内(径向和迹向)和平面外(法向)两个方面进行处理。

由高斯摄动方程可知，编队构形控制是在已知编队相对轨道根数期望的改变量时，求解点火脉冲速度大小、方向，以及点火脉冲施加时刻或位置的过程。按该思想，下面分别详细阐述平面内和平面外两类脉冲最优维持控制方法。

6.2　燃料最优构形平面内维持控制方法

6.2.1　平面内两脉冲维持控制方法

由编队构形维持控制的功能可知，编队构形维持是消除空间扰动对构形造成的发散量，使得编队构形参数始终满足一定的应用要求。假设理论设计的标称构形参数为 $\delta\alpha_i^{\text{nom}}$，编队任意时刻的参数为 $\delta\alpha_i$，则编队构形维持控制目标可描述为

$$|\delta\alpha_i-\delta\alpha_i^{\text{nom}}|\leqslant\delta\alpha_i^{\max}\quad(i=1,2,\cdots,6)\tag{6-2}$$

式中：$\delta\alpha_i^{\max}$ 为编队构形维持相对标称参数允许的最大发散量。

1) 传统燃料最优脉冲维持控制方法

按式(6-2)描述的编队构形维持控制目标，针对平面内构形 δa、$\delta\boldsymbol{e}$ 和 $a\delta\lambda$ 三个未知参数变量，在 $\delta\lambda=0$，且 δa 和 $\delta\boldsymbol{e}$ 偏差量已知时，由高斯摄动方程可求解得径向(r 向)和沿航迹向(t 向)脉冲速度增量及其点火位置为

$$\begin{cases}\delta v_t=\dfrac{1}{2}na\delta a\\ \delta v_r=na\sqrt{\delta e^2-\delta a^2}\\ u_M=\arctan\left(\dfrac{\delta v_r}{2\delta v_t}\right)+\xi\end{cases}\tag{6-3}$$

$$\xi=\arctan(\delta e_y/\delta e_x)$$

在式(6-1)中，当 $\delta a=0$ 的情况下，面向 δe 变化量可求解得

$$\begin{cases}\delta v_t = 0\\ \delta v_r = na\delta e\\ u_M = -\arctan\left(\dfrac{\delta e_x}{\delta e_y}\right)\end{cases} \tag{6-4}$$

上述平面内半长轴和偏心率增量可通过单个径向和沿航迹向合成速度矢量来求解。当引入沿航迹常值偏移量时，假设需要通过两个脉冲进行求解，且第一个脉冲和第二个脉冲点火的位置分别为 u_{M_1} 和 u_{M_2}，则通过高斯摄动方程可得脉冲解为[107-110]

$$\begin{cases}\delta v_{t1} = \dfrac{1}{4}na[\delta a + \delta e\cos(u_{M1}-\xi)] - \dfrac{1}{4}na\chi\left[\dfrac{1}{2}\delta\lambda + \delta e\sin(u_{M1}-\xi)\right]\\ \delta v_{r1} = \dfrac{1}{2}na\left[-\dfrac{1}{2}\delta\lambda + \delta e\sin(u_{M1}-\xi)\right] - \dfrac{1}{2}na\chi[\delta a - \delta e\cos(u_{M1}-\xi)]\\ \delta v_{t2} = \dfrac{1}{4}na[\delta a - \delta e\cos(u_{M1}-\xi)] + \dfrac{1}{4}na\chi\left[\dfrac{1}{2}\delta\lambda + \delta e\sin(u_{M1}-\xi)\right]\\ \delta v_{r2} = \dfrac{1}{2}na\left[-\dfrac{1}{2}\delta\lambda + \delta e\sin(u_{M1}-\xi)\right] + \dfrac{1}{2}na\chi[\delta a - \delta e\cos(u_{M1}-\xi)]\end{cases} \tag{6-5}$$

$$\chi = \frac{\sin(\Delta u_M)}{\cos(\Delta u_M)-1},\quad \Delta u_M = u_{M_2} - u_{M_1}$$

由式(6-5)可知，当 $\delta a = 0, a\delta\lambda = 0$ 时，若要燃料消耗量最少，即 $\|\delta \boldsymbol{v}_1\| + \|\delta \boldsymbol{v}_2\|$ 取最小值，则脉冲点火量需满足

$$\begin{cases}\Delta u_M = u_{M_2} - u_{M_1} = \pi\\ u_{M1} - \xi = 0, \dfrac{\pi}{2}, \pi, \dfrac{3\pi}{2}, 2\pi\end{cases} \tag{6-6}$$

将式(6-6)代入式(6-5)，可得面向平面内 E 向量控制的燃料最优两脉冲解为

$$\begin{cases}\delta v_{t1} = \dfrac{1}{4}na\delta e, \delta v_{r1} = 0\\ \delta v_{t2} = -\dfrac{1}{4}na\delta e, \delta v_{r2} = 0\\ u_{M1} = \arctan\left(\dfrac{\delta e_y}{\delta e_x}\right), u_{M2} = u_{M1} + \pi\end{cases} \tag{6-7}$$

2）摄动主动利用燃料最优两脉冲维持控制方法

上述关于平面内的燃料最优双脉冲维持控制策略，在半长轴和沿航迹常值

偏移量为零的假设条件下，给出了最优证明，但是未解决平面内 3 个参数同时维持控制的问题。由轨道控制高斯摄动方程可知，针对平面内半长轴、沿航迹常值偏移量和 E 向量 4 个控制量，在燃料消耗最优约束确定初相位的基础上，如果坚持单一点火方向，从方程解的唯一性原理看，需要 3 个点火脉冲才能完全实现 4 个变量的精确求解，显然两脉冲控制方法存在一定的局限性。

为解决两脉冲点火控制策略部分参数不可精确控制的问题，发挥两脉冲点火频率低、次数少的优势，通过深入研究分布式卫星编队构形形成机理及其受摄发散特性，提出一种面向分布式 SAR 卫星系统应用的摄动力主动利用两脉冲维持控制方法。

在编队构形 E 向量平面内（$\delta\boldsymbol{e}$ 平面），受 J_2 项主要摄动力影响，编队平面内相对偏心率矢量（E 向量）呈幅度近似不变，仅相位变化的圆周运动。具体受摄发散和维持控制过程如图 6-1 所示。

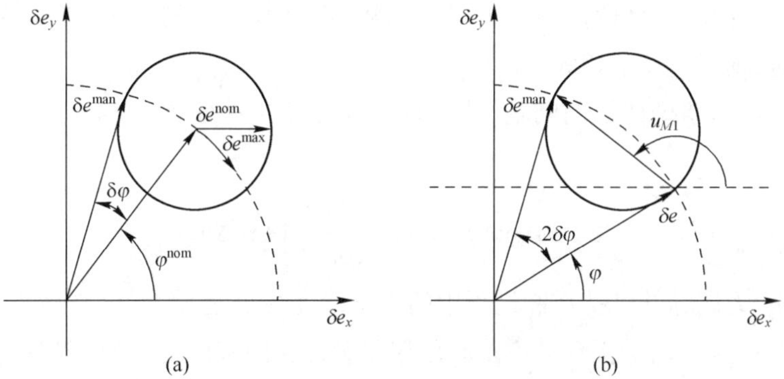

图 6-1　平面外 E 向量受摄发散与维持控制示意图

结合式（6-2）所述维持控制目标，针对构形平面内 E 向量维持控制要求给定阈值 $\delta\boldsymbol{e}^{max}$，当编队构形构形实时状态 $\delta\boldsymbol{e}$ 满足

$$\|\delta\boldsymbol{e}-\delta\boldsymbol{e}^{nom}\|\geqslant\delta\boldsymbol{e}^{max} \tag{6-8}$$

需启动编队构形维持控制操作，将编队构形参数保持在使用范围内。

显然，按照传统标称构形维持控制目标选取思想，构形平面内 E 向量的改变量为 $\|\delta\boldsymbol{e}-\delta\boldsymbol{e}^{nom}\|$。此时，按图 6-1（a）所示，构形受摄发散超过给定阈值的相位角度差为 $\delta\varphi$。依据 J_2 项主要摄动平面内初相位发散角度恒定的特点，可假设 $\delta\varphi$ 相位角改变量的时间为 T。

在传统构形维持以标称参数为目标的基础上，如果能够依据平面内 E 向量初相位受摄发散方向，通过主动反向偏置的理念确定维持控制目标，显然可延长构形维持控制时间间隔,降低维持频率。因此,如图 6-1(b)所示,取 E 向量发散阈值相对标称值的对称值为目标,即计算维持控制目标 $\delta\boldsymbol{e}^{\mathrm{man}}$ 为

$$\delta e^{\mathrm{man}}=\begin{bmatrix}\delta e^{\mathrm{nom}}\cos(\varphi^{\mathrm{nom}}-\delta\varphi)\\ \delta e^{\mathrm{nom}}\sin(\varphi^{\mathrm{nom}}-\delta\varphi)\end{bmatrix}=\begin{bmatrix}\delta e_x^{\mathrm{nom}}\cos(\delta\varphi)+\delta e_y^{\mathrm{nom}}\sin(\delta\varphi)\\ -\delta e_x^{\mathrm{nom}}\sin(\delta\varphi)+\delta e_y^{\mathrm{nom}}\cos(\delta\varphi)\end{bmatrix}\tag{6-9}$$

$$\delta\varphi\approx\mathrm{sign}(\varphi')\arcsin\left(\frac{\delta e^{\max}}{\delta e^{\mathrm{nom}}}\right)\tag{6-10}$$

式中:$\delta\varphi$ 为相对偏心率 E 向量幅角维持控制最大允许发散量;φ' 计算详见式(3-18)。

显然,按式(6-9)计算的维持控制目标,通过对 J_2 项摄动力的主动利用,在相同的维持控制阈值条件下,其维持周期为 $2T$,比传统目标方法提高 1 倍。

式(6-9)给出的摄动力主动利用构形维持控制目标计算方法,仅考虑了构形应用需求,未考虑两脉冲维持控制过程中的发散量。当平面内构形维持控制周期远大于两脉冲维持控制点火时间间隔时,具有较好的精度;当维持控制周期较短时,则误差相对较大。

针对短周期维持控制问题,就 E 向量初相位主动偏置量 $\delta\varphi$ 提出如下修正处理,即

$$\delta\varphi\approx\mathrm{sign}(\varphi')\arcsin\left(\frac{\delta e^{\max}}{\delta e^{\mathrm{nom}}}\right)+\varphi'\Delta u_M\tag{6-11}$$

式中:Δu_M 为两脉冲维持控制过程中的主星纬度幅角差。

在平面内 E 向量摄动力主动利用偏差量计算的基础上,为实现对沿航迹向发散距离的修正处理。在平面内两脉冲点火规划时,提出半长轴差主动偏置的理念,即利用卫星编队半长轴差造成沿航迹长期发散的特点,动态补偿沿航迹常值发散量,使其始终满足要求。

面向沿航迹向应用需求,假设计算得半长轴主动偏置目标为 δa^{man},则编队构形平面内燃料最优两脉冲维持控制方法可表示为

$$\begin{cases}\delta v_{t1}=\dfrac{1}{4}na[(\delta a^{\mathrm{man}}-\delta a)+\|\delta\boldsymbol{e}^{\mathrm{man}}-\delta\boldsymbol{e}\|]\\ \delta v_{t2}=\dfrac{1}{4}na[(\delta a^{\mathrm{man}}-\delta a)-\|\delta\boldsymbol{e}^{\mathrm{man}}-\delta\boldsymbol{e}\|]\\ u_{M1}=\arctan\left(\dfrac{\delta e_y^{\mathrm{man}}-\delta e_y}{\delta e_x^{\mathrm{man}}-\delta e_x}\right),u_{M2}=u_{M1}+\pi\end{cases}\tag{6-12}$$

对比式(6-7)和式(6-12)可知,平面内燃料最优两脉冲控制方法以 E 向量

偏差为主,近增加了半长轴偏置修正量。

由编队相对运动模型可知,半长轴差 δa 和沿航迹运动 δu 密切相关,是影响编队沿航迹发散量的重要因素。为有效补充当前沿航迹偏置量,确定半长轴偏置目标 δa^{man}。下面将依据编队构形参数受 J_2 项摄动力和大气阻力影响的发散原理,详细推导 δa^{man}。

由于编队构形半长轴差 δa 受大气阻力影响存在发散,且沿航迹纬度幅角差 δu 受 J_2 项摄动存在发散的特性,梳理两脉冲维持控制过程中半长轴和纬度幅角变化示意图如图 6-2 所示。

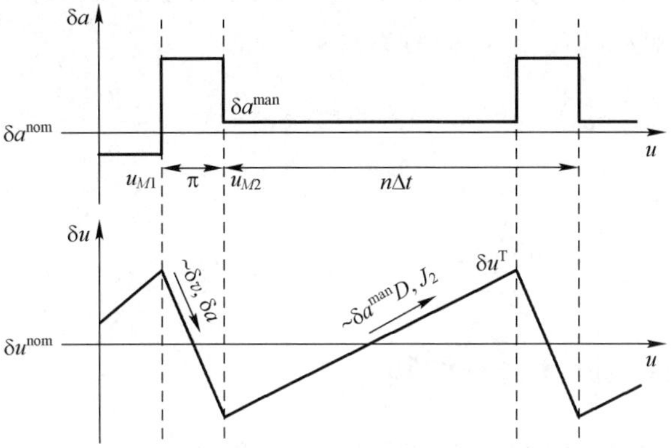

图 6-2　相对半长轴和平纬度幅角受控变化示意图

由图 6-2 可知,两脉冲维持控制过程中,为消除编队平面内相对偏心率矢量(E 向量)的发散量,会在沿航迹方向造成常值偏移量。两次维持控制间,受半长轴维持控制残差和 J_2 项摄动影响,沿航迹常值偏移量会以近似稳定的速率发散。半长轴主动偏置目标 δa^{man} 如果能够达到抑制点火后常值偏移量,且能够保证其在应用范围内的目标,即可满足任务应用需求。

按半长轴主动偏置应用需求,依据编队半长轴造成沿航迹长期漂移的原理,可求解得 δa^{man} 为

$$\delta a^{\text{man}} = -\frac{2}{3}\frac{\delta u^{\text{tot}}}{n\Delta t-\pi} \tag{6-13}$$

$$\delta u^{\text{tot}} = \delta u_{\text{T}} - \delta u - \delta u_{\delta v} - \delta u_{\delta a} - \delta u_{J_2} - \delta u_D \tag{6-14}$$

$$\delta u_{\delta v} = -\frac{3}{2}\Delta u_M \frac{2\delta v_{t1}}{an} = -\frac{3\pi}{4}\left[\left(\delta a^{\text{man}} - \delta a\right) + \left\| \delta \boldsymbol{e}^{\text{man}} - \delta \boldsymbol{e} \right\|\right] \tag{6-15}$$

$$\delta u_{\delta a} = -\frac{3}{2}\pi\delta a \tag{6-16}$$

$$\delta u_{J_2}=-12\gamma\sin(2i)\delta i_x n\Delta t \tag{6-17}$$

$$\delta u_D=\frac{3}{4}\Delta B\rho v^2(\Delta t)^2/a \tag{6-18}$$

式中：Δt 为控制周期；δu^{tot} 为本周期第二次脉冲与下一个周期第一次脉冲的时间间隔（$\Delta t-\pi/n$）内编队星间相对纬度幅角的变化量；δu 为第一次脉冲前的编队星间相对纬度幅角；$\delta u_{\delta v}$ 为 δv_{t1} 在 $u_{M2}\sim u_{M1}$ 间隔内导致的 δu 变化量；$\delta u_{\delta a}$ 为第一次脉冲前 δa 在 $u_{M2}\sim u_{M1}$ 间隔内导致的 δu 变化量；δu_{J_2} 为 J_2 项摄动在单个维持控制周期内导致的 δu 变化量；δu_D 为大气阻力在单个维持控制周期内导致的 δu 变化量；δu_{T} 为单个维持控制周期结束时期望的星间相对纬度幅角。本着与标称目标 δu^{nom} 对称的理念，可近似为

$$\delta u_{\mathrm{T}}\approx-\frac{1}{2}\delta u_{\delta v}+\delta u^{\mathrm{nom}}=\frac{3}{8}\pi\|\delta\boldsymbol{e}^{\mathrm{man}}-\delta\boldsymbol{e}\|+\delta u^{\mathrm{nom}}\approx\frac{3}{8}\pi\delta e^{\mathrm{max}}+\delta u^{\mathrm{nom}} \tag{6-19}$$

将式（6-14）~式（6-18）代入式（6-13）得

$$\delta a^{\mathrm{man}}\approx-\frac{\pi}{2n\Delta t-\pi}\left[3\delta e^{\mathrm{max}}+\delta a-\frac{4}{3\pi}(\delta u-\delta u^{\mathrm{nom}}+\delta u_{J_2}+\delta u_D)\right] \tag{6-20}$$

6.2.2 平面内三脉冲维持控制算法

平面内燃料最优两脉冲维持控制方法，可以用较少的点火脉冲次数实现编队构形维持控制目标；但受编队轨道维持控制机理影响，其无法同时实现编队构形平面内 4 个参数的精确控制。为此，本节在两脉冲研究基础上，详细阐述三脉冲维持控制方法。

高斯摄动方程表明，采样沿航迹向脉冲 δv_t，进行平面内构形参数维持控制，其执行效率是径向脉冲 δv_t 的两倍，于是可得

$$\begin{cases}a\delta a=2\delta v_t/n\\ a\delta\lambda=-3(u-u_M)\delta v_t/n\\ a|\delta\boldsymbol{e}|=2|\delta v_t|/n\end{cases} \tag{6-21}$$

为简化式（6-21）描述的编队轨道控制方程，结合两脉冲燃料最优维持控制点火纬度幅角求解结果，取三脉冲点火纬度幅角为

$$\begin{cases}u_{M1}=\arctan\left(\dfrac{\delta e_y^{\mathrm{man}}-\delta e_y}{\delta e_x^{\mathrm{man}}-\delta e_x}\right)\\ u_{M2}=u_{M1}+\pi\\ u_{M3}=u_{M2}+\pi\end{cases} \tag{6-22}$$

在此基础上，为求解三次点火脉冲速度增量，将三脉冲编队构形维持控制过程，如图 6-3 所示。图中，第一次点火和第二次点火的时间间隔为 Δt_1，第二次点火和第三次点火的时间间隔为 Δt_2，构形维持控制周期取为 T。

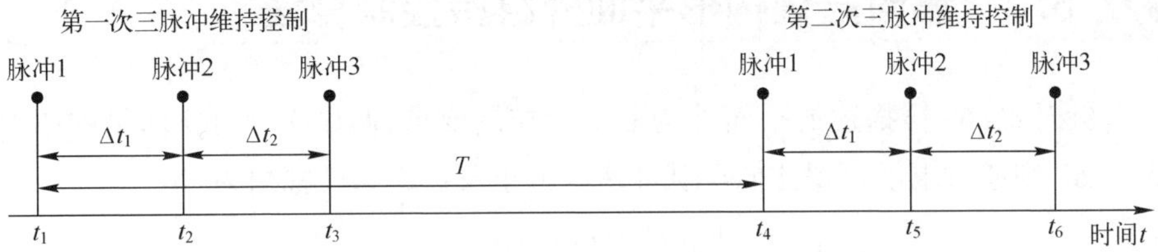

图 6-3　平面内三脉冲维持控制过程

按图 6-3 所示的三脉冲点火控制过程，结合高斯摄动方程，可得

$$\begin{cases} a\delta a = 2(\delta v_{t1}+\delta v_{t2}+\delta v_{t3})/n \\ a\delta\lambda = -3[\delta v_{t1}(\Delta t_1+\Delta t_2)+\delta v_{t2}\Delta t_2]-3(T-\Delta t_1-\Delta t_2)(\delta v_{t1}+\delta v_{t2}+\delta v_{t3}) \\ a|\delta \boldsymbol{e}| = 2|\delta v_{t1}+\delta v_{t2}+\delta v_{t3}|/n \end{cases} \tag{6-23}$$

按式(6-2)，若设当前编队参数为$(\delta a, \delta\lambda, \delta\boldsymbol{e})$，且构形维持目标参数为$(\delta a, \delta\lambda, \delta\boldsymbol{e})^{\mathrm{man}}$，则有

$$\begin{cases} a(\delta a^{\mathrm{man}}-\delta a) = 2(\delta v_{t1}+\delta v_{t2}+\delta v_{t3})/n \\ a(\delta\lambda^{\mathrm{man}}-\delta\lambda) = -3[\delta v_{t1}(\Delta t_1+\Delta t_2)+\delta v_{t2}\Delta t_2] \\ a\|\delta\boldsymbol{e}^{\mathrm{man}}-\delta\boldsymbol{e}\| = 2(|\delta v_{t1}|+|\delta v_{t2}|+|\delta v_{t3}|)/n \end{cases} \tag{6-24}$$

式中：$\Delta t_1 = \Delta t_2 = T/2$，且 δv_{t1}为正，δv_{t2}为负，δv_{t3}为正。

对式(6-24)进行求解，可得三脉冲维持控制解为[111-113]

$$\begin{cases} \delta v_{t1} = -\dfrac{1}{8}na[(\delta a^{\mathrm{man}}-\delta a)-\|\delta e^{\mathrm{man}}-\delta e\|]-\dfrac{1}{3T}a(\delta\lambda^{\mathrm{man}}-\delta\lambda) \\ \delta v_{t2} = \dfrac{1}{4}na[(\delta a^{\mathrm{man}}-\delta a)-\|\delta e^{\mathrm{man}}-\delta e\|] \\ \delta v_{t3} = -\dfrac{1}{8}na[(\delta a^{\mathrm{man}}-\delta a)-\|\delta e^{\mathrm{man}}-\delta e\|]+\dfrac{1}{2}na(\delta a^{\mathrm{man}}-\delta a)+\dfrac{1}{3T}a(\delta\lambda^{\mathrm{man}}-\delta\lambda) \end{cases} \tag{6-25}$$

式中：δe^{man}的求取与两脉冲类似。$\delta\lambda^{\mathrm{man}} = \delta\lambda^{\mathrm{nom}}$，$\delta a^{\mathrm{man}}$应在 $T-\Delta t_1-\Delta t_2$ 时间段内能够抑制 J_2项摄动力和大气阻力造成的沿航迹向发散量，即

$$-\frac{3}{2}n\delta a^{\mathrm{man}}(T-\Delta t_1-\Delta t_2)+\Delta\lambda_{J_2}+\Delta\lambda_D = 0 \tag{6-26}$$

通过对式(6-26)求解,可得

$$\delta a^{\mathrm{man}} = -7\gamma\sin(2i)\delta i_x + \Delta B\rho v^2(T-\Delta t_1-\Delta t_2)/2n \tag{6-27}$$

6.3 燃料最优构形平面外维持控制算法

针对式(6-2)描述的平面外构形维持控制要求,假设平面外 I 向量的改变量为 $\delta\boldsymbol{i}$,则通过求解可得法向单脉冲速度大小及点火纬度幅角为

$$\begin{cases}\delta v_n = na\delta i \\ u_M = \arctan\left(\dfrac{\delta i_y}{\delta i_x}\right)\end{cases} \tag{6-28}$$

同理,按平面外 I 向量受摄发散原理,确定其维持控制过程,如图 6-4 所示。

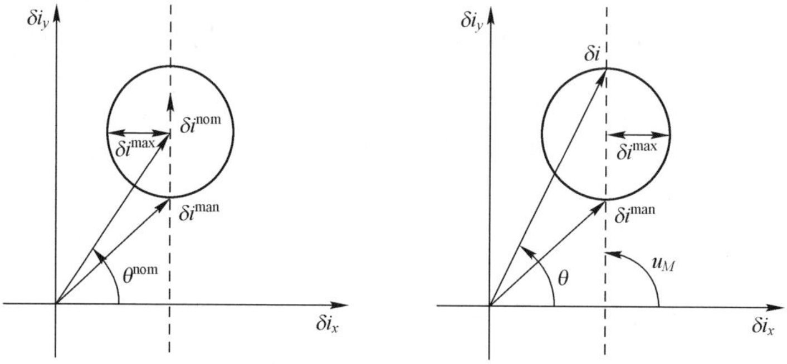

图 6-4 平面外 I 向量维持控制示意图

如图 6-4 所示,取平面外 I 向量维持控制阈值为 $\delta\boldsymbol{i}^{\mathrm{max}}$,当 $\|\delta\boldsymbol{i}-\delta\boldsymbol{i}^{\mathrm{nom}}\| \geqslant \delta\boldsymbol{i}^{\mathrm{max}}$ 时,启动平面外控制,其点火公式为[114-115]

$$\begin{aligned}\delta v_n &= na\|\delta\boldsymbol{i}^{\mathrm{man}}-\delta\boldsymbol{i}\| \\ u_M &= \arctan\left(\frac{\delta i_y^{\mathrm{man}}-\delta i_y}{\delta i_x^{\mathrm{man}}-\delta i_x}\right)\end{aligned} \tag{6-29}$$

$$\delta i^{\mathrm{man}} = \begin{bmatrix}\delta i_x^{\mathrm{nom}} \\ \delta i_y^{\mathrm{nom}} - \mathrm{sign}(\delta i_x)\delta i_x^{\mathrm{max}}\end{bmatrix} \tag{6-30}$$

6.4 典型任务构形维持控制算例

为验证编队构形维持控制方法,以分布式 SAR 卫星系统任务为背景,设计

低轨编队构形参数如下所述：

（1）编队主星标称轨道参数为 $a=7078135.0\text{m}$，$e=0.001$，$i=98.19°$，升交点赤经和其余参数均为零；

（2）标称编队构形参数为 $a\delta a^{\text{nom}}=0\text{m}$，$a\delta\lambda^{\text{nom}}=20\text{m}$，$a\delta e_x^{\text{nom}}=86.8241\text{m}$，$a\delta e_y^{\text{nom}}=492.4039\text{m}$，$a\delta i_x^{\text{nom}}=192.8363\text{m}$，$a\delta i_y^{\text{nom}}=229.8133\text{m}$。

编队构形维持控制仿真相关参数如下：

（1）单星面质比系数为 $B=0.006\text{m}^2/\text{kg}$，双星面质比差比例为 $\delta B=2\%$。

（2）大气密度取为 1g/km^3。

（3）仿真时长为 100 个轨道周期。

（4）平面内维持控制阈值为 2.5m，平面外维持控制阈值为 2.5m。

（5）仿真环境为 J_2 项摄动+大气阻力。

1. 平面内两脉冲维持控制算例分析

按式(6-12)描述的燃料最优两脉冲维持控制算法，在仿真时间内规划的平面上维持控制点火脉冲，如图 6-5 所示。图中，两次点火脉冲速度量大小相等，方向相反。

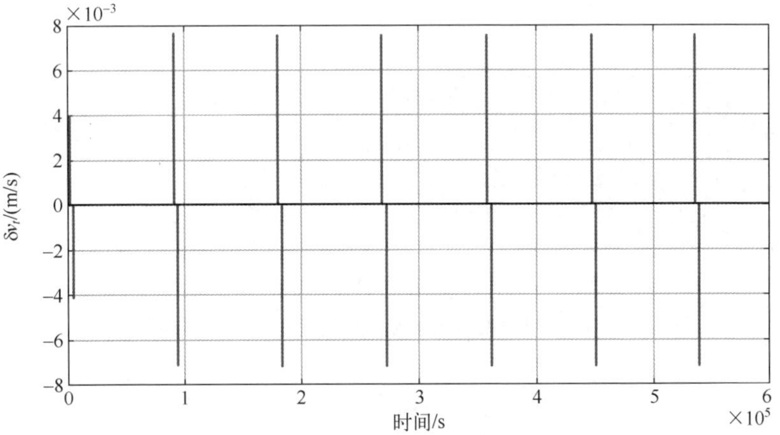

图 6-5　两脉冲控制沿航迹向点火情况

在上述平面内两脉冲维持控制量作用下，编队构形平面内相对偏心率矢量（E 向量）的变化情况，如图 6-6 所示。图中，围绕平面内 E 向量标称值，E 向量实时状态基本成对称分布，且幅度大小近似相同，符合主动偏置燃料最优两脉冲维持控制方法分析结论。

两脉冲维持控制过程中，编队星间半长轴差和沿航迹常值偏移量的变化情况，如图 6-7 所示。

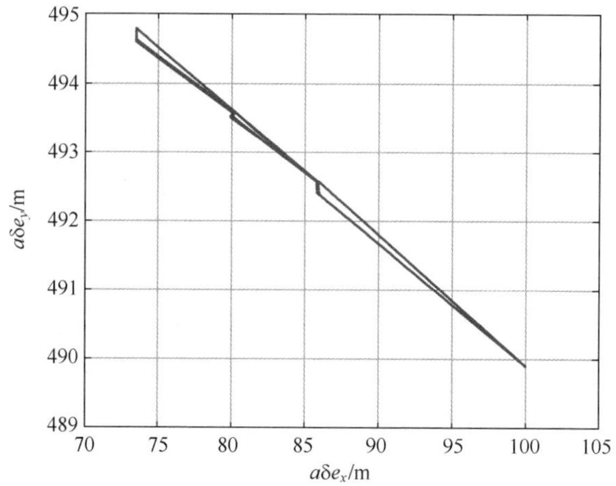

图 6-6　平面内 E 向量两脉冲维持控制过程

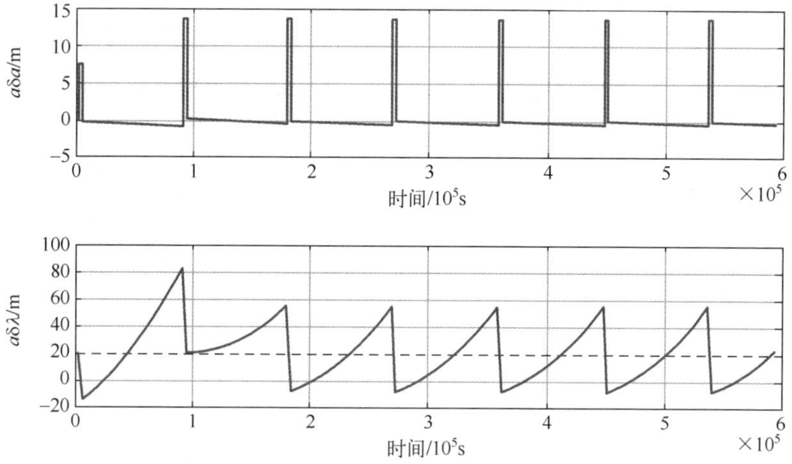

图 6-7　编队半长轴差和沿航迹偏置量两脉冲维持控制过程

如图 6-7 所示，两脉冲维持控制点火结束后，为抑制沿航迹向的常值偏移量，半长轴存在一定的主动偏置量，且受大气阻力影响，半长轴差受摄不断增加。沿航迹常值偏移量总是处于动态变化状态，但均在给定的上下限范围内，且相对期望的"0"点基本成对称关系。上述仿真结果与半长轴主动偏置补偿沿航迹偏置量的理论分析一致。

2. 平面内三脉冲维持控制算例分析

按式(6-25)描述的燃料最优三脉冲维持控制算法，在仿真时间内规划的平面内维持控制点火脉冲，如图 6-8 所示。图中，第一个和第二个点火脉冲的速度增量为正，且大小基本相等；第二点火脉冲的速度增量为负，且大小约为第一个或第二个脉冲速度赠流量的两倍，与三脉冲点火算法理论分析结果一致。

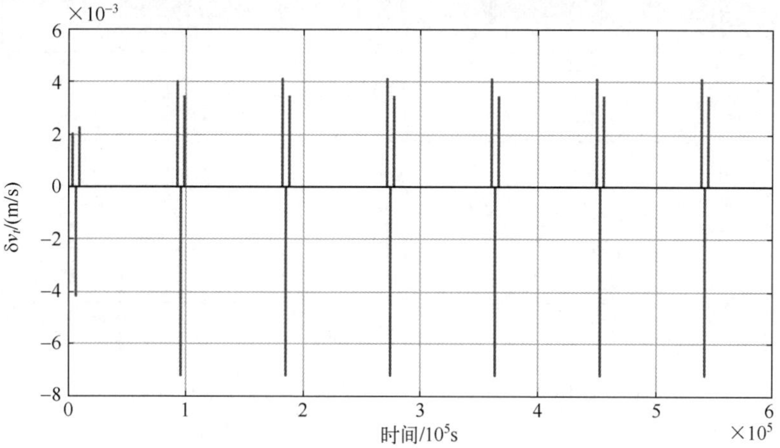

图 6-8　三脉冲控制沿航迹向点火情况

在上述平面内三脉冲维持控制量作用下，编队构形平面内相对偏心率矢量（E 向量）的变化情况如图 6-9 所示。图中，围绕平面内 E 向量标称值，E 向量实时状态基本成对称分布，且幅度大小近似相同，符合目标量主动偏置燃料最优三脉冲维持控制方法分析结论。

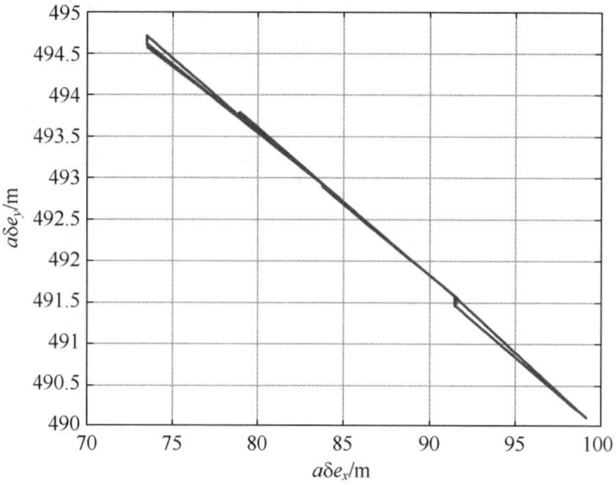

图 6-9　平面内 E 向量三脉冲维持控制过程

三脉冲维持控制过程中，编队星间半长轴差和沿航迹常值偏移量的变化情况如图 6-10 所示。

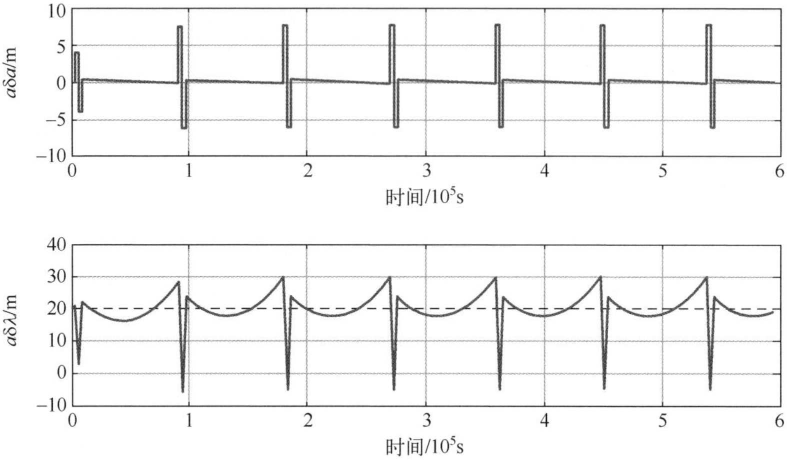

图 6-10　编队半长轴差和沿航迹偏置量三脉冲维持控制过程

如图 6-10 所示，三脉冲维持控制点火结束后，半长轴差也存在小量的主动偏置量，且受大气阻力影响，存在持续发散现象。沿航迹偏置量在三脉冲点火末端也为小量，受半长轴主动偏置量和大气阻力的双重作用，先减小后增加，相对期望的"0"点变化幅度要远小于两脉冲维持过程量。上述仿真结果与三脉冲方法的理论分析一致。

3. 平面外单脉冲维持控制算例分析

按式(6-29)描述的燃料最优单脉冲维持控制算法，在仿真时间内规划的平面外维持控制点火脉冲，如图 6-11 所示。图中，单次点火在法向上仅有一个脉冲量，与平面外单脉冲点火算法理论分析结果一致。

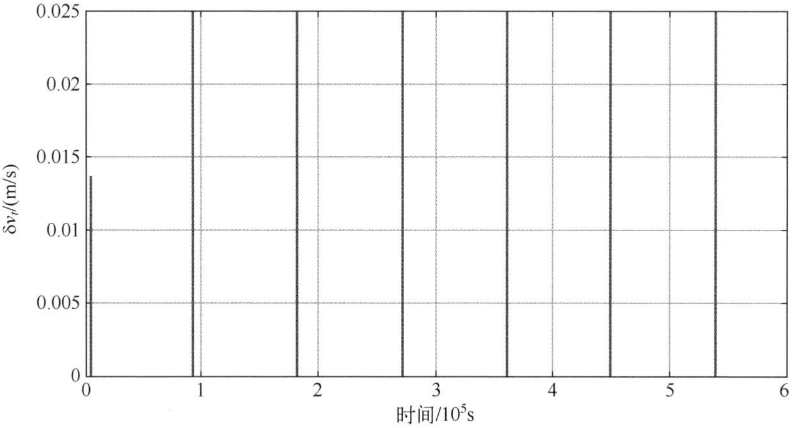

图 6-11　单脉冲控制法向点火情况

在上述平面外单脉冲维持控制量作用下,编队构形平面外相对倾角矢量(I 向量)的变化情况,如图 6-12 所示。图中,围绕平面外 I 向量标称值,I 向量实时状态基本成对称分布,且幅度大小近似相同,符合目标量主动偏置燃料最优单脉冲维持控制方法分析结论。

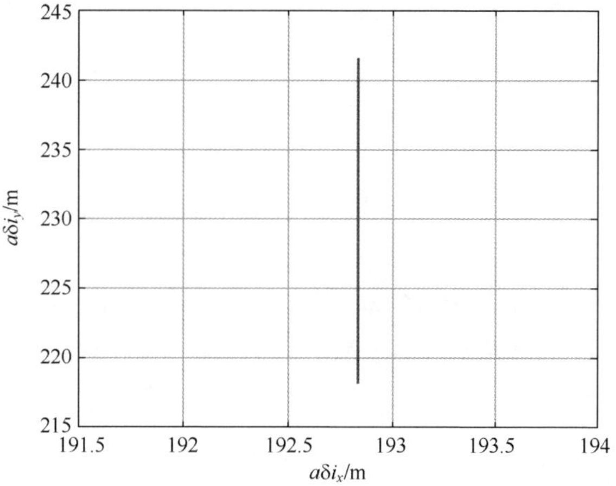

图 6-12　平面外 I 向量单脉冲维持控制过程

6.5　小结

本章针对编队构形在轨受摄发散破坏分布式卫星系统执行条件的问题,依托第 3 章编队构形受摄发散理论研究结果,以近圆轨道卫星编队系统为研究对象,开展了燃料最优编队构形维持控制方法研究。本章构形维持控制方法以高斯摄动方程为基础,就给定阈值的维持控制问题,分别推导了摄动力主动利用平面内两脉冲和三脉冲维持控制方法,以及平面外单脉冲维持控制方法。以分布式 SAR 卫星编队维持任务为背景,设计了典型编队构形维持控制算例,完成了编队构形维持控制仿真分析。

第 7 章 燃料最优编队构形重构控制方法

在分布式 SAR 卫星系统对地观测领域，单一编队构形往往难以满足多任务观测需求。重构控制作为实施卫星编队构形切换的核心技术手段，需解决大偏差构形参数高精度切换，星间安全性和燃料均衡性等问题[116-119]。与小偏差编队构形维持控制方法相比，两者都以高斯摄动方程为理论基础，但因重构编队构形偏差量大，单次脉冲点火控制基本无法满足切换要求，且重构控制策略的设计也需充分兼顾星间安全性需求。本章围绕多任务编队构形切换高精度、强安全等需求，在深入研究燃料最优多脉冲控制方法的基础上，针对典型任务构形重构需求，详细阐述两类编队构形重构控制策略，可为卫星编队构形在轨重构的工程应用奠定基础。

7.1 燃料最优多脉冲编队重构控制解析方法

7.1.1 平面内构形重构燃料最优多脉冲解析解

依据式(2-53)描述的编队相对运动方程，可得编队构形在轨道平面内的相对运动为

$$\begin{cases}\Delta r_R=\Delta a-a\delta e\cos(u-\varphi)\\ \Delta r_T=a\Delta l-\dfrac{3}{2}\Delta a(u-u_0)+2a\delta e\sin(u-\varphi)\end{cases}\tag{7-1}$$

当 $\Delta a=0$ 时，轨道平面内的相对运动为中心在 $(0,a\Delta l)$ 且偏心率为 $e=\sqrt{3}/2$ 的椭圆轨迹。式(7-1)中，参数 $a\delta e$ 为平面内相对运动的振幅，$a\Delta l$ 则代表平面内相对运动轨迹偏离原点的程度，Δa 为半长轴之差，φ 为轨道平面内 E 向量初始

相位角。

编队构形轨道平面内的相对运动状态可由 $S_{RT}=(a\delta e,a\Delta l,\Delta a,\varphi)$ 表示,进而轨道平面内相对参数切换控制问题可定义为:将初始状态 $(S_{RT})_0=(a\delta e_0,a\Delta l_0,\Delta a_0,\varphi_0)$ 切换到末端状态 $(S_{RT})_f=(a\delta e_f,a\Delta l_f,\Delta a_f,\varphi_f)$。

由式(6-1)描述的高斯摄动方程可知,基于脉冲的编队构形轨道平面内参数切换问题,可以描述为

$$\begin{pmatrix} d\Delta a \\ d\delta e_x \\ d\delta e_y \\ d\Delta u \end{pmatrix} = \begin{pmatrix} 0 & \dfrac{2}{n} \\ \dfrac{\sin u}{na} & \dfrac{2\cos u}{na} \\ \dfrac{-\cos u}{na} & \dfrac{2\sin u}{na} \\ \dfrac{-2}{na} & \dfrac{-3\Delta t}{na} \end{pmatrix} \begin{pmatrix} \Delta V_R \\ \Delta V_T \end{pmatrix} \tag{7-2}$$

式中:$d\Delta a, d\delta e_x, d\delta e_y$ 和 $d\Delta u$ 为在施加脉冲速度增量 $\Delta \boldsymbol{V}_{RT}=[\Delta V_R \quad \Delta V_T]^T$后的编队构形平面内相对轨道要素变化值;$n$ 为编队轨道角速度;u 为主星纬度幅角;$\Delta V_R,\Delta V_T$ 分别为卫星轨道坐标系矢径方向和沿航迹方向的脉冲速度大小。

按编队构形重构控制任务需求,可将编队构形轨道平面内的最优多脉冲轨道切换问题描述为:寻找 m 个脉冲 $\Delta \boldsymbol{V}_{RT}=\{(\Delta \boldsymbol{V}_{RT})_j;u_j\}, j\in(1,m)$,其中 $(\Delta \boldsymbol{V}_{RT})_j$ 为第 j 个编队构形轨道平面内速度脉冲,u_j 对应第 j 个脉冲的纬度幅角(时间参数),使初始状态$(a\delta e_0,a\Delta l_0,\Delta a_0,\varphi_0)$转移到末端状态$(a\delta e_f,a\Delta l_f,\Delta a_f,\varphi_f)$,且多脉冲控制策略使燃料评价函数取最小值[120-124],即

$$\Delta \boldsymbol{V}_{RT} = \sum_{j=1}^{m} \left(\sqrt{\Delta V_R^2 + \Delta V_T^2}\right)_j \tag{7-3}$$

为得到基于轨道要素形式的编队构形轨道平面内燃料最优多脉冲重构控制解析解,下面给出关于多脉冲轨道转移最优解的下限值定理。

定理 5.1　考虑编队构形轨道平面内参数从$(a\delta e_0,a\Delta l_0,\Delta a_0,\varphi_0)$到$(a\delta e_f,a\Delta l_f,\Delta a_f,\varphi_f)$,$\Delta \boldsymbol{U}_{RT}$为任意的多脉冲速度矢量,则轨道平面内燃料最优多脉冲轨道转移的燃料评价函数(式(7-3))的下限值为

$$\Delta V_{RT}(\Delta \boldsymbol{U}_{RT}) \geqslant \frac{na}{2}|\Delta \boldsymbol{e}_f - \Delta \boldsymbol{e}_0| \tag{7-4}$$

为证明定理 5.1,首先考虑定理 5.1 的子问题。该子问题称为编队构形平面内相对偏心率矢量最优控制问题,即将轨道平面内的初始状态$(a\delta e_0, *, *,$

φ_0)控制到末端状态($a\delta e_f$, *, *, φ_f),所得到的燃料最优多脉冲控制解,其中 * 为任意值。于是有

$$(\Delta V_{\mathrm{RT}}(\Delta \boldsymbol{U}_{\mathrm{RT}}))_{(\alpha\delta e_0,a\Delta l_0,\Delta a_0,\varphi_0)\to(\alpha\delta e_f,a\Delta l_f,\Delta a_f,\varphi_f)} \geqslant (\Delta V_{\mathrm{RT}}(\Delta \boldsymbol{U}_{\mathrm{RT}}))_{(\alpha\delta e_0,*,*,\varphi_0)\to(\alpha\delta e_f,*,*,\varphi_f)} \tag{7-5}$$

由式(7-5)可知,子问题的最优解为定理 5.1 的下限值。

为求解定理 5.1 的子问题,参照编队构形维持控制燃料最优脉冲规划方法。在单脉冲的情况下,将编队构形平面内相对偏心率矢量 $\Delta\boldsymbol{e}$ 从 $\Delta\boldsymbol{e}_0=(\delta e_0, \varphi_0)$ 控制到 $\Delta\boldsymbol{e}_f=(\delta e_f,\varphi_f)$,最优单脉冲速度为

$$|\Delta V_T| = \frac{na\,|\Delta\boldsymbol{e}_f - \Delta\boldsymbol{e}_0|}{2} \tag{7-6}$$

脉冲点火纬度幅角可由方程组求解,即

$$\begin{cases} \mathrm{d}\delta e_x = \dfrac{2\cos u}{na} V_T \\ \mathrm{d}\delta e_y = \dfrac{2\sin u}{na} V_T \end{cases} \tag{7-7}$$

式中:$\mathrm{d}\Delta\boldsymbol{e}=(\mathrm{d}\delta e_x,\mathrm{d}\delta e_y)^{\mathrm{T}}$ 为期望的相对偏心率矢量变化量。

为证明式(7-7)描述解为定理 5.1 子问题的燃料最优解。根据脉冲方向的不同,基于单脉冲的相对偏心率矢量控制问题可分为如下三种情况进行讨论。

情况 1:单脉冲为径向脉冲 ΔV_{1R};

情况 2:单脉冲为沿航迹方向脉冲 ΔV_{2T};

情况 3:单脉冲速度为沿径向和沿航迹向速度脉冲的合成(ΔV_{3R},ΔV_{3T})。

针对上述 3 种单脉冲控制情况,由高斯摄动方程,分别求解单脉冲解为

$$\begin{gathered} \Delta V_{\mathrm{RT}} = |\Delta V_{1R}| = na\,|\mathrm{d}\Delta\boldsymbol{e}| \\ \Delta V_{\mathrm{RT}} = |\Delta V_{2T}| = \frac{na}{2}\,|\mathrm{d}\Delta\boldsymbol{e}| \\ \sqrt{\Delta V_{\mathrm{RT}}^2 + 3\Delta V_{3T}^2} = na\,|\mathrm{d}\Delta\boldsymbol{e}| \end{gathered} \tag{7-8}$$

考虑到 $\Delta V_{3T}\in[0,na/2]$,则第三种情况的沿航迹向速度增量满足

$$na/2 \cdot |\mathrm{d}\Delta\boldsymbol{e}| \leqslant \Delta V_{\mathrm{RT}} \leqslant na\,|\mathrm{d}\Delta\boldsymbol{e}| \tag{7-9}$$

由三种情况脉冲速度增量分析可得,基于单脉冲的相对偏心率矢量控制,最优单脉冲的方向需沿着航迹向,且最优单脉冲幅值为式(7-6),单脉冲点火纬度幅角位置如式(7-7)所述。式(7-6)和式(7-7)的结论与忽略半长轴差和沿航迹常值偏移量的构形维持控制燃料最优理论一致。

为继续探讨大偏差编队构形参数切换多脉冲控制问题，下面进一步从编队相对偏心率矢量的几何特性角度阐释燃料最优脉冲控制特性。由图 7-1 可知，燃料最优单脉冲编队相对偏心率矢量求解，可解释为在相对偏心率矢量平面内寻找最优的控制策略，使相对偏心率矢量从 $\boldsymbol{\Delta e}_0$ 转移到 $\boldsymbol{\Delta e}_f$。

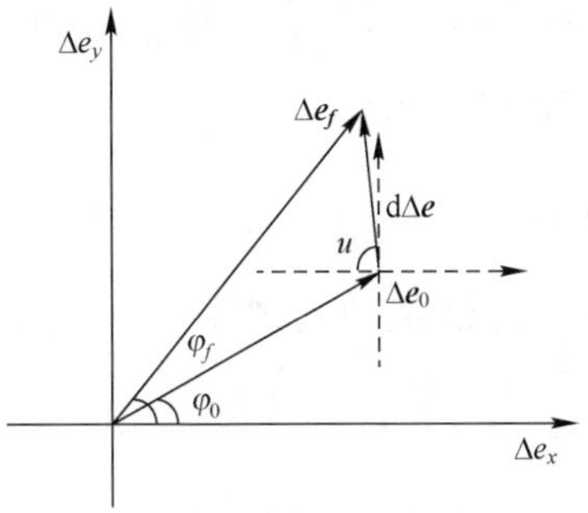

图 7-1　单脉冲燃料最优相对偏心率矢量控制示意图

从几何图形角度看，假设基于多脉冲的相对偏心率矢量控制问题在相对偏心率矢量控制示意图，如图 7-2 所示。

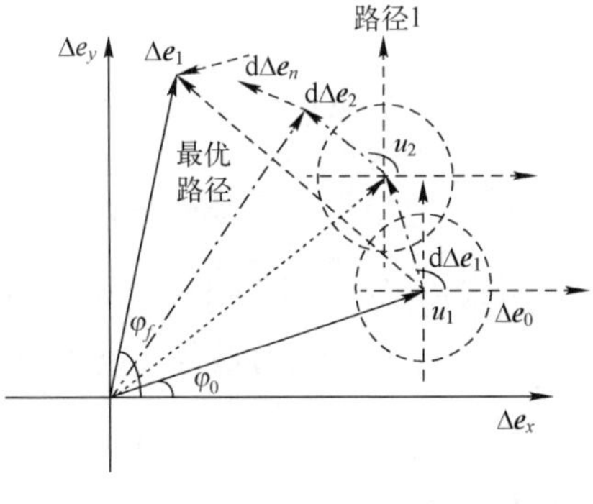

图 7-2　多脉冲相对偏心率矢量控制示意图

图 7-2 中，在相对偏心率矢量平面中，针对多脉冲相对偏心率矢量控制问题，若令第 j 个脉冲造成的相对偏心率矢量增量为 $\mathrm{d}\boldsymbol{\Delta e}_j$，其中 $|\mathrm{d}\boldsymbol{\Delta e}_j|$ 和 u_j 分别为第 j 个脉冲对应的脉冲幅值和纬度幅角位置，则多脉冲相对偏心率矢量控制问题可描述为：通过施加 m 个脉冲，在初始相对偏心率矢量上叠加 m 个相对偏心率矢量的增量 $\mathrm{d}\boldsymbol{\Delta e}_j$，实现 $\boldsymbol{\Delta e}_0$ 到 $\boldsymbol{\Delta e}_f$ 的切换。

显然，在相对偏心率矢量平面内，从初始状态 $\boldsymbol{\Delta e}_0$ 到末端状态 $\boldsymbol{\Delta e}_f$ 的路径有无数条，而燃料最优多脉冲控制求解即为寻找矢量增量最小的路径。为得到

最优增量路径及其 m 个脉冲解,给出如下证明。

首先针对给定的 m 个脉冲速度,假设其对应的相对偏心率矢量增量路径如图 7-2 所示,且相对偏心率矢量增量序列和脉冲序列分别为

$$\begin{cases}\delta\Delta\boldsymbol{e}(\text{route}^*)=(\text{d}\Delta\boldsymbol{e}_1,\text{d}\Delta\boldsymbol{e}_2,\cdots,\text{d}\Delta\boldsymbol{e}_m)\\ \Delta V_{\text{RT}}(\text{route}^*)=((\Delta V_{\text{RT}})_1,(\Delta V_{\text{RT}})_2,\cdots,(\Delta V_{\text{RT}})_m)\end{cases} \tag{7-10}$$

则多脉冲速度燃料消耗评价函数满足

$$\Delta V_{\text{RT}}(\text{route}^*)=\sum_{j=1}^{m}(\Delta V_{\text{RT}})_j\geqslant\frac{na}{2}\sum_{j=1}^{m}|\text{d}\Delta\boldsymbol{e}_j| \tag{7-11}$$

式中,当且仅当各脉冲都为最优单脉冲解时,等号成立。由图 7-2 可知 $\sum_{j=1}^{m}|\text{d}\Delta\boldsymbol{e}_j|$ 在相对偏心率矢量平面中有明显的几何意义,其所表示的路径为相对偏心率矢量增量构成的 m 个线段长度和,即

$$\text{length}(\text{route}^*)=\sum_{j=1}^{m}|\text{d}\Delta\boldsymbol{e}_j| \tag{7-12}$$

综上可得,针对任意给定的 m 个脉冲相对偏心率矢量控制策略,其最优解为各脉冲取的最优解,且该策略对应的相对偏心率矢量增量路径长度与最优脉冲解的燃料消耗量成正比。

根据图形几何中两点之间直线间距离最短的定义,可得[125-127]

$$\min\left(\sum_{j=1}^{m}|\text{d}\Delta\boldsymbol{e}_j|\right)=|\Delta\boldsymbol{e}_f-\Delta\boldsymbol{e}_0| \tag{7-13}$$

即最优的相对偏心率矢量增量需沿着矢量 $\text{d}\Delta e_{0f}=\Delta\boldsymbol{e}_f-\Delta\boldsymbol{e}_0$ 的方向,且各脉冲矢量首尾相连组成 $\text{d}\Delta e_{0f}$,图 7-3 给出了燃料最优多脉冲相对偏心率矢量控制的解析解构成形式。

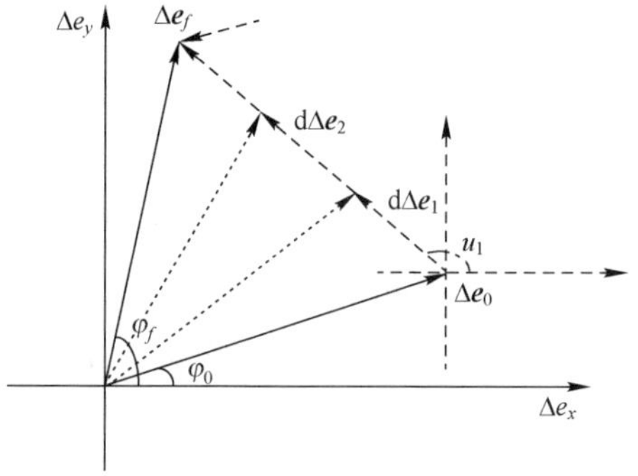

图 7-3　燃料最优多脉冲相对偏心率矢量控制示意图

按燃料最优多脉冲相对偏心率矢量控制脉冲解析解结论,为指导编队构形重构脉冲规划,在 $a\Delta l_0=a\Delta l_f=0,\Delta a_0=\Delta a_f=0$ 的假设条件下,下面以平面内三脉冲燃料最优解求解为例,详细阐述燃料最优多脉冲规划方法。

假设编队构形轨道平面内相对偏心率矢量的三脉冲解为 $\Delta \boldsymbol{V}_{\mathrm{RT}}^*=\{(\Delta \boldsymbol{V}_{\mathrm{RT}}^*)_j;u_j\},j=1,2,3$,且单次脉冲作用方向满足图 7-3 所示的燃料最优方向,即

$$\begin{cases}(\Delta \boldsymbol{V}_{\mathrm{RT}}^*)_j=[0\quad (\Delta V_T^*)_j]^{\mathrm{T}}\\ (\Delta V_T^*)_j=\begin{cases} na/2\cdot|\Delta \boldsymbol{e}_j-\Delta \boldsymbol{e}_{j-1}|,u^*=\beta\\ -na/2\cdot|\Delta \boldsymbol{e}_j-\Delta \boldsymbol{e}_{j-1}|,u^*=\beta+\pi\end{cases}\end{cases} \tag{7-14}$$

式中,$\beta\in[0,2\pi]$,可由式(7-7)求得,且 $\Delta \boldsymbol{e}_f=\Delta \boldsymbol{e}_3$。按燃料最优解方向始终不变的结论,三脉冲纬度幅角 u 为

$$u_1=2k_1\pi+u_1^*,\quad u_2=2k_2\pi+u_2^*,\quad u_3=2k_3\pi+u_3^* \tag{7-15}$$

式中,$(u_1^*,u_2^*,u_3^*)=(\beta,\beta+\pi,\beta)$,$k_1,k_3\in Z_+,k_2\in N$ 为任意整数,且满足以下约束条件,即

$$\begin{cases}\Delta \boldsymbol{e}_1=\Delta \boldsymbol{e}_0+\dfrac{(\Delta \boldsymbol{e}_f-\Delta \boldsymbol{e}_0)}{2}\dfrac{2k_3-2k_2-1}{2k_3-2k_2}\\ \Delta \boldsymbol{e}_2=\Delta \boldsymbol{e}_f-\dfrac{(\Delta \boldsymbol{e}_f-\Delta \boldsymbol{e}_0)}{2}\dfrac{1}{2k_3-2k_2}\end{cases} \tag{7-16}$$

显然式(7-14)为相对偏心率矢量燃料最优解,下面考虑两个假设条件即 $a\Delta l_0=a\Delta l_f=0,\Delta a_0=\Delta a_f=0$,这两个条件要求编队控制前后相对轨道运动为以编队主星为中心的稳定、对称绕飞运动。

在近圆轨道条件下,式(7-15)表示的三脉冲控制时间为

$$\begin{cases}\Delta t_1=(u_1^*+2k_1\pi-u_0)/n=(2k_1\pi+\beta-u_0)/n\\ \Delta t_2=(u_2^*+2k_2\pi-u_1)/n=(2k_2-2k_1+1)\pi/n\\ \Delta t_3=(u_3^*+2k_3\pi-u_2)/n=(2k_3-2k_2-1)\pi/n\end{cases} \tag{7-17}$$

将式(7-17)代入高斯摄动方程,可得同时满足 $a\Delta l_0=a\Delta l_f=0,\Delta a_0=\Delta a_f=0$ 和相对偏心率矢量约束条件的方程组为

$$\begin{cases}\dfrac{2}{n}(\Delta V_{1T}+\Delta V_{2T}+\Delta V_{3T})=0\\ -\dfrac{3(\Delta t_2+\Delta t_3+t)}{a}\Delta V_{1T}-\dfrac{3(\Delta t_3+t)}{a}\Delta V_{2T}-\dfrac{t}{a}\Delta V_{3T}=0\\ \dfrac{2}{na}(|\Delta V_{1T}|+|\Delta V_{2T}|+|\Delta V_{3T}|)=|\Delta \boldsymbol{e}_f-\Delta \boldsymbol{e}_0|\end{cases} \tag{7-18}$$

求解可得

$$
\begin{cases}
\Delta V_{1T}=\dfrac{na\left|\Delta \boldsymbol{e}_f-\Delta \boldsymbol{e}_0\right|}{4}\dfrac{2k_3-2k_2-1}{2k_3-2k_2}\\
\Delta V_{2T}=-\dfrac{na\left|\Delta \boldsymbol{e}_f-\Delta \boldsymbol{e}_0\right|}{4}\\
\Delta V_{3T}=\dfrac{na\left|\Delta \boldsymbol{e}_f-\Delta \boldsymbol{e}_0\right|}{4}\dfrac{1}{2k_3-2k_2}
\end{cases}
\tag{7-19}
$$

将式(7-19)代入式(7-11)得

$$
\Delta V_{\mathrm{RT}}(\Delta \boldsymbol{U}_{\mathrm{RT}})=\frac{na}{2}\left|\Delta \boldsymbol{e}_f-\Delta \boldsymbol{e}_0\right| \tag{7-20}
$$

显然,式(7-20)表明式(7-14)为燃料最优的三脉冲点火控制方法。这表明,面向大尺度编队构形平面内切换控制,可沿相对偏心率矢量切换方向规划首尾相邻的多脉冲点火策略,实现燃料最优的构形重构。

7.1.2 平面外构形重构燃料最优多脉冲解析解

依据式(2-53)描述的编队相对运动方程,编队构形轨道平面外相对运动为

$$
\Delta r_N=a\delta i\sin(u-\theta) \tag{7-21}
$$

式中:$a\delta i$ 和 θ 分别为编队构形轨道平面外相对运动的幅度及初相位。

根据同轨道平面内最优多脉冲定义,相对轨道平面外最优多脉冲控制问题可定义为:寻找 m 个脉冲 $\Delta \boldsymbol{V}_N=\{(\Delta \boldsymbol{V}_N)_j;u_j\}$,其中 $\Delta \boldsymbol{V}_N$ 为第 j 个轨道平面外脉冲速度,u_j 为第 j 个脉冲纬度幅角,将轨道平面外初始状态从 $(a\delta i_0,\theta_0)$ 控制到 $(a\delta i_f,\theta_f)$,且使多脉冲燃料消耗性能评价指标函数取最小值,具体为

$$
\Delta V_N=\sum_{j=1}^{m}\left|\Delta V_N\right|_j \tag{7-22}
$$

针对轨道平面外燃料最优求解问题,单脉冲情况下,将相对倾角矢量从 $\Delta \boldsymbol{i}_0=(\delta i_0,\theta_0)$ 控制到 $\Delta \boldsymbol{i}_f=(\delta i_f,\theta_f)$,其最优单脉冲速度增量为

$$
\left|\Delta V_N\right|=na\left|\Delta \boldsymbol{i}_f-\Delta \boldsymbol{i}_0\right| \tag{7-23}
$$

脉冲点火时刻的纬度幅角 u 可由下面的方程组求解[128-130],即

$$
\begin{cases}
\mathrm{d}\delta i_x=\dfrac{\cos u}{na}V_N\\
\mathrm{d}\delta i_y=\dfrac{\sin u}{na}V_N
\end{cases}
\tag{7-24}
$$

单脉冲相对倾角矢量控制问题的证明过程与平面内多脉冲证明过程相同,这里不再复述。仅给出相对倾角矢量控制在相对倾角矢量平面中的表示,如图 7-4 所示。

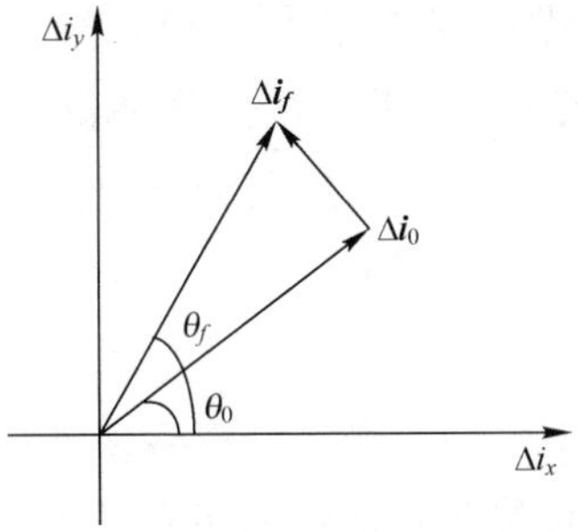

图 7-4　单脉冲燃料最优相对倾角矢量控制示意图

针对利用多脉冲将相对倾角矢量从 $\Delta \boldsymbol{i}_0$ 控制到 $\Delta \boldsymbol{i}_f$ 的情况,其最优解满足

$$\Delta V_N(\Delta \boldsymbol{U}_N)=na\,|\Delta \boldsymbol{i}_f-\Delta \boldsymbol{i}_0| \tag{7-25}$$

按平面内相对 E 矢量求解过程,m 个脉冲 $\Delta \boldsymbol{V}_N^*=\{(\Delta V_N^*)_j,u_j\}$ 所对应的相对倾角矢量增量路径应该沿着矢量 $\Delta \boldsymbol{i}_{0f}$的方向,如图 7-5 所示。

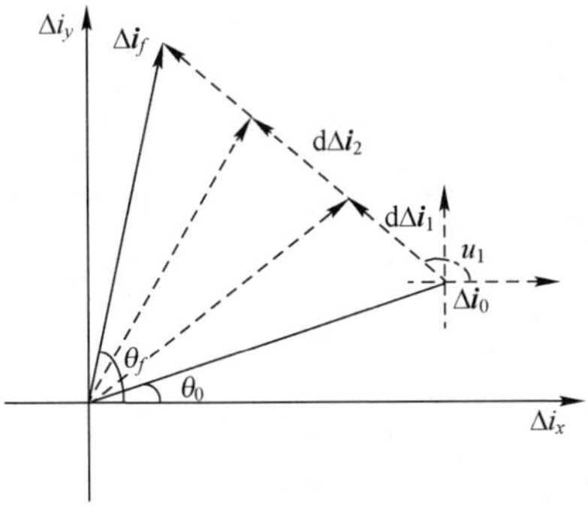

图 7-5　燃料最优多脉冲相对倾角矢量控制示意图

图 7-5 给出了编队构形轨道平面外燃料最优多脉冲选取策略,与平面内相对偏心率矢量基本原理相同,这里不再进行详细描述。

7.2　多模式编队构形重构策略规划

7.2.1　编队构形拉开重构策略规划

不同应用任务编队构形切换时,为保障星间相对运动距离始终位于警戒线以外，通常需要在重构策略（路径规划）层面进行合理规划，以实现编队构形高安全性重构，且工程上易于实施的目标。

针对编队构形相对运动距离小，且受空间摄动影响存在发散的特点，虽然现有文献提出了很多理论优化方法，但因算法计算量大、相对状态测量性能要求高，几乎都未在工程领域实施。本节在借鉴 TanDEM 编队系统双星在轨测试与建立构形初状态的工程实施经验，基于半长轴偏差造成编队构形沿航迹常值偏移量长期发散的原理，提出沿航迹主动拉开的编队构形重构策略，以确保星间安全。

按 TanDEM 卫星系统双星沿航迹定常距离跟飞状态在轨测试，远距离形成小尺度绕飞编队构形再拉近修正的初状态建立过程，设计的编队构形拉开重构控制策略与流程，如图 7-6 所示。

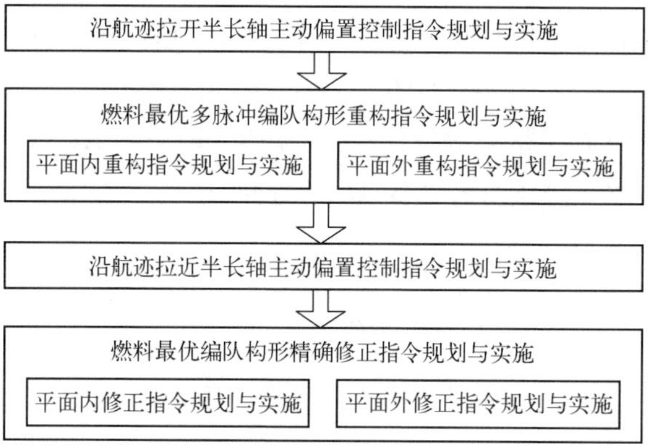

图 7-6　编队构形拉开重构控制策略与流程

拉开重构控制策略充分借鉴了 TanDEM 卫星系统远距离跟飞建立绕飞编队初状态的工程实施经验，并利用了编队在 xoz 平面内投影强稳定特性来确保构形重构星间安全，具体实施策略与流程阐述如下。

（1）沿航迹拉开半长轴主动偏置控制指令规划与实施。该步骤主要是依据式（3-40）描述的半长轴差形成沿航迹长期发散原理，按安全性需求确定的跟飞距离，并结合重构时间，计算环绕星主要半长轴主动偏置量，生成环绕星半长轴主动偏置控制指令，建立编队重构跟飞状态。

假设基于安全性需求确定的跟飞距离为 l_g，给定的拉开时间 T_g，则由式（3-40）和式（7-2）可得环绕星半长轴差主动偏置量为

$$\Delta V_{Tg} = -\frac{l_g}{3T_g} \tag{7-26}$$

显示,沿航迹拉开过程由两次点火控制组成,即起始时刻点火和沿航迹偏置完成后,施加大小相等方向相反的点火控制,实现固定距离沿航迹跟飞。

(2) 燃料最优多脉冲编队构形重构指令规划与实施。该步骤主要是在卫星编队以固定距离沿航迹跟飞状态下,分别利用 7.1 节所述的燃料最优多脉冲构形重构方法,依次完成平面内相对偏心率矢量和平面外相对轨道倾角矢量切换控制。得益于沿航迹向长距离偏置,编队构形重构无安全问题。

(3) 沿航迹拉近半长轴主动偏置控制指令规划与实施。该步骤同样是利用半长轴差形成沿航迹长期发散原理,按式(7-26)规划已重构构形环绕星拉近的半长轴主动偏置控制指令,以建立重构后的绕飞编队构形初状态。其两次实施脉冲方向与步骤(1)相反,详细过程不再赘述。

(4) 燃料最优编队构形精确修正指令规划与实施。该步骤主要是针对重构绕飞编队构形在拉近过程中,受空间摄动力和构形重构控制残差影响,造成的重构误差问题,采用燃料最优平面内和平面外控制方法,完成构形参数精确修正处理,保障编队系统构形重构指标。

7.2.2　编队构形燃料均衡重构策略规划

编队构形受摄发散原理表明,理论设计的标称构形在轨受摄空间摄动力影响存在发散现象。为维持分布式卫星系统对任务构形的应用需求,需对编队构形实施频繁的维持控制。由第 6 章阐述的燃料最优编队构形维持控制方法可知,编队构形维持通常都是按构形维持方法对编队系统环绕星实施点火脉冲,即频繁的编队构形维持控制会不断消耗环绕星的燃料,降低环绕星质量,由此造成环绕星与参考星的面质比差不断扩大。

由式(3-22)描述的大气阻力半长轴差受摄发散表达式可知,随着编队系统星间面质比差不断增加,编队构形半长轴受摄发散速度会越来越快,直接造成编队构形沿航迹常值偏移量发散速率越来越快。显然,这会增加卫星编队构形维持控制频率,降低系统使用效率。

针对编队构形通过对环绕星施加脉冲保持标称构形,造成编队系统星间面质比差不断增加的问题。本节在 7.2.1 节拉开重构策略规划的基础上,设计如图 7-7 所示的燃料均衡重构控制策略与流程。

如图 7-7 所示,燃料均衡重构控制充分继承了拉开重构策略对安全性的考虑,且燃料消耗最优控制方法为基础。但因燃料均衡重构牵涉编队系统中双星同步操作问题,在实施细节上存在部分差异,下面详细阐述其实施策略与流程。

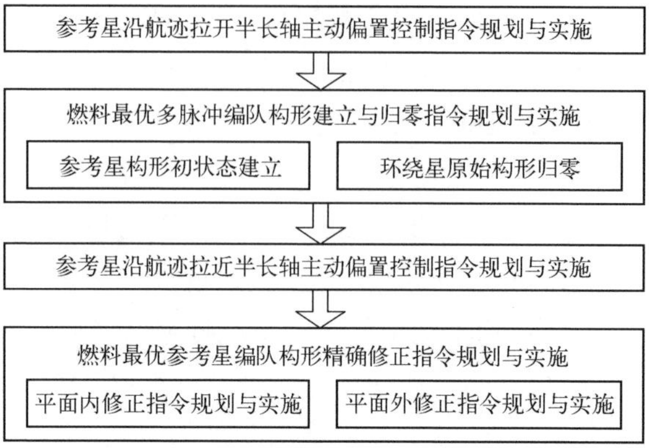

图 7-7　编队构形燃料均衡重构控制策略与流程

(1) 参考星沿航迹拉开半长轴主动偏置控制指令规划与实施。该步骤与直接拉开重构的原理和操作步骤相同,都是通过对参考星实施半长轴主动偏置控制,将编队星间沿航迹向距离拉开至指定位置,建立编队重构跟飞状态。半长轴指令主动偏置脉冲规划方法与式(7-26)相同,不再赘述。

(2) 燃料最优多脉冲编队构形建立和归零指令规划与实施。该步骤是燃料均衡重构环绕星和参考星协同控制的重要阶段,主要是在卫星编队以固定距离沿航迹跟飞状态下,利用燃料最优多脉冲构形重构方法,面向燃料均衡星间位置互换和新任务构形建立的应用需求,同时开展构形建立和归零重构操作。得益于编队沿航迹向的拉开距离,环绕星和参考星的同步构形控制无安全性问题,其中:参考星是面向新任务构形切换需求,以燃料最优构形重构控制方法,建立新任务编队构形初状态,即将参考星置换至环绕星的位置,以原参考星相对原环绕星形成新任务编队初状态;环绕星是基于当前绕飞编队状态,以燃料最优构形重构控制方法,执行构形状态“归零”处理,即将环绕星置换至编队参考星轨道上。

(3) 参考星沿航迹拉近半长轴主动偏置控制指令规划与实施。该步骤与直接拉开重构的原理和操作步骤相同,都是利用半长轴差形成沿航迹长期发散原理,规划参考星拉近的半长轴主动偏置控制指令,以建立新任务的绕飞编队构形初状态。

(4) 燃料最优参考星编队构形精确修正指令规划与实施。该步骤主要针对环绕星拉近过程中,参考星建立的新任务编队初状态受空间摄动力和构形重构控制残差影响造成重构误差问题,采用燃料最优平面内和平面外控制方法,完成新任务构形参数精确修正处理，保障编队系统构形重构指标。

7.3　典型任务构形重构控制算例

为了验证编队构形重构策略和控制方法，以分布式 SAR 卫星系统应用背景为例，分别开展拉开和燃料均衡两种模式重构任务仿真分析。编队构形重构仿真环境均为 J_2 摄动和大气阻力，其参数设置及卫星平台参数均与 6.4 节一致。

1）编队拉开重构控制算例与仿真分析

编队拉开重构初始和目标参数如表 7-1 所列。初始和目标构形可满足不同任务干涉测量要求，且构形平面内参数为先大后小，平面外参数为先小后大。

表 7-1　拉开重构编队构形初始和目标参数

构形状态	E 向量幅度 /m	E 向量初相位 /(°)	半长轴差 /m	沿航迹偏置 /m	I 向量幅度 /m	I 向量初相位 /(°)
初始构形	200.0	90.0	0	0	300.0	90.0
目标构形	300.0	70.0	0	0	200.0	80.0

按燃料最优多脉冲构形控制方法，规划其平面内、外的点火情况如图 7-8 所示。图中，平面内首先执行两次大小相等方向相反的沿航迹速度脉冲，完成编队构形沿航迹向拉开处理；再按先平面内再平面外的顺序，分别完成构形切换重构控制；接着，由两次大小相等方向相反的沿航迹脉冲，实现新任务构形拉

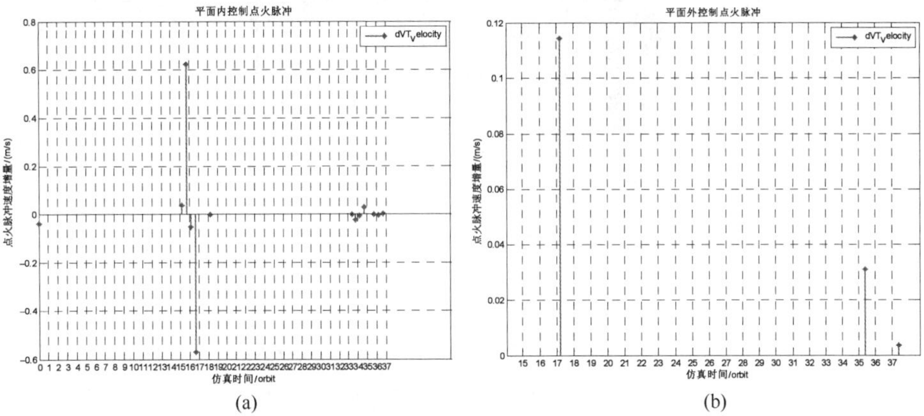

图 7-8　编队构形拉开重构控制点火情况

（a）平面内点火脉冲；（b）平面外点火脉冲。

近控制;最后,通过平面内外多脉冲修正,实现构形达标重构。重构控制过程与策略理论分析一致,且点火脉冲规划方法符合燃料最优多脉冲重构理论分析结果。

按上述点火脉冲,初始编队构形至目标构形的相对运动轨迹变化情况如图 7-9 所示。图中给出的三维运动和 *yoz* 平面投影轨迹都较好地验证了编队构形拉开、重构、拉近和修正的过程。

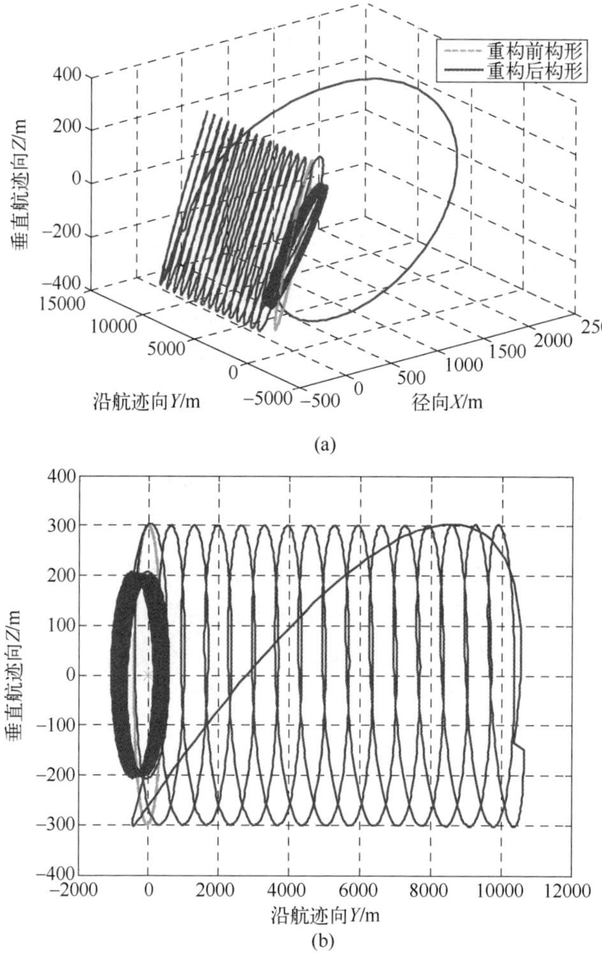

图 7-9 编队构形拉开重构控制相对运动轨迹

(a) 空间三维运动轨迹;(b) *yoz* 平面投影轨迹。

编队构形重构过程中,基于 *E/I* 向量描述的构形参数变化过程如图 7-10 所示。图中展示的 6 个参数变化过程,能够较好地演示构形重构控制、自然漂移受摄变化和精确修正的过程。重构构形末状态基本满足幅度 m 级，相位 0.1°以内的应用精度要求。

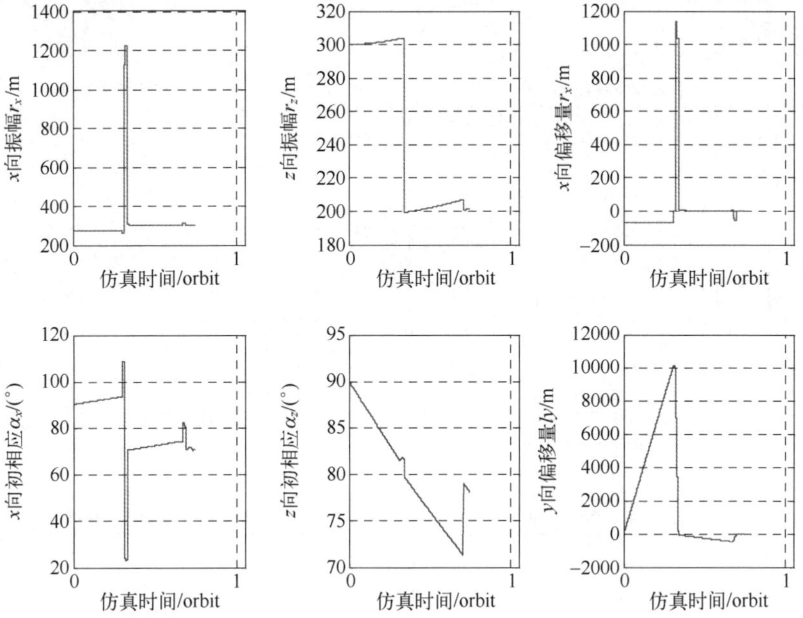

图 7-10　编队构形拉开重构控制 E/I 向量参数变化过程

2）编队燃料均衡重构控制算例与仿真分析

编队燃料均衡重构初始和目标参数如表 7-2 所列。两个构形围绕相同干涉测量任务不同纬度带测量要求，以沿航迹向发散速率触发环绕星与参考星切换阈值为依据，开展燃料均衡重构控制。

表 7-2　拉开重构编队构形初始和目标参数

构形状态	E 向量幅度/m	E 向量初相位/(°)	半长轴差/m	沿航迹偏置/m	I 向量幅度/m	I 向量初相位/(°)
初始构形	791.1	246.0	0	0	832.6	90.0
目标构形	755.0	246.0	0	0	1061.6	80.0

按燃料最优多脉冲构形控制方法，规划燃料均衡编队环绕星与参考星平面内、外的点火情况如图 7-11 所示。图中，编队参考星首先执行两次大小相等方向相反的沿航迹速度脉冲，完成编队构形沿航迹向拉开处理。在跟飞状态下，参考星面向新任务应用需求，通过重构控制建立新任务编队初状态；环绕星面

向星间位置切换应用需求,通过重构控制实现原构形归零控制。接着,由两次大小相等方向相反的沿航迹脉冲,实现参考星新绕飞构形拉近控制。最后,通过平面内外多脉冲修正,实现新任务构形达标重构,重构控制过程与策略理论分析一致。

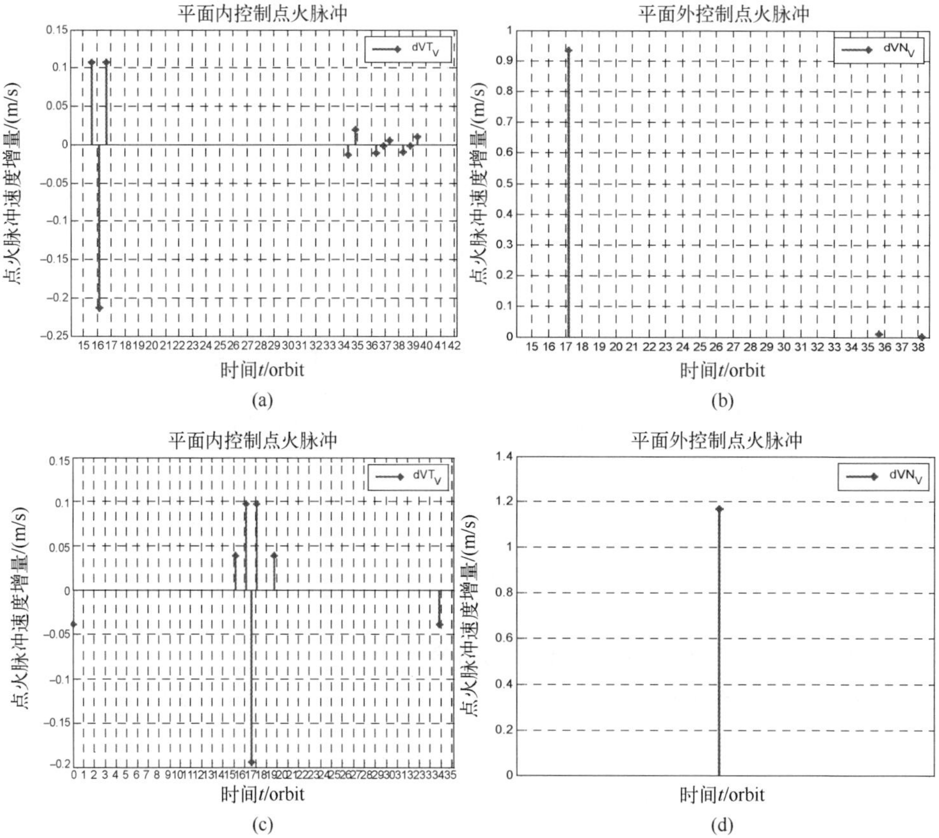

图 7-11 编队构形燃料均衡重构控制点火情况

(a) 主星平面内点火脉冲;(b) 主星平面外点火脉冲;

(c) 从星平面内点火脉冲;(d) 从星平面外点火脉冲。

按上述点火脉冲,燃料均衡重构过程中编队相对运动轨迹如图 7-12 所示。图中给出的三维运动和 *yoz* 平面投影轨迹都较好的验证了编队构形拉开、初状态建立、原构形归零、拉近和修正的过程。

编队构形重构过程中,基于 *E/I* 向量描述的新任务构形参数变化过程如图 7-13 所示。图中展示的 6 个参数变化过程,能够较好地演示新任务构形建立、自然漂移受摄变化和精确修正的过程。重构构形末状态同样满足幅度 *m*

级，相位 0.1°以内的应用精度要求。

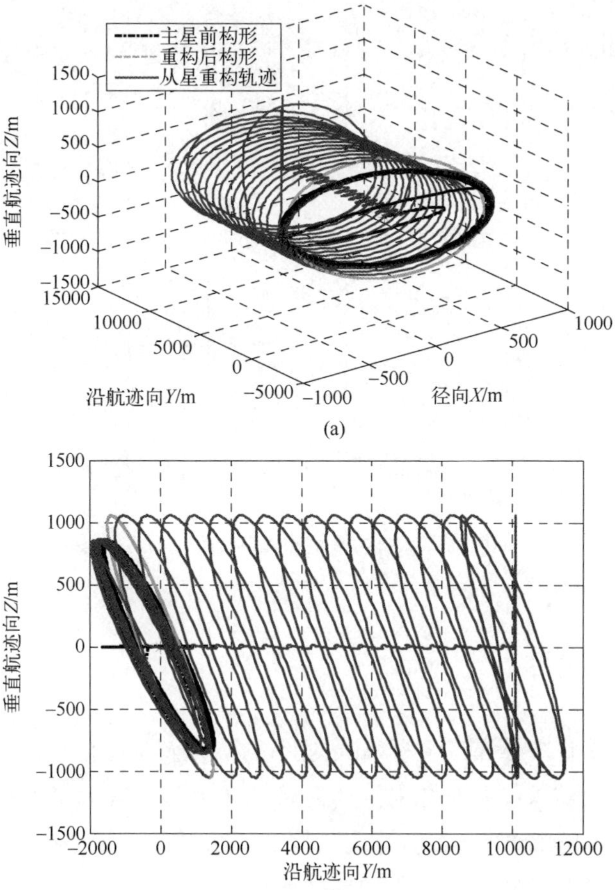

图 7-12　编队构形燃料均衡重构控制相对运动轨迹

（a）空间三维运动轨迹；（b）*yoz* 平面投影轨迹。

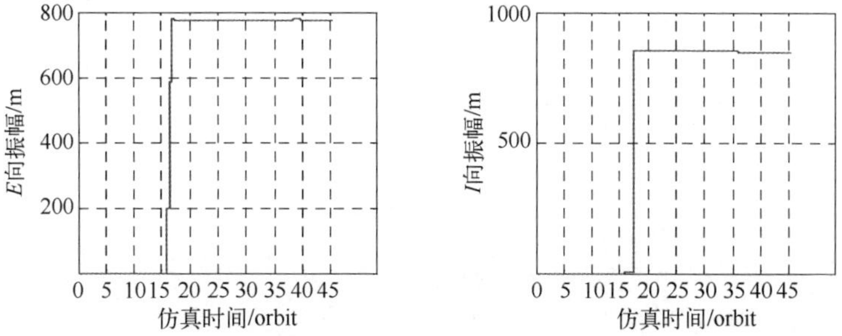

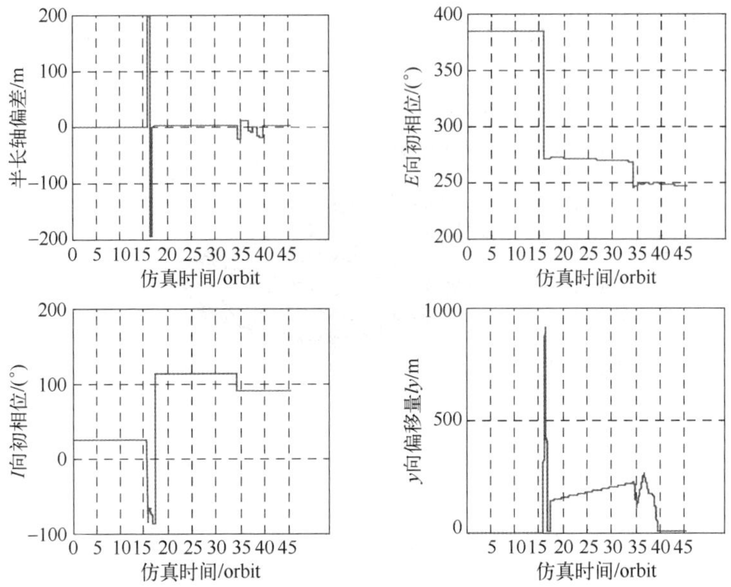

图 7-13　编队构形燃料均衡重构控制 E/I 向量参数变化过程

7.4　小结

本章围绕多任务分布式卫星编队构形切换,以及星间面质比一致性保持燃料均衡切换应用需求。基于相对 E/I 向量编队运动方程和高斯摄动轨道控制理论,在详细阐述燃料最优多脉冲编队构形解析解及其证明的基础上,先后介绍了高安全性拉开编队构形重构和星间面质比一致性燃料均衡重构的策略规划与流程。以分布式 SAR 卫星系统应用为背景,分别设计拉开和燃料均衡重构两个算例,并完成了两种应用需求下的编队构形重构控制仿真分析。

第 8 章

通信约束编队姿态协同控制方法

卫星编队姿态协同控制对于各种航空航天应用都非常有益,如卫星监视、空基干涉测量、指向控制[131]、虚拟协同观测、分布式孔径雷达、空间科学立体成像平台[132]等,因此受到广泛研究。相对传统单星姿轨控制问题,多卫星系统(Multi-Spacecraft Formation System,MFS)的协同控制,考虑了系统内各卫星的协同关系,将整个系统作为一个整体研究对象,以实现快速、灵活、可靠的控制目标。卫星编队姿轨控制技术重点在解决星间信息传输和协同控制等难点,特别在卫星编队构形和姿态协同控制等领域已开展了大量研究工作,也产生了较多的研究成果,但对星间通信能力造成的编队协同控制性能影响研究相对薄弱。本章从星间信息传输能力角度出发,开展有向和无向通信拓扑结构、持续或非持续通信等多种条件下的编队姿态协同控制方法研究,探究星间通信能力对编队协同控制性能作用的机理,可为大规模集群编队系统通信和控制方案设计奠定理论基础。

8.1 无向通信自适应有限时间姿态协同控制方法

假设多星编队系统中每颗卫星都是刚体,且在垂直轴上安装有三个反作用飞轮,以分别提供控制姿态输入。按 2.4.3 节描述的单星姿态动力学和运动学方程,考虑由 n 颗卫星构成一个无向通信拓扑结构分布式卫星编队系统,设计一个分布式有限时间收敛姿态同步控制方案,使多个卫星能够克服空间扰动在有限时间内实现角速度及姿态信号的跟踪。

为便于后续控制器设计,做如下假设。

假设 8.1 航天器所受扰动为太阳辐射压力、电磁力和空气阻力等,这些扰

动通常假设有界，即 $\|d_i\|_{\inf}\leqslant\rho_i$，其中 ρ_i 代表上界。

假设 8.2 $\|\omega_i^d\|_{\inf}$ 和 $\|\dot{\omega}_i^d\|_{\inf}$ 有界。

8.1.1 自适应时变滑模面设计

针对无向通信条件下的姿态协同控制问题，定义卫星编队自适应时变滑模面（ANFTSMS）形式为

$$\boldsymbol{S}=[s_1,\cdots,s_i,\cdots,s_n]^{\mathrm{T}} \tag{8-1}$$

$$\begin{aligned}s_i=&b_iJ_i[\widetilde{\omega}_i+\alpha_ik_i^2(t)\widetilde{q}_i+\beta_ik_i^2(t)\chi_i]+\\&\sum_{j=1,j\neq i}^{n}a_{ij}[(J_i\widetilde{\omega}_i-J_j\widetilde{\omega}_j)+\alpha_ik_i^2(t)(J_i\widetilde{q}_i-J_j\widetilde{q}_j)+\\&\beta_ik_i^2(t)(J_i\chi_i-J_j\chi_j)]\end{aligned} \tag{8-2}$$

$$\chi_i(\widetilde{q}_i)=\begin{cases}\widetilde{q}_i^{\,r} & \bar{s}_i=0\ 或\ \bar{s}_i\neq0,\ |k_i^2(t)\widetilde{q}_i|>\sigma\\ l_1\widetilde{q}_i+l_2s_ig^2(\widetilde{q}_i) & \bar{s}_i\neq0,\ |k_i^2(t)\widetilde{q}_i|\leqslant\sigma\\ l_1=(2-r)\sigma^{r-1},l_2=(r-1)\sigma^{r-2}\end{cases} \tag{8-3}$$

$$\bar{s}_i=\widetilde{\omega}_i+\alpha_ik_i^2(t)\widetilde{q}_i+\beta_ik_i^2(t)\widetilde{q}_i^{\,r} \tag{8-4}$$

$$\dot{k}_i(t)=\frac{-\gamma_0k_i(t)}{1+4\gamma_0(1-\widetilde{q}_{0,i})}\|\widetilde{q}_i^{\,T}\widetilde{\omega}_i\| \tag{8-5}$$

式中：$S\in\mathcal{R}^{3n\times1}$，$s_i\in\mathcal{R}^{3\times1}$ 为第 i 个卫星的滑模面；$b_i>0$ 和 $a_{ij}\geqslant0$ 为姿态跟踪权重系数，分别被用来控制姿态跟踪效果和星间同步效果；α_i，β_i 和 $r=r_1/r_2$ 为正常量，其中 r_1 和 r_2 是正奇数整数，并且满足条件 $0<r<1$[133]；$\chi_i=\chi_i(\widetilde{q}_i)\in\mathcal{R}^{3\times1}$ 为一个被用来消除奇异行为的连续切换面[134]；σ 为一个正常量，它定义了一个小区域；$\bar{s}_i\in\mathcal{R}^{3\times1}$；标量 $k_i(t)$ 为一个时变自适应函数；γ_0 为正常量，可以通过选择合适初值 $k_i(0)>0$，使参数 $k_i(t)>0$ 一直成立，同时，更强的约束要求 $k_i(t)$ 总是大于某个预设正常数 ε。

通过使用 Kronecker 积，式（8-1）描述的 ANFTSMS 可以重新表示为

$$S=[(L+B)\otimes I_3]J[\widetilde{\Omega}+\alpha k^2(t)\widetilde{q}+\beta k^2(t)\chi(\widetilde{q})] \tag{8-6}$$

式中：L 为多星编队系统图的拉普拉斯矩阵；$B=\mathrm{diag}[b_1,\cdots,b_n]$，$J=\mathrm{diag}[J_1,\cdots,J_n]$，$\alpha=\mathrm{diag}[\alpha_1,\cdots,\alpha_n]\otimes I_3$，$\beta=\mathrm{diag}[\beta_1,\cdots,\beta_n]\otimes I_3$，$\widetilde{\Omega}=[\widetilde{\omega}_1,\cdots,\widetilde{\omega}_n]^{\mathrm{T}}$，$\widetilde{q}=[\widetilde{q}_1,\cdots,\widetilde{q}_n]^{\mathrm{T}}$，$\chi(\widetilde{q})=[\chi_1(\widetilde{q}_1),\cdots,\chi_n(\widetilde{q}_n)]^{\mathrm{T}}$，$k^2(t)=\mathrm{diag}[k_1^2(t),\cdots,k_n^2(t)]\otimes I_3$。

8.1.2 扰动上界已知的有限时间控制器设计

为了证明过程中方便，定义辅助变量，即

$$v_{ie}=-\omega_i^{\times}J_i\omega_i+J_i(\widetilde{\omega}_i^{\times}R_i\omega_i^d-R_i\dot{\omega}_i^d) \tag{8-7}$$

考虑式(8-1)~式(8-3)，可得

$$\begin{aligned}\dot{S}=&[(L+B)\otimes I_3]J[\dot{\widetilde{\Omega}}+\alpha k^2(t)\dot{\widetilde{q}}+\beta k^2(t)\dot{\chi}(\widetilde{q})+\\&2\alpha k(t)\dot{k}(t)\widetilde{q}+2\beta k(t)\dot{k}(t)\chi(\widetilde{q})]\end{aligned} \tag{8-8}$$

同时，定义辅助变量，即

$$\begin{aligned}v_{ik}=&\alpha_i k_i^2(t)J_i\dot{\widetilde{q}}_i+\beta k_i^2(t)J_i\dot{\chi}(\widetilde{q}_i)+2\alpha_i k_i(t)\dot{k}_i(t)J_i\widetilde{q}+\\&2\beta_i k_i(t)\dot{k}_i(t)J_i\chi_i(\widetilde{q}_i)\end{aligned} \tag{8-9}$$

$$\begin{aligned}\dot{\chi}_i=&\dot{\chi}_i(\widetilde{q}_i)\\=&\begin{cases}r\mathrm{diag}(|q_{i1}|^{r-1},|q_{i2}|^{r-1},|q_{i3}|^{r-1})\dot{\widetilde{q}}_i & \bar{s}_i=0\ 或\ \bar{s}_i\neq 0,|k_i^2(t)\widetilde{q}_i|>\sigma\\ l_1\dot{\widetilde{q}}_i+2l_2\mathrm{diag}(|q_{i1}|,|q_{i2}|,|q_{i3}|)\dot{\widetilde{q}}_i & \bar{s}_i\neq 0,|k_i^2(t)\widetilde{q}_i|\leqslant\sigma\end{cases}\end{aligned} \tag{8-10}$$

定理8.1 针对多星编队系统姿态跟踪误差动力学系统，在存在外部扰动情况下，扰动满足假设8.1且上界已知，期望角速度满足假设8.2，姿态同步控制器设计为

$$u_i=-v_{ie}-v_{ik}-\tau_1 s_i-\tau_2 s_i^r-\tau_3\mathrm{sgn}(s_i) \tag{8-11}$$

式中：τ_1,τ_2,τ_3 为正常数。通过在式(8-1)~式(8-5)，式(8-11)中为ANFTSMS和控制器选择合适参数，那么多星系统姿态同步和跟踪控制(Attitude Synchronization and Tracking Control,ASTC)问题将得到解决。

为证明上述滑模面的正确性，分系统稳定性和有限时间内收敛到小区域两个部分进行阐述。

1) 稳定性证明

考虑如下李雅普诺夫候选函数(Lyapunov Function Candidate,LFC)，即

$$V=V_1+V_2 \tag{8-12}$$

$$V_1=\frac{1}{2}S^{\mathrm{T}}PS \tag{8-13}$$

$$V_2=\sum_{i=1}^{n}\left[2k_i^2(t)(1-\widetilde{q}_{0,i})+\frac{k_i^2(t)}{2g_0}\right] \tag{8-14}$$

针对式(8-13)中,选择 $P=[(L+B)\otimes I_3]^{-1}$,且 $P\in R^{3n\times 3n}$。计算 V 导数,可得

$$\dot{V}=\dot{V}_1+\dot{V}_2=S^{\mathrm{T}}[v_e+v_k+U+D]+$$
$$\sum_{i=1}^{n}\left\{\frac{k_i(t)\dot{k}_i(t)}{\gamma_0}[1+4\gamma_0(1-\tilde{q}_{0,i})]+k_i^2(t)\tilde{q}_i^{\mathrm{T}}\tilde{\omega}_i\right\} \tag{8-15}$$

$v_e=[v_{1e},\cdots,v_{ne}]^{\mathrm{T}},v_k=[v_{1k},\cdots,v_{nk}]^{\mathrm{T}},U=[u_1,\cdots,u_n]^{\mathrm{T}},D=[d_1,\cdots,d_n]^{\mathrm{T}}$

代入自适应律式(8-5)和式(8-11)~式(8-15),可得

$$\dot{V}=\sum_{i=1}^{n}\{-k_i^2(t)\|\tilde{q}_i^{\mathrm{T}}\tilde{\omega}_i\|+k_i^2(t)\tilde{q}_i^{\mathrm{T}}\tilde{\omega}_i\}+S^{\mathrm{T}}[D-\tau_1S-\tau_2S^r-\tau_3\mathrm{sgn}(S)]$$
$$\leqslant S^{\mathrm{T}}D-\tau_1S^{\mathrm{T}}S-\tau_2S^{\mathrm{T}}S^r-\tau_3S^{\mathrm{T}}\mathrm{sgn}(S)$$
$$\leqslant\sum_{i=1}^{n}(|d_i|_{\inf}-\tau_3)\|s_i\|_1-\tau_1\|S\|^2-\tau_2S^{\mathrm{T}}S^r \tag{8-16}$$

通过选取合适参数,使 $\tau_3\geqslant\max\{\rho_1,\cdots,\rho_n\}$,可以立刻得到结论 $\dot{V}\leqslant 0$,因此,系统稳定性得到证明。

2)有限时间收敛到小区域证明

为了分析滑模面变化行为,考虑以下针对滑模面候选函数

$$V(S)=V_1 \tag{8-17}$$

对其求导可得

$$\dot{V}(S)\leqslant\sum_{i=1}^{n}(|d_i|_{\inf}-\tau_3)\|s_i\|_1-\tau_1\|S\|^2-\tau_2S^{\mathrm{T}}S^r$$
$$\leqslant-\delta_1V(S)-\delta_2V^{\frac{1+r}{2}}(S) \tag{8-18}$$

式中:$\delta_1=2\tau_1/\lambda_{\max}(P)$;$\delta_2=\tau_2[2/\lambda_{\max}(P)]^{(1+r)/2}$。

从式(8-18)可知,$V(S)$ 衰减形式保证了滑模有限时间收敛到滑模面($S=0$)。考虑式(8-6)描述的 ANFTSMS 形式,下面分两种情况进行讨论。

情况 1:如果 $\bar{s}_{i,j}\neq 0$ 并且 $|k_i^2(t)\tilde{q}_{i,j}|\leqslant\sigma$,这就意味着 $k_i^2(t)\tilde{q}_{i,j}$ 已经收敛到了小区域,然后有

$$|\tilde{\omega}_{i,j}|\leqslant k_i^2(t)[\alpha_i|\tilde{q}_{i,j}|+\beta_i(l_1|\tilde{q}_{i,j}|+l_2|s_ig^2(\tilde{q}_{i,j})|)]$$
$$\leqslant k_i^2(t)(\alpha_i\sigma+\beta_i\sigma^r) \tag{8-19}$$

式(8-19)表示 $\tilde{\omega}_{i,j}$ 和 $k_i^2(t)\tilde{q}_{i,j}$ 在有限时间内收敛到了小区域,下标 $j=1,2,3$ 表示第 j 维,以下同理。

情况 2：如果$\bar{s}_{i,j}=0$，那么能够得到结果$\widetilde{\omega}_{i,j}+\alpha_i k_i^2(t)\widetilde{q}_{i,j}+\beta_i k_i^2(t)\widetilde{q}_{i,j}^r=0$，这意味着$\widetilde{\omega}_{i,j}$和 $k_i^2(t)\widetilde{q}_{i,j}$在有限时间收敛。

以上过程证明了系统将会在有限时间内收敛，也就是$\widetilde{\omega}_i$ 和 $k_i^2(t)\widetilde{q}_i$ 在有限时间内收敛到小区域，这就意味着系统至少可以保证$\lim\limits_{t\to\infty}\widetilde{\omega}_i=0$，$\lim\limits_{t\to\infty}k_i^2(t)\widetilde{q}_i=0$。

8.1.3　扰动上界未知自适应扰动估计控制器设计

进一步地，考虑外界扰动上界未知的情况，扰动形式描述为[135-136]

$$|d_i|_{\inf}\leqslant c_{gi}+c_{di}\|\omega_i\|^2\leqslant \boldsymbol{v}_i(1+\|\omega_i\|^2) \tag{8-20}$$

式中：c_{gi}和 c_{di}为正常数。定义$\hat{\boldsymbol{v}}_i$ 为 $\boldsymbol{v}_i$ 估计值，则估计误差可以表示为$\widetilde{\boldsymbol{v}}_i=\hat{\boldsymbol{v}}_i-\boldsymbol{v}_i$。

定理 8.2　针对多星编队系统的姿态误差动力学及运动学方程。考虑系统受到外界扰动影响，并且扰动条件满足假设 8.1，扰动有界且上界未知，同时期望角速度条件满足假设 8.2。如果姿态同步控制器被设计为

$$u_i=-v_{ie}-v_{ik}-\tau_1 s_i-\tau_2 s_i^r-\tau_3\operatorname{sgn}(s_i)-\hat{\rho}_i\operatorname{sgn}(s_i) \tag{8-21}$$

并且自适应估计律设计为

$$\dot{\hat{\boldsymbol{v}}}_i=\xi(1+\|\omega\|^2)\|s_i\|_1 \tag{8-22}$$

式中：ξ 为一个正常数，并且 $\hat{\rho}_i\triangleq\hat{\boldsymbol{v}}_i(1+\|\omega_i\|^2)$。适当选择式(8-1)~式(8-5)中 ANFTSMS 参数，控制器式(8-21)中参数，以及估计律式(8-22)中参数，以满足相应要求，那么 ASTC 问题将得到解决。

本节的证明过程与 8.1.2 节类似，只需要做一部分改动即可完成。为简化描述，这里仅给出 LFC 函数选取结果，详细过程读者可自行推导。其中 LFC 的选取为

$$V=V_1+V_2+V_3 \tag{8-23}$$

式中，V_1、V_2 同式(8-12)，V_3 为

$$V_3=\frac{1}{2\xi}\sum_{i=1}^{n}\widetilde{\boldsymbol{v}}_i^2 \tag{8-24}$$

8.1.4　典型任务仿真算例分析

为验证无向通信条件下姿态协同控制方法的有效性，以 4 颗卫星组成的编队系统为对象，星间无向通信拓扑关系为 1-2-3-4-1 双向通信。其中，表征通信拓扑关系的拉普拉斯矩阵为

$$\boldsymbol{L}=\begin{bmatrix}0.7 & -0.4 & 0 & -0.3\\ -0.4 & 0.6 & -0.2 & 0\\ 0 & -0.2 & 0.6 & -0.4\\ -0.3 & 0 & -0.4 & 0.7\end{bmatrix}$$

b_i 对所有卫星都设置为 1。惯量矩阵与参考文献[137]中相同(单位为 $\mathrm{kg\cdot m^2}$),分别为

$$\boldsymbol{J}_1=\begin{bmatrix}20 & 2 & 0.9\\ 2 & 17 & 0.5\\ 0.9 & 0.5 & 15\end{bmatrix}\quad \boldsymbol{J}_2=\begin{bmatrix}22 & 1 & 0.9\\ 1 & 19 & 0.5\\ 0.9 & 0.5 & 15\end{bmatrix}$$

$$\boldsymbol{J}_3=\begin{bmatrix}18 & 1 & 1.5\\ 1 & 15 & 0.5\\ 1.5 & 0.5 & 17\end{bmatrix}\quad \boldsymbol{J}_4=\begin{bmatrix}18 & 1 & 1\\ 1 & 20 & 0.5\\ 1 & 0.5 & 15\end{bmatrix}$$

每个成员航天器角速度差为 0,期望姿态初值被定为 $q_i^d(0)=[1\ \ 0\ \ 0\ \ 0]^{\mathrm{T}}$,姿态误差初值分别为

$$\tilde{\boldsymbol{q}}_1(0)=[0.8762\quad 0.3\quad -0.2\quad 0.2]^{\mathrm{T}}$$
$$\tilde{\boldsymbol{q}}_2(0)=[0.8930\quad -0.1\quad 0.2\quad 0.3]^{\mathrm{T}}$$
$$\tilde{\boldsymbol{q}}_3(0)=[0.8073\quad 0.1\quad -0.4\quad 0.4]^{\mathrm{T}}$$
$$\tilde{\boldsymbol{q}}_4(0)=[0.8396\quad -0.4\quad -0.1\quad 0.4]^{\mathrm{T}}$$

时变期望角速度为(单位为 rad/s)

$$\boldsymbol{\omega}_i^d(t)=[0.1\cos(t/10)\quad -0.1\sin(t/10)\quad -0.1\cos(t/10)]^{\mathrm{T}}$$

针对编队单个卫星的外界扰动为(单位为 Nm)

$$d_1(t)=[0.01\sin(0.4t)\quad 0.05\cos(0.5t)\quad 0.08\cos(0.7t)]^{\mathrm{T}}$$
$$d_2(t)=[0.06\cos(0.4t)\quad 0.10\sin(0.5t)\quad 0.05\sin(0.7t)]^{\mathrm{T}}$$
$$d_3(t)=0.01\cdot\left[\sin\left(0.4t+\frac{\pi}{4}\right)\quad 5\cos\left(0.5t+\frac{\pi}{4}\right)\quad 8\cos\left(0.7t+\frac{\pi}{4}\right)\right]^{\mathrm{T}}$$
$$d_4(t)=0.01\cdot\left[6\cos\left(0.4t+\frac{\pi}{4}\right)\quad 8\cos\left(0.5t+\frac{\pi}{4}\right)\quad 10\sin\left(0.7t+\frac{\pi}{4}\right)\right]^{\mathrm{T}}$$

星载单个飞轮能提供输入力矩满足 $|u_{ij}|\leqslant 2\mathrm{N\cdot m}$,$j=1,2,3$ 表示 u_i 每一个维度。

按上述仿真参数,为与无自适应函数情况下的 NFTSMC[138] 方法进行比较,假设 $k_i(t)=1$ 始终保持,并且 NFTSMC 其他参数与 ANFTSMC 完全相同。扰动上界已知的有限时间姿态协同控制姿态误差和角速度误差仿真结果分别如

图8-1和图8-2所示。

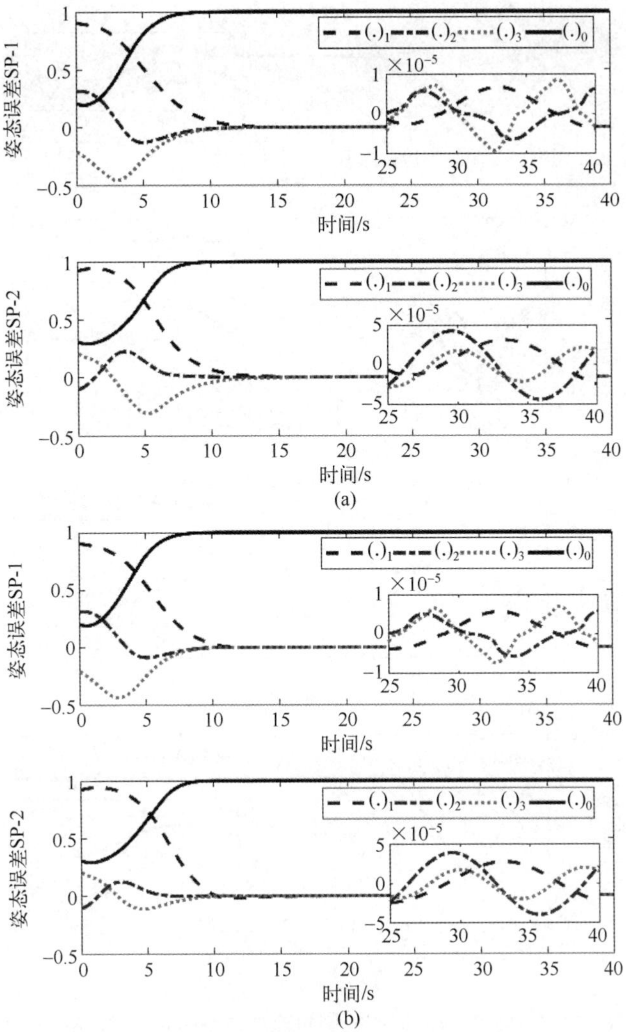

图8-1 上界已知有限时间控制姿态误差四元数时间响应曲线

(a) ANFTSMC结果；(b)对比结果。

仿真结果表明，ANFTSMS方法能够快速收敛到“0”，具有良好的控制效果；而NFTSMC存在单轴振荡收敛的情形，收敛速度相对较慢。

在相同参数基础上，选择自适应估计初值与积分参数为$\hat{\upsilon}_i(0)=0$，$\xi=0.0005$。扰动上界未知的有限时间姿态协同控制姿态误差和角速度误差仿真结果分别如图8-3和图8-4所示。

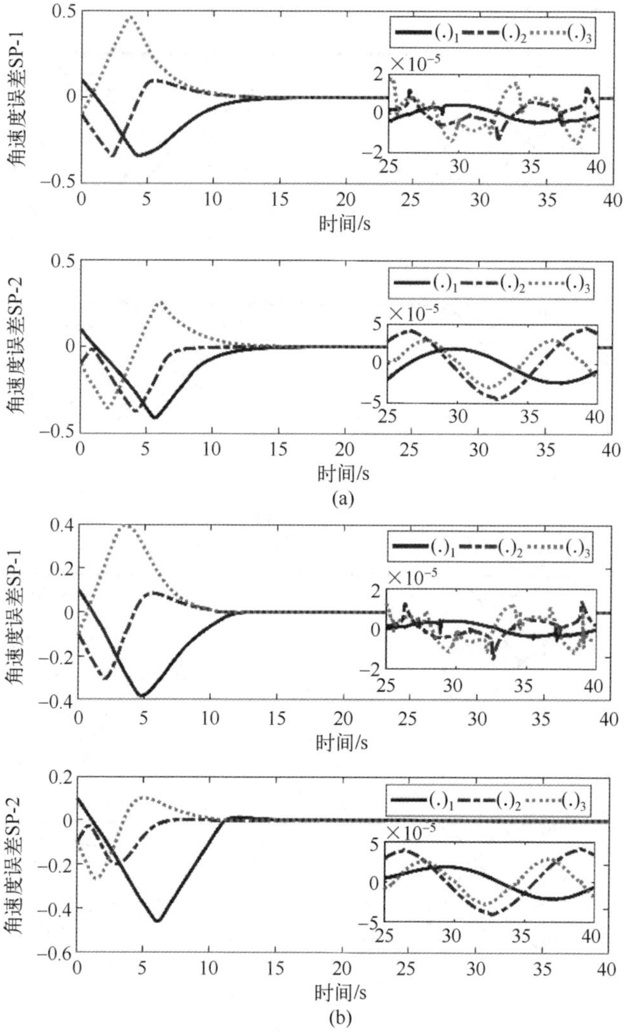

图 8-2　上界已知有限时间控制角速度误差四元数时间响应曲线

(a) ANFTSMC 结果;(b) 对比结果。

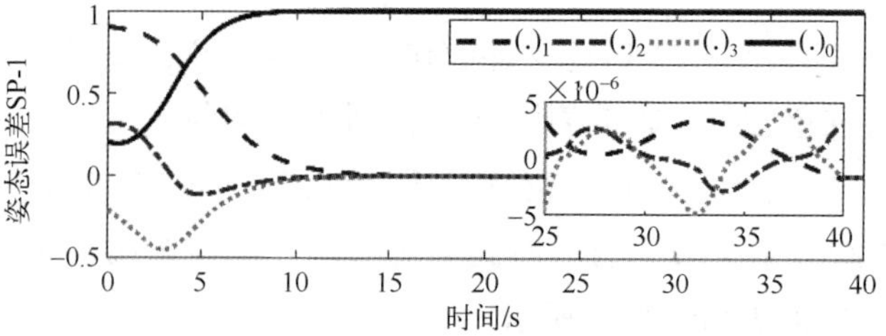

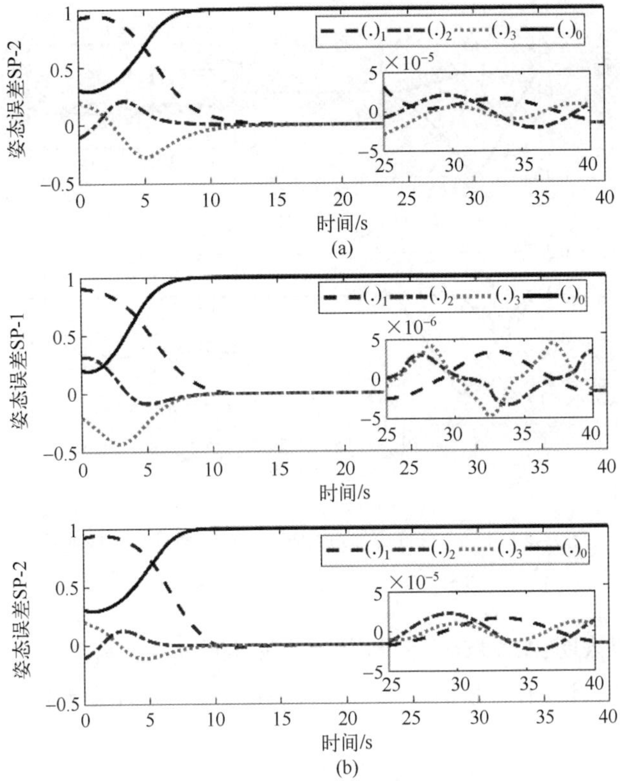

图 8-3　上界未知自适应控制姿态误差四元数时间响应曲线

(a) ANFTSMC 结果；(b) 对比结果。

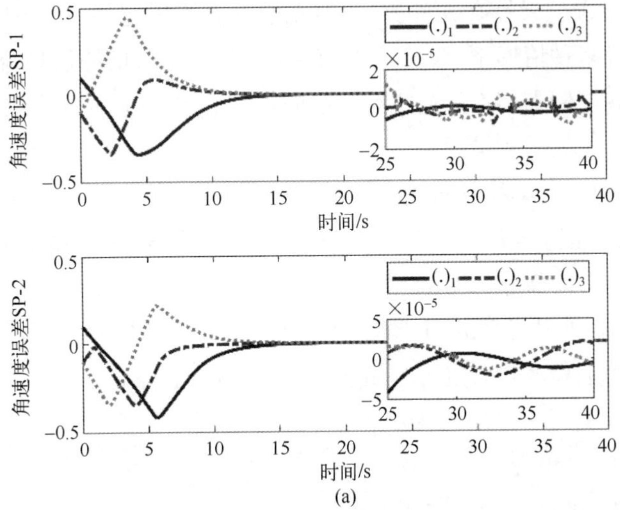

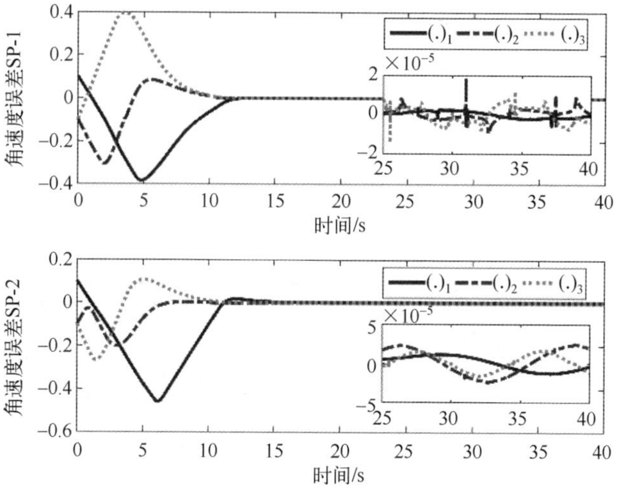

(b)

图 8-4　上界未知自适应控制角速度误差时间响应曲线

(a) ANFTSMC 结果;(b) 对比结果。

仿真结果表明,ANFTSMC 控制方法可在保证适当控制精度的基础上,实现有限时间收敛,且具有较强的干扰鲁棒性,并可在一定程度上抑制 NFTSMC 奇异现象。

8.2　通信约束故障容错自适应姿态协同控制方法

本节在考虑航天器存在外界扰动、系统存在不确定性、执行机构部分失效或完全失效等多种情形下,设计一类有无向/有向通信拓扑信息流情况的有限时间姿态协同控制器,使系统中各卫星姿态误差和角速度误差实现有限时间收敛。

同样,为便于后续控制器设计,做如下假设。

假设 8.3　记 $J_i=\bar{J}_i+\Delta J_i$,其中,$\bar{J}_i$ 和 ΔJ_i 分别是第 i 个卫星惯量矩阵名义部分和时变不确定性部分。$\|\Delta J_i\|$ 和 $\|\mathrm{d}\Delta J_i/\mathrm{d}t\|$ 假定实际情况中都有界。

假设 8.4　外界扰动 d_i 主要由例如重力、太阳辐射、电磁力等(都假定有界),大气阻力上界通常假定为与角速度平方成正比,即满足

$$\|d_i\|\leqslant c_1+c_2\|\omega\|^2$$

式中,$c_1\geqslant 0$ 和 $c_2\geqslant 0$ 是未知常数。

假设 8.5　$\|\omega_i^d\|$ 和 $\|\dot{\omega}_i^d\|$ 有界。

8.2.1　基于 Indirect 方式的扰动自适应估计

传统 Regressor-based 控制方法需要利用系统动力学精确分析结构来设计在线更新的控制算法，且计算量大[139]。为解决此问题，本节利用 Cai 等学者提出的 Indirect 方法，来应对外界扰动、系统不确定性和执行机构故障的影响。有下式成立，即

$$\| q_i \| \leqslant 1,\ \| \tilde{q}_i \| \leqslant 1,\ \| R_i \| = 1,\ \| \tilde{q}_i^{\times} + \tilde{q}_{0,i} I_3 \| = 1$$

由此可得不等式 $\| -\omega_i^{\times} J_i \omega_i \| \leqslant c_3 \| \omega_i \|^2$，$\| J_i(\tilde{\omega}_i^{\times} R_i \omega_i^d - R_i \dot{\omega}_i^d) \| \leqslant c_4 + c_5 \| \omega \| + c_6 \| \omega \|^2$。

依据姿态误差方程和控制方程，有

$$\| (\tilde{q}_i^{\times} + \tilde{q}_{0,i} I_3) \tilde{\omega}_i \| = \| (\tilde{q}_i^{\times} + \tilde{q}_{0,i} I_3)(\omega_i - R_i \omega_i^d) \| \leqslant c_7 \| \omega \| + c_8 \tag{8-25}$$

同时，由假设 8.4 可知，虽然误差动力学方程包含了非线性、不确定时变项，但总存在参数 c'_a，c'_b 和 c'_c，有

$$\| \Lambda_i \| \leqslant c'_a + c'_b \| \omega_i \| + c'_c \| \omega_i \|^2 \tag{8-26}$$

$$\Lambda_i \triangleq -\omega_i^{\times} J_i \omega_i + J_i(\tilde{\omega}_i^{\times} R_i \omega_i^d - R_i \dot{\omega}_i^d) + d_i \tag{8-27}$$

考虑 $J_i = \bar{J}_i + \Delta J_i$，则误差动力学方程可写为

$$\bar{J}_i \dot{\tilde{\omega}}_i = M_i + u_i \tag{8-28}$$

$$\begin{aligned} M_i = & -\omega_i^{\times} \bar{J}_i \omega_i + \bar{J}_i(\tilde{\omega}_i^{\times} R_i \omega_i^d - R_i \dot{\omega}_i^d) - \Delta J_i \dot{\tilde{\omega}}_i - \\ & \omega_i^{\times} \Delta J_i \omega_i + \Delta J_i(\tilde{\omega}_i^{\times} R_i \omega_i^d - R_i \dot{\omega}_i^d) + d_i \end{aligned} \tag{8-29}$$

为便于分析，引入辅助符号，即

$$\begin{aligned} L_i = & M_i + \alpha_i k_i^2(t) \dot{\tilde{q}}_i + \beta_i k_i^2(t) \dot{X}(\tilde{q}_i) + \\ & 2\alpha_i k_i(t) \dot{k}_i(t) \tilde{q}_i + 2\beta_i k_i(t) \dot{k}_i(t) X(\tilde{q}_i) \end{aligned} \tag{8-30}$$

式中，除了 M_i 之外，记为 Π_i，即

$$\Pi_i = 2\alpha_i k_i(t) \dot{k}_i(t) \tilde{q}_i + 2\beta_i k_i(t) \dot{k}_i(t) X(\tilde{q}_i) + \alpha_i k_i^2(t) \dot{\tilde{q}}_i + \beta_i k_i^2(t) \dot{X}(\tilde{q}_i) \tag{8-31}$$

因此，有 $\| \Pi_i \| \leqslant c_9 \| \omega_i \| + c_{10}$ 成立。对上述表达式进行分析，可得 $\| L_i \|$ 满足

$$\| L_i \| \leqslant c_{\mathrm{a},i} + c_{\mathrm{b},i} \| \omega_i \| + c_{\mathrm{c},i} \| \omega_i \|^2 \leqslant \rho_i \Phi_i \tag{8-32}$$

式中：ρ_i 为一个正常数。

$$\Phi_i = 1 + \| \omega_i \| + \| \omega_i \|^2 \tag{8-33}$$

显然，L_i 和系统的一些操作条件参数是无关。

8.2.2 无向通信故障容错自适应控制器设计

1) 执行机构失效 ANFTSMC 设计

当执行机构部分失效或完全失效时,姿态误差动力学方程可表示为

$$J_i \dot{\tilde{\omega}}_i = -\omega_i^{\times} J_i \omega_i + J_i(\tilde{\omega}_i^{\times} R_i \omega_i^d - R_i \dot{\omega}_i^d) + \Theta_i \Gamma_i u_i + d_i \tag{8-34}$$

式中:$\Gamma_i = \mathrm{diag}(\delta_{i,1}, \cdots, \delta_{i,y})$ 为描述执行机构健康度的矩阵(有效矩阵);$u_i \in R^{y+1}$,$y \geqslant 3$ 表示执行机构数目;$\delta(\cdot)$ 为执行机构的健康度因子,为一个时变的正常数,并且满足 $0 \leqslant \delta(\cdot) \leqslant 1$;$\Theta_i \in R^{3\times y}$ 为执行机构的安装矩阵。显然,有如下事实存在:①$\delta(\cdot)=1$ 代表了执行机构正常工作,此时 Γ_i 是单位阵;②$0<\delta(\cdot)<1$ 表示执行机构处于部分失效状态;③$\delta(\cdot)=0$ 表示执行机构处于完全失效状态。

定理 8.3 针对多卫星系统,期望的角速度满足假设 8.5,在无向通信拓扑结构信息流情况下,考虑系统惯量不确定性,外界扰动(分别满足假设 8.3 及假设 8.4),执行机构部分失效(或完全失效)的情况下,只要 $\Theta_i \Gamma_i \Theta_i^{\mathrm{T}}$ 保持正定,设计 ANFTSMC 控制器为

$$u_i = \Theta_i^{\mathrm{T}} [-\tau_1 s_i - \tau_2 s_i^r - \tau_3 \mathrm{sgn}(s_i)] \tag{8-35}$$

式中:$\tau_1, \tau_2, \tau_3 = \upsilon + \hat{\rho}_i \Phi_i$,$\upsilon$ 都是正常数。$\hat{\rho}_i$ 是 ρ_i 的自适应估计,设计为

$$\dot{\hat{\rho}}_i = \xi_i (1 + \| \omega_i \| + \| \omega_i \|^2) \| s_i \| \tag{8-36}$$

式中:ξ_i 为正常数。那么,通过合理设计 ANFTSMS 参数,使得至少有一颗卫星能够获得外界的跟踪信号(非所有 $b_i=0$),同时合理设计式(8-35)和式(8-36)中的参数,来满足相应要求,则 ASTC 问题将能够被解决。

上述方法的证明过程与 8.1 节相似,为简化描述,这里仅给出 LFC 函数选取结果,详细过程读者可自行推导。其中 LFC 的选取为

$$V = V_1 + V_2 + V_3 \tag{8-37}$$

$$V_1 = \frac{1}{2} S^{\mathrm{T}} P S \tag{8-38}$$

$$V_2 = \sum_{i=1}^{n} \left[2k_i^2(t)(1 - \tilde{q}_{0,i}) + \frac{k_i^2(t)}{2\gamma_0} \right] \tag{8-39}$$

$$V_3 = \frac{1}{2} \sum_{i=1}^{n} \frac{(\rho_i - \lambda_{i,\min} \hat{\rho}_i)^2}{\lambda_{i,\min} \xi_i} \tag{8-40}$$

滑模面选择 LFC 为

$$V(S)=V_1 \tag{8-41}$$

2）输入饱和 ANFTSMC 设计

在执行机构失效的基础上,进一步考虑控制输入受限的自适应滑模控制设计。此时,误差动力学方程可表示为

$$J_i\dot{\tilde{\omega}}_i=-\omega_i^{\times}J_i\omega_i+J_i(\tilde{\omega}_i^{\times}R_i\omega_i^d-R_i\dot{\omega}_i^d)+\boldsymbol{\Theta}_i\boldsymbol{\Gamma}_iF_i+d_i \tag{8-42}$$

$$F_i=\frac{-F_{i,\max}\boldsymbol{\Theta}_i^{\mathrm{T}}}{\|\boldsymbol{\Theta}_i\|}\mathrm{sat}(\Xi_i)$$

$$\Xi_i\triangleq-\tau_1s_i-\tau_2s_i^r-\tau_3\mathrm{sgn}(s_i)$$

$$\mathrm{sat}(\Xi_i)=\begin{cases}1, & |\Xi_i|\geqslant F_{i,\max}\\ \Xi_i/F_{i,\max}, & |\Xi_i|<F_{i,\max}\end{cases} \tag{8-43}$$

为支撑后续控制器设计,假设执行机构能提供足够的输入,使卫星能执行期望的操纵,即存在正常数$f_{i,0}$使得

$$\frac{\kappa F_{i,\max}}{\|\boldsymbol{\Theta}_i\|}\geqslant\rho_i\boldsymbol{\Phi}_i+f_{i,0} \tag{8-44}$$

定理 8.4　针对多星编队系统,在无向通信拓扑结构下,考虑外界扰动、惯量不确定性、执行机构故障同时存在的情况下,并且单星最大的控制输入都限制在 $F_{i,\max}$,并满足式(8-44),$\boldsymbol{\Theta}_i\boldsymbol{\Gamma}_i\boldsymbol{\Theta}_i^{\mathrm{T}}$ 始终保持正定。那么,ASTC 问题可得以解决。

该定理的 LFC 函数选取和证明过程与前述一致,这里不再详细讨论。

8.2.3　有向通信故障容错自适应控制器设计

本节在 8.2.2 节研究基础上,基于外界干扰、系统不确定性、执行机构故障和输入受限多种约束条件,着重开展有向通信约束条件下的 ANFTSMC 设计。

依据式(8-1),设计有向通信条件下的 ANFTSMC 为

$$u_i=(d_i+b_i)^{-1}\left[\sum_{j=1,j\neq i}^{n}a_{ij}u_j-\tau_1s_i-\tau_2s_i^r-\tau_3\mathrm{sgn}(s_i)\right] \tag{8-45}$$

当 $d_i=0$ 时,令 $b_i>0$ 来保证 $L+B$ 是满秩的,即 $D+B$ 是正定的,其余参数与 8.2.2 节相同。

依据 Kronecker 积的描述方法,式(8-45)可表示为

$$U=[(D+B)^{-1}\otimes I_3]\times[(A\otimes I_3)U-\tau_1S-\tau_2S^r-\tau_3\mathrm{sgn}(S)] \tag{8-46}$$

通过推导,可得

$$U=[(L+B)^{-1}\otimes I_3][-\tau_1 S-\tau_2 S^r-\tau_3\operatorname{sgn}(S)] \tag{8-47}$$

1) 执行机构失效 ANFTSMC 设计

定理 8.5 针对多星编队系统,在有向通信拓扑结构下,外界扰动、系统不确定性、执行机构部分失效、完全失效条件下,且角速度满足假设 4.3,设计 ANFTSMC 控制器为

$$U=\Theta^{\mathrm{T}}[(L+B)^{-1}\otimes I_3][-\tau_1 S-\tau_2 S^r-\tau_3\operatorname{sgn}(S)] \tag{8-48}$$

式中,自适应律同式(8-36)。通过设计 ANFTSMS 参数,且满足 $d_i=0$ 时 $b_i>0$,则 ASTC 问题得到解决。

由于证明过程基本相似,为简化描述,这里仅给出 LFC 函数选取结果,详细过程读者可自行推导。其中 LFC 的选取为

$$V=V_2+V_3+V_4 \tag{8-49}$$

式中,V_2,V_3 分别与式(8-39)和式(8-40)一致。选择式(8-38)中参数 $P=I_{3n}$,并令

$$V_4=\boldsymbol{S}^{\mathrm{T}}\boldsymbol{S} \tag{8-50}$$

滑模面 LFC 取为

$$V(\boldsymbol{S})=V_4\leqslant-\delta_1 V(\boldsymbol{S})-\delta_2 V^{\frac{1+r}{2}}(\boldsymbol{S}) \tag{8-51}$$

$\delta_1=2\tau_1\lambda'_{\min}$,$\delta_2=2^{(1+r)/2}\tau_2\lambda'_{\min}$,$\upsilon_i\geqslant\max\{\phi_1\overline{\Phi}_i,\cdots,\phi_n\overline{\Phi}_i\}$,$\phi_i=(\rho_i-\lambda'_{\min}\hat{\rho}_i)/\lambda'_{\min}$

2) 输入饱和 ANFTSMC 设计

参照式(8-42),输入饱和时取

$$\Xi_i\triangleq(d_i+b_i)^{-1}\left[\sum_{j=1,j\neq 1}^{n}a_{ij}u_j-\tau_1 s_i-\tau_2 s_i^r-\tau_3\operatorname{sgn}(s_i)\right] \tag{8-52}$$

如取 $\pi=\kappa/\min\{\diamond\|\Theta_1\|,\cdots,\diamond\|\Theta_n\|\}$,则采用与第 8.2.2 节相同的证明过程,可证明系统的稳定性。

8.2.4 典型任务仿真算例分析

针对无向通信故障容错控制器设计结果,取与第 8.1.4 节相同的场景和参数,且令 $k_i(0)=1.2$,$\alpha_i=1$,$\beta_i=0.1$,$r=3/5$,$\sigma=0.3$,$\gamma_0=0.5$,$\tau_1=1$,$\tau_2=0.1$,$\tau_3=$

0.15, $\xi=0.002$, $\varphi=0.04$(边界层厚度参数)。无向通信故障容错姿态协同控制姿态误差和角速度误差仿真结果分别如图 8-5 和图 8-6 所示。

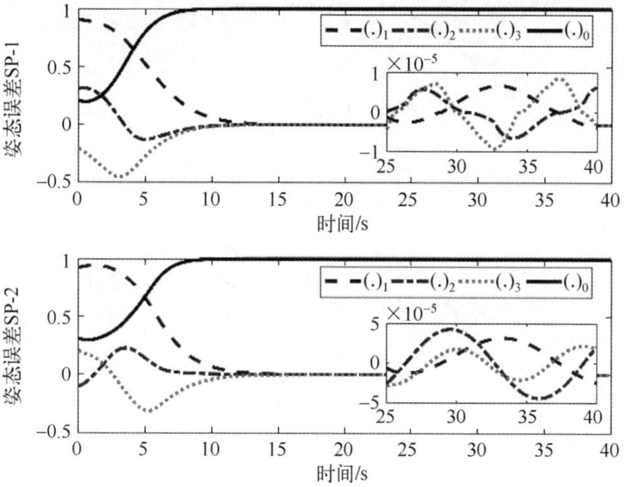

(a)

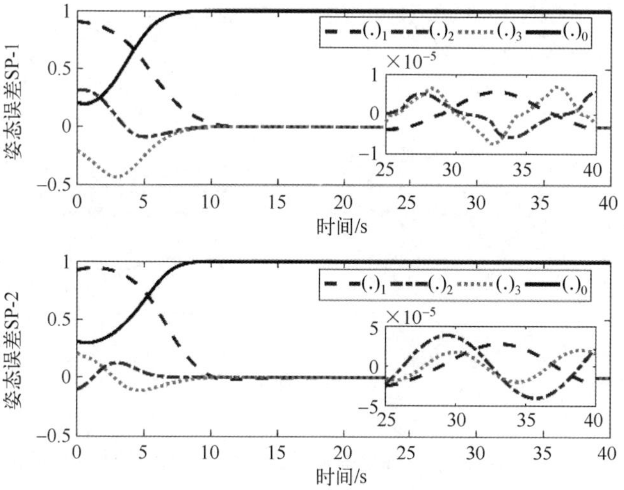

(b)

图 8-5　无向通信故障容错控制姿态误差四元数时间响应曲线

(a) ANFTSMC 结果;(b) 对比结果。

仿真结果表明,ANFTSMS 方法能够快速收敛到 0,具有良好的控制效果,基本验证了方法的有效性。

针对有向通信故障容错控制器设计问题,同样以 4 颗卫星组成的编队系统为对象,星间有向通信拓扑关系为 1-4-3-2-1 单向传输。其中,表征通信拓扑

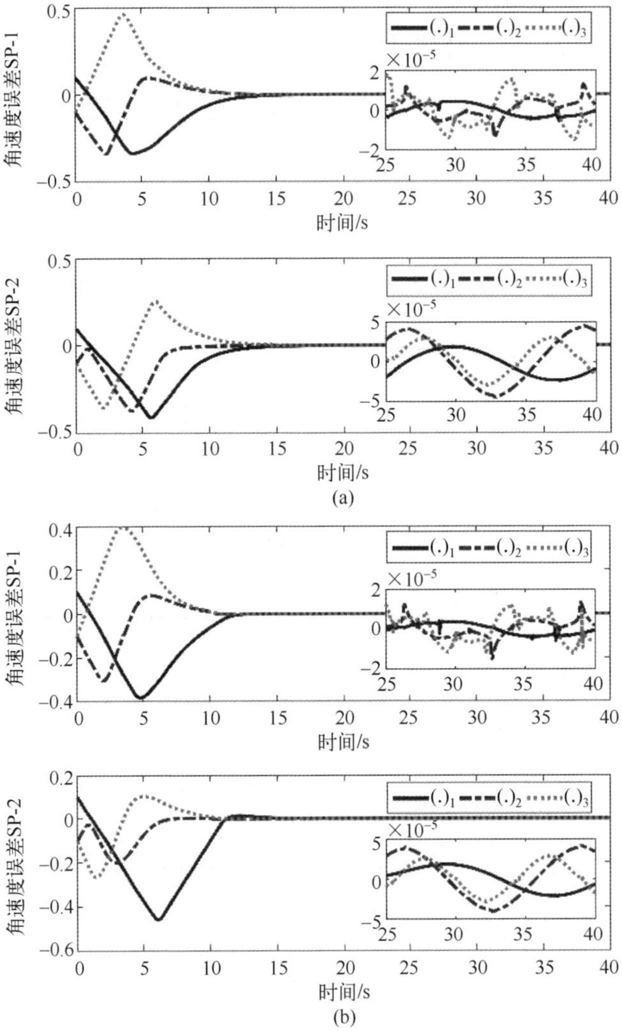

图 8-6　无向通信故障容错控制角速度误差四元数时间响应曲线

(a) ANFTSMC 结果;(b) 对比结果。

关系的拉普拉斯矩阵为

$$
\boldsymbol{L}_A=\begin{bmatrix}1 & -1 & 0 & 0\\ 0 & 1 & -1 & 0\\ 0 & 0 & 1 & -1\\ -1 & 0 & 0 & 1\end{bmatrix}
$$

且 $\boldsymbol{B}$ 矩阵取为 $\boldsymbol{B}=\begin{bmatrix}2 & & & \\ & 0 & & \\ & & 2 & \\ & & & 0\end{bmatrix}$，其他参数为：$k_i(0)=1.1$，$\alpha_i=1$，$\beta_i=0.1$，$r=3/5$，$\sigma=0.3$，$\gamma_0=0.5$，$\tau_1=1$，$\tau_2=0.1$，$\tau_3=0.15$，$\varphi=0.04$。

有向通信故障容错姿态协同控制姿态误差和角速度误差仿真结果如图 8-7 所示。

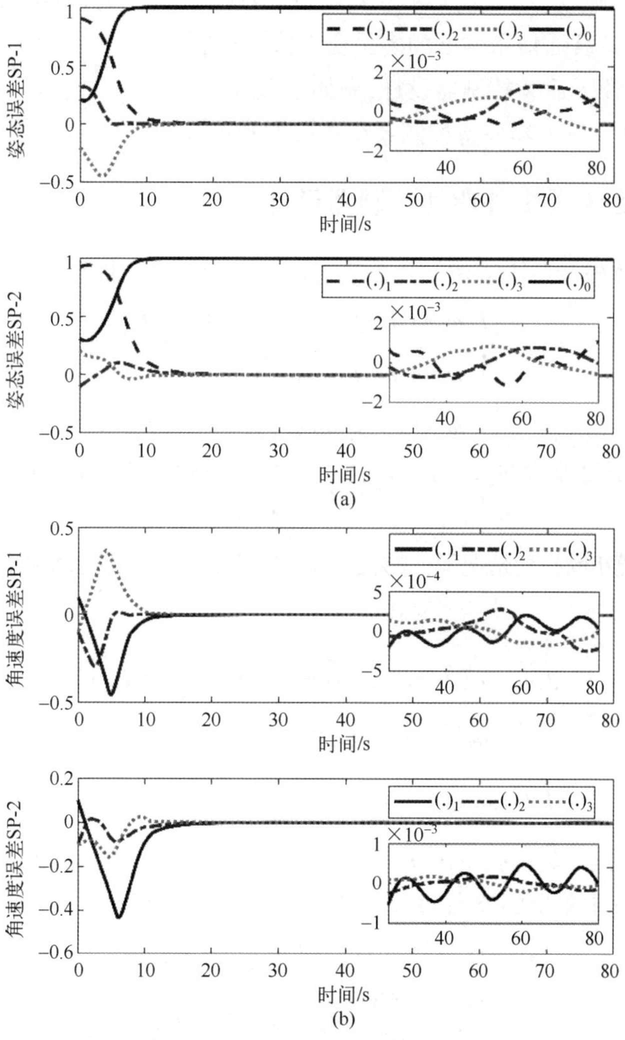

图 8-7　有向通信故障容错控制姿态和角速度误差时间响应曲线

(a) 姿态误差曲线；(b) 角速度误差曲线。

仿真结果表明，有向通信故障容错控制方法能够实现较好的控制性能，并解决高精度、有限时间收敛问题，且具有时变干扰和时变不确定性鲁棒特性。

8.3 非持续通信基于事件驱动的姿态协同控制方法

为节约多星编队协同控制星间通信资源，本章在引入一种与状态无关的事件驱动机制基础上，开展多星编队姿态协同控制方法研究，以降低控制器更新频率，实现非持续通信条件下的多星姿态协同控制。

同样，为便于后续控制器设计，做如下假设。

假设 8.6 航天器姿态控制系统是可控和可观的。

8.3.1 状态无关事件驱动控制器设计

卫星本体坐标系中刚体航天器姿态动力学模型可线性化为[140]

$$\begin{cases}J_x\dot{\omega}_x+(J_z-J_y)\omega_y\omega_z=T_{ux}+T_{gx}+T_{dx}\\ J_y\dot{\omega}_y+(J_x-J_z)\omega_z\omega_x=T_{uy}+T_{gy}+T_{dy}\\ J_z\dot{\omega}_z+(J_y-J_z)\omega_z\omega_y=T_{uz}+T_{gz}+T_{dz}\end{cases}\tag{8-53}$$

式中：J 为航天器惯量矩阵；T_u，T_g，T_d 分别为控制输入、地球重力、其他外界扰动。

在低轨道小欧拉角情况下，按文献[141]简化的地球重力扰动模型，式(8-53)可表示为

$$\begin{cases}J_x\ddot{\phi}-\omega_0(J_x-J_y+J_z)\dot{\psi}+4\omega_0^2(J_y-J_z)\phi=T_{ux}+T_{dx}\\ J_y\ddot{\theta}+3\omega_0^2(J_x-J_z)\theta=T_{uy}+T_{dy}\\ J_z\ddot{\psi}+\omega_0(J_x-J_y+J_z)\dot{\phi}+\omega_0^2(J_y-J_x)\psi=T_{uz}+T_{dz}\end{cases}\tag{8-54}$$

如记 $x(t)=[\phi,\theta,\psi,\dot{\phi},\dot{\theta},\dot{\psi}]^{\mathrm{T}}$，$u(t)=[T_{ux},T_{uy},T_{uz}]^{\mathrm{T}}$，$d=[T_{dx},T_{dy},T_{dz}]^{\mathrm{T}}$，则多星编队系统中单星的姿态动力学状态模型可表示为

$$\begin{cases}\dot{x}(t)=Mx(t)+Hu(t)+H_d d(t)\\ y(t)=\boldsymbol{C}x(t)\end{cases}\tag{8-55}$$

式中：$\boldsymbol{C}\in\mathcal{R}^{6\times6}$ 为测量矩阵；$M=\begin{bmatrix}\boldsymbol{\Omega}_1 & \boldsymbol{\Omega}_2\\ \boldsymbol{\Omega}_3 & \boldsymbol{\Omega}_4\end{bmatrix}$ 且 $\boldsymbol{\Omega}_1=[\boldsymbol{0}_{3\times3}]$；$\boldsymbol{\Omega}_2=[I_{3\times3}]$；

$$\boldsymbol{\Omega}_3=\begin{bmatrix}\dfrac{-4\omega_0^2(J_y-J_z)}{J_x} & 0 & 0\\ 0 & \dfrac{-3\omega_0^2(J_x-J_z)}{J_y} & 0\\ 0 & 0 & \dfrac{-\omega_0^2(J_y-J_x)}{J_z}\end{bmatrix};$$

$$\boldsymbol{\Omega}_4=\begin{bmatrix}0 & 0 & \dfrac{-\omega_0(-J_x+J_y-J_z)}{J_x}\\ 0 & 0 & 0\\ \dfrac{-\omega_0(J_x-J_y+J_z)}{J_z} & 0 & 0\end{bmatrix};$$

$$\boldsymbol{H}=\boldsymbol{H}_d=\begin{bmatrix}0 & 0 & 0\\ 0 & 0 & 0\\ 0 & 0 & 0\\ 1/J_x & 0 & 0\\ 0 & 1/J_y & 0\\ 0 & 0 & 1/J_z\end{bmatrix}。$$

为开展事件触发姿态协同控制器设计，按式(8-55)描述的卫星姿态动力学方程，用下标 $i=1,\cdots,n$ 表示多星编队中单星的序列号，定义辅助变量，即

$$s_i(t)=b_iJ_iF_iy_i(t)=\sum_{j=1,j\neq i}^{n}a_{ij}[J_iF_iy_i(t)-J_jF_jy_j(t)] \tag{8-56}$$

式中：$J_i=\mathrm{diag}[J_{i,x},J_{i,y},J_{i,z}]$，$F_i\in\mathcal{R}^{3\times6}$ 为增益矩阵。显然，式中第一部分为航天器自身情况，第二部分为当前卫星与编队其余卫星间的相对关系。$b_i\geqslant0,a_{ij}\geqslant0$ 是权重系数，分别代表了卫星自身权重，以及星间协同关系的权重，其大小会影响控制效果。

定义 t_k^i 为第 i 个卫星触发第 $k(k=1,2,\cdots)$ 次事件的时间序列，则两次时间序列间卫星状态 $s_i(t)$ 的采样值为

$$\hat{s}_i(t)=s_i(t_k^i)\quad t\in[t_k^i,t_{k+1}^i),k=1,2,\cdots \tag{8-57}$$

由式(8-57)可知，卫星状态的测量误差为

$$e_i(t)=\hat{s}_i(t)-s_i(t) \tag{8-58}$$

显然,$e_i(t)$表示辅助变量真实状态与最近一次采样值的差别。

假设编队单星事件驱动触发条件为

$$f_i(t,e_i(t))=\|e_i(t)\|-\varepsilon_i e^{-\gamma_i t}\leqslant 0 \tag{8-59}$$

式中,$\varepsilon_i>0$,$0<\gamma_i<-\max\{Re(\lambda_l)/2\}$。显然,触发条件是卫星决定是否更新控制器状态的判断条件。在该触发条件设计下,航天器将在测量误差超过式(8-59)所述的指数阈值时更新其控制器。从式中也可得知,事件触发条件意味着测量误差将能够以一指数形式衰减到一个小区域。

针对多星编队中的单星设计控制律为

$$u_i(t)=-K_i\hat{s}_i \tag{8-60}$$

式中:$K_i\in\mathcal{R}^{3\times 3}$为增益矩阵。

定理 8.6 考虑一个由 n 颗卫星组成的多星编队系统,依据式(8-55)描述的姿态动力学,按式(8-59)给定的事件触发条件和式(8-60)设计的控制器,姿态协同的稳定控制能够实现。同时,要求两次事件触发时间间隔存在一个下界,即没有 Zeno 现象出现。

为证明上述控制器的稳定性,记$\boldsymbol{X}=[x_1,x_2,\cdots,x_n]^{\mathrm{T}}$,$\boldsymbol{U}=[u_1,u_2,\cdots,u_n]^{\mathrm{T}}$,$\boldsymbol{Y}=[C_1x_1,C_2x_2,\cdots,C_nx_n]^{\mathrm{T}}=\boldsymbol{CX}$。通过 Kronecker 积,$\boldsymbol{S}=[s_1,\cdots,s_n]^{\mathrm{T}}$可表示为

$$\boldsymbol{S}=[(L+B)\otimes I_3]\boldsymbol{JFCX} \tag{8-61}$$

式中:$\boldsymbol{F}=\mathrm{diag}[F_1,\cdots,F_n]$。

将式(8-60)表示的控制器,代入式(8-55),可得多星编队姿态控制动力学方程为

$$\dot{\boldsymbol{X}}=\boldsymbol{MX}+\boldsymbol{HU}+\boldsymbol{H}_d\boldsymbol{d} \tag{8-62}$$

$$M=\mathrm{diag}[M_1,\cdots,M_n],\boldsymbol{H}=\boldsymbol{H}_d=\mathrm{diag}[H_{d1},\cdots,H_{dn}],\boldsymbol{d}=[d_1,\cdots,d_n]^{\mathrm{T}}$$

将式(8-58)代入式(8-62),可得

$$\dot{\boldsymbol{X}}=\boldsymbol{MX}-\boldsymbol{HK}(\boldsymbol{E}+\boldsymbol{S}) \tag{8-63}$$

$$\boldsymbol{K}=\mathrm{diag}[K_1,\cdots,K_n],\boldsymbol{E}=[e_1,\cdots,e_n]^{\mathrm{T}}$$

此时,将式(8-61)代入式(8-63)可得

$$\dot{\boldsymbol{X}}=\boldsymbol{\Lambda X}-\boldsymbol{HKE} \tag{8-64}$$

$$\boldsymbol{\Lambda}=\boldsymbol{M}-\boldsymbol{HK}[(L+B)\otimes I_3]\boldsymbol{JFC}$$

为完成稳定性证明,首先研究式(8-64)等号右侧第二部分对系统解的影响。定义辅助变量$\boldsymbol{Z}=P^{-1}X$,其中$\boldsymbol{P}^{-1}=[q_1,\cdots,q_m]^{\mathrm{T}}$,$q_i$,$i=1,2,\cdots,m$,是$\boldsymbol{\Lambda}$的左

特征向量(广义特征向量),有

$$\dot{\boldsymbol{Z}}=\boldsymbol{P}^{-1}\dot{\boldsymbol{X}}=\boldsymbol{P}^{-1}\boldsymbol{\Lambda}\boldsymbol{P}\boldsymbol{Z}-\boldsymbol{P}^{-1}\boldsymbol{H}\boldsymbol{K}\boldsymbol{E} \tag{8-65}$$

也可表示为

$$\begin{bmatrix}\dot{z}_1\\ \dot{z}_2\\ \vdots\\ \dot{z}_m\end{bmatrix}=\Pi\begin{bmatrix}z_1\\ z_2\\ \vdots\\ z_m\end{bmatrix}-P^{-1}\boldsymbol{HK}\begin{bmatrix}e_1\\ e_2\\ \vdots\\ e_m\end{bmatrix} \tag{8-66}$$

其解为

$$z(t)=e^{\Pi t}z(0)-\int_0^t e^{\Pi(t-s)}P^{-1}\boldsymbol{HK}e(s)\,\mathrm{d}s \tag{8-67}$$

考虑 Π 的 Hurwitz 特性有 $0<s<t$,于是可得

$$\|z(t)\|\leqslant \alpha e^{\frac{Re(\lambda_i)t}{2}}\left(z(0)+\|P^{-1}\boldsymbol{HK}\|\left\|\int_0^t e^{-\frac{Re(\lambda_i)s}{2}}e(s)\,\mathrm{d}s\right\|\right) \tag{8-68}$$

式中:α 为一个常数。

进一步考虑式(8-59)表示的事件驱动触发条件,可得

$$\|e(s)\|\leqslant\sum_{i=1}^{n}(\varepsilon_i e^{-\gamma_i s}) \tag{8-69}$$

将式(8-69)代入到式(8-68)中,可得

$$\begin{aligned}\|z(t)\|&\leqslant\alpha e^{\frac{Re(\lambda_i)t}{2}}\left(z(0)+\|P^{-1}HK\|\sum_{i=1}^{n}\left\|\varepsilon_i\int_0^t e^{-\left(\frac{Re(\lambda_i)}{2}+\gamma_i\right)s}\mathrm{d}s\right\|\right)\\&\leqslant\alpha\|P^{-1}HK\|e^{\frac{Re(\lambda_i)t}{2}}\sum_{i=1}^{n}\left\|\varepsilon_i\int_0^t e^{-\left(\gamma_i+\frac{Re(\lambda_i)}{2}\right)s}\mathrm{d}s\right\|+\\&\quad\alpha e^{\frac{Re(\lambda_i)t}{2}}z(0)\end{aligned} \tag{8-70}$$

考虑式(8-59)触发条件中的参数 $0<\gamma_i<-\max\{\mathrm{Re}(\lambda_l)/2\}$,可得

$$\|z(t)\|\leqslant\alpha e^{\frac{Re(\lambda_i)t}{2}}\|z(0)\|+\alpha\|P^{-1}HK\|\sum_{i=1}^{n}\left\|\frac{2\varepsilon_i e^{-\gamma_i t}}{\mathrm{Re}(\lambda_i)+2\gamma_i}\right\| \tag{8-71}$$

式(8-71)表明 $z(t)$ 可实现渐进收敛。同时,如考虑关系 $Z=P^{-1}X$,可得

$$\|X\|\leqslant\|P\|\ \|Z\|=\varphi\|Z\| \tag{8-72}$$

式(8-72)表明本节设计的控制器能够使系统达到收敛状态。

8.3.2 基于模型预测的事件驱动控制器设计

为降低多星编队星间通信频率,节约通信资源,本节采用模型预测方法,解决事件驱动时间序列之间的状态不可知问题。依据卫星姿态动力学模型,建立模型预测方程为

$$\begin{cases} \hat{x}_i(t)=x_i(t_k^i)e^{M(t-t_k^i)}+\int_{t_k^i}^{t}e^{M(t-s)}H_iu_i(t_k^i)\mathrm{d}s \\ \hat{y}\triangleq C_i\hat{x}_i(t) \end{cases} \tag{8-73}$$

此时,可用式(8-73)代替式(8-56)中的相对位置状态 y_i。

在此基础上,为保证系统的稳定性,可对式(8-58)进行小的修正,具体可改为

$$s_i(t)=\begin{cases} u_{\max}K_i^{-1}\operatorname{sgn}(s_i(t)), & |K_is_i(t)|\geqslant u_{\max} \\ s_i(t), & |K_is_i(t)|<u_{\max} \end{cases} \tag{8-74}$$

式中:$u_{\max}$为执行机构的最大输入限制。

基于模型预测的事件驱动控制器相对状态无关的事件驱动控制器状态具有明显的改善,其过程与8.3.1节一致,这里不再详细赘述。

8.3.3 基于学习观测器的事件驱动容错控制器设计

为实现对编队单星执行机构故障的错误重构,依据Chen等学者提出的学习观测器,设计为

$$\begin{cases} \dot{\hat{x}}(t)=M\hat{x}(t)+Hu(t)+\hat{F}(t)+L(y(t)-\hat{y}(t)) \\ \hat{y}(t)=C\hat{x}(t) \\ \hat{F}(t)=A\hat{F}(t-\tau)+\overline{B}(y(t)-\hat{y}(t)) \end{cases} \tag{8-75}$$

式中:$\hat{x}(t)$,$\hat{y}(t)$和$\hat{F}(t)$分别为$x(t)$,$y(t)$和$F(t)$的估计信号,亦称为重构信号;A,$\overline{B}$(上横线以示与卫星系统参数B的区分)和L为增益参数矩阵;τ为一个正常数,称为学习间隔(Learning Interval,LI)。依据研究可知,此类型观测器可以同时保证系统状态估计误差和故障信号重构误差的一致有界(Uniform Ultimate Boundedness,UUB)稳定性。

在故障重构学习观测器设计基础上,为支撑后续控制器设计,做如下假设。

假设8.7 假设$\|\widetilde{F}(t)\|\leqslant\kappa$,其中$\widetilde{F}(t)\triangleq F(t)-AF(t-\tau)$同时$\kappa$是一个正常数。

如记多星编队单星状态估计值$\hat{x}$采样时刻为$t_0^x,t_1^x,\cdots$，且$t\geqslant 0$。定义t时刻前最后一次事件发生时单星状态估计值的采样值为

$$\widehat{x}(t)=\hat{x}(t_k^x)\quad t\in[t_k^x,t_{k+1}^x],k=0,1,2,\cdots \tag{8-76}$$

同理，可记故障重构信号$\hat{F}$采样时刻为$t_0^F,t_1^F,\cdots$，且$t\geqslant 0$。定义t时刻前最后一次事件发生时单星的故障重构采样值为

$$\widehat{F}(t)=\hat{F}(t_k^F)\quad t\in[t_k^F,t_{k+1}^F),k=0,1,2,\cdots \tag{8-77}$$

假设编队中的卫星在$t=0$时刻，可同时初始化$\widehat{x}(t)$和$\widehat{F}(t)$。基于以上两个事件触发的时间序列，可以为每个星构造一个新的时间序列$t_0,t_1,\cdots,t_k,\cdots$，其中$t_k$是第$k(k=0,1,2,\cdots)$次事件被触发的时刻。

对于编队中的单星，定义辅助变量为

$$\hat{s}_i(t)=b_iJ_iQ_i\,\hat{y}_i(t)+\sum_{j=1,\,j\neq 1}^{n}a_{ij}[J_iQ_i\,\hat{y}_i(t)-J_jQ_j\,\hat{y}_j(t)] \tag{8-78}$$

显然，式(8-78)与式(8-56)的形式一致，其中为避免式(8-56)中的F_i与本节提出的故障信号符号重复，使用Q_i代替。同时，依据式(8-57)，可得测量方程为

$$\hat{y}_i(t)=C\,\hat{x}_i(t) \tag{8-79}$$

定义时间序列t_k^i为第i个卫星触发的第$k(k=1,2,\cdots)$次事件，则$\hat{s}_i(t)$的采样值可表示为

$$\hat{s}_i(t)=\hat{s}_i(t_k^i)\quad t\in[t_k^i,t_{k+1}^i),k=1,2,\cdots \tag{8-80}$$

由状态采样值表达式可知辅助状态测量误差为

$$e_{s,i}(t)=\hat{s}_i(t)-\hat{s}_i(t) \tag{8-81}$$

同理可得故障重构信号的测量误差为

$$e_{F,i}(t)=\widehat{F}_i(t)-\hat{F}_i(t) \tag{8-82}$$

在上述基础上，为单个卫星设计事件驱动触发条件。其中，辅助状态触发条件为

$$f_{s,i}(t,e_{s,i}(t))=\|e_{s,i}(t)\|-\varepsilon_{i1}e^{-\gamma_{i1}t}\leqslant\delta_{i1} \tag{8-83}$$

故障重构触发条件为

$$f_{F,i}(t,e_{F,i}(t))=\|e_{F,i}(t)\|-\varepsilon_{i2}e^{-\gamma_{i2}t}\leqslant\delta_{i2} \tag{8-84}$$

$$\varepsilon_{i1},\varepsilon_{i2}>0,\delta_{i1},\delta_{i2}>0,0<\gamma_{i1},\gamma_{i2}<-\max\{\mathrm{Re}(\lambda_{il})/2\}$$

这里需指出的是，在式(8-83)和式(8-84)表示的触发条件下，编队中的卫

星将在测量误差超过式中所述的指数阈值时传输数据并更新其控制器。从该触发条件可知,如果所设计控制器可以稳定目标系统,事件触发条件意味着测量误差能以指数形式衰减到一个小区域。

按前述故障信号重构结果,设计基于学习观测器和事件驱动控制的容错控制器为

$$u_i(t)=-K_1\hat{s}_i-K_2\hat{F}_i \tag{8-85}$$

式中:K_1,K_2 为增益矩阵;$i=1,2,\cdots,n$ 表示编队中卫星的序号。

定理 8.7 考虑一个由 n 颗卫星组成的多星编队系统,依据式(8-55)描述的卫星姿态动力学,假设 8.6 和假设 8.7 成立,利用式(8-75)描述的的学习观测器,在式(8-83)和式(8-84)给定的事件触发条件下,通过合理设计式(8-85)给定的控制器,则能够实现姿态协同稳定控制。同时,所设计的控制器两次事件触发的时间间隔存在一个下界,即没有 Zeno 现象出现。

为证明上述定理的正确性,针对多星编队系统,将考虑执行机构故障的姿态动力学方程重新表示为

$$\dot{X}=MX+HU+F \tag{8-86}$$

$$\boldsymbol{X}=[x_1,x_2,\cdots,x_n]^{\mathrm{T}},\boldsymbol{U}=[u_1,u_2,\cdots,u_n]^{\mathrm{T}},\boldsymbol{Y}=[\boldsymbol{C}_1x_1,\boldsymbol{C}_2x_2,\cdots,\boldsymbol{C}_nx_n]^{\mathrm{T}}=\boldsymbol{CX}$$

由式(8-61)可知

$$\hat{S}=[(L+B)\otimes I_3]JQC\hat{X} \tag{8-87}$$

$$\boldsymbol{S}=[s_1,\cdots,s_n]^{\mathrm{T}}$$

将式(8-81)、式(8-82)和式(8-85)代入式(8-86),可得

$$\dot{X}=MX-HK_1\hat{S}-HK_2\hat{F}+F \tag{8-88}$$

由式(8-81)和式(8-82),可得

$$\hat{s}_i(t)=e_{s,i}(t)+\hat{s}_i(t) \tag{8-89}$$

$$\hat{F}_i(t)=e_{F,i}(t)+\hat{F}_i(t) \tag{8-90}$$

因此,将式(8-89)及式(8-90)代入式(8-88),可得

$$\dot{X}=\boldsymbol{\Lambda}X+(I-HK_2)F-HK_2E_F-HK_1E_s+\boldsymbol{\xi} \tag{8-91}$$

$$\boldsymbol{\Lambda}=M-HK_1[(L+B)\otimes I_3]JQC \tag{8-92}$$

$$\xi=HK_2\xi_F+HK_1\xi_s \tag{8-93}$$

式中:ξ_F,ξ_s 为常数,且这两项由学习观测器 UUB 特性带来。考虑系统满足假设 8.7,通过合理设计相关参数,一个线性系统的所有特征值都可以放置到左半平面(满足 Hurwitz 条件)[142],相关方法在本章不再赘述。考虑到 $F(t)$ 的定义,可

以通过选择

$$\boldsymbol{K}_2=[\boldsymbol{0}_{3\times3},\mathrm{diag}(J_x,J_y,J_z)] \tag{8-94}$$

使得$(I-HK_2)F(t)=0$成立，因此，式(8-91)可以重新写为

$$\dot{\boldsymbol{X}}=\boldsymbol{\Lambda X}-\boldsymbol{HK}_2\boldsymbol{E}_F-\boldsymbol{HK}_1\boldsymbol{E}_S+\boldsymbol{\xi} \tag{8-95}$$

下面讨论在式(8-95)中，等号右侧第二和第三部分对于系统稳定性的影响，也就是说，分析辅助状态测量误差式(8-81)和故障重构信号测量误差式(8-82)对于系统解的影响。定义辅助变量 $\boldsymbol{Z}=\boldsymbol{P}^{-1}\boldsymbol{X}$，其中 $\boldsymbol{P}^{-1}=[\boldsymbol{q}_1,\cdots,\boldsymbol{q}_m]^{\mathrm{T}}$，这里 $\boldsymbol{q}_i,i=1,2,\cdots,m$，为 Hurwitz 矩阵 $\boldsymbol{\Lambda}$ 的左特征向量(广义特征向量)，并且矩阵 $\boldsymbol{\Lambda}$ 可以表示成 Jordan 标准型 $\boldsymbol{\Pi}=\boldsymbol{P}^{-1}\boldsymbol{\Lambda P}$，则有

$$\dot{\boldsymbol{Z}}=\boldsymbol{P}^{-1}\dot{\boldsymbol{X}}=\boldsymbol{P}^{-1}\boldsymbol{\Lambda PZ}-\boldsymbol{\Xi}_2\boldsymbol{E}_F-\boldsymbol{\Xi}_1\boldsymbol{E}_S+\boldsymbol{P}^{-1}\boldsymbol{\xi} \tag{8-96}$$

$$\boldsymbol{\Xi}_1=\boldsymbol{HK}_1,\boldsymbol{\Xi}_2=\boldsymbol{HK}_2$$

此时，式(8-96)可以表示为

$$\begin{bmatrix}\dot{z}_1\\ \dot{z}_2\\ \vdots\\ \dot{z}_m\end{bmatrix}=\boldsymbol{\Pi}\begin{bmatrix}z_1\\ z_2\\ \vdots\\ z_m\end{bmatrix}-\boldsymbol{\Xi}_2\begin{bmatrix}e_{f1}\\ e_{f2}\\ \vdots\\ e_{fm}\end{bmatrix}-\boldsymbol{\Xi}_1\begin{bmatrix}e_{s1}\\ e_{s2}\\ \vdots\\ e_{sm}\end{bmatrix}+\boldsymbol{P}^{-1}\begin{bmatrix}\xi_1\\ \xi_2\\ \vdots\\ \xi_m\end{bmatrix} \tag{8-97}$$

因 t_k 为最近的事件触发时刻，t 为当前时间，这表示 $t_k\sim t$ 没有任何事件发生，故式(8-97)的解为

$$\begin{aligned}z(t)=&e^{\Pi(t-t_k)}z(t_k)-\int_{t_k}^{t}e^{\Pi(t-t_k-s)}\boldsymbol{\Xi}_2e_F(s)\mathrm{d}s-\\&\int_{t_k}^{t}e^{\Pi(t-t_k-s)}\boldsymbol{\Xi}_1e_s(s)\mathrm{d}s+\int_{t_k}^{t}e^{\Pi(t-t_k-s)}\boldsymbol{P}^{-1}\xi\mathrm{d}s\end{aligned} \tag{8-98}$$

考虑到 Π 的 Hurwitz 特性，$t_k<s<t$，依据文献[143]中给出的引理，可得

$$\begin{aligned}\|z(t)\|\leqslant&\alpha e^{\frac{Re(\lambda_i)}{2}(t-t_k)}\left(z(t_k)+\|\boldsymbol{\Xi}_2\|\left\|\int_{t_k}^{t}e^{-\frac{Re(\lambda_i)s}{2}}e_F(s)\mathrm{d}s\right\|+\right.\\&\left.\|\boldsymbol{\Xi}_1\|\left\|\int_{t_k}^{t}e^{-\frac{Re(\lambda_i)s}{2}}e_s(s)\mathrm{d}s\right\|+\|\boldsymbol{P}^{-1}\xi\|\left\|\int_{t_k}^{t}e^{-\frac{Re(\lambda_i)s}{2}}\mathrm{d}s\right\|\right)\end{aligned} \tag{8-99}$$

式中：α 为一个常数。由式(8-83)和式(8-84)表示的事件触发条件，可得

$$\|e_F(s)\|\leqslant\varepsilon_2e^{-\gamma_2s}+\delta_2 \tag{8-100}$$

$$\|e_s(s)\|\leqslant\varepsilon_1e^{-\gamma_1s}+\delta_1 \tag{8-101}$$

将式(8-100)和式(8-101)代入式(8-99),可得

$$\| z(t) \| \leqslant \alpha e^{\frac{Re(\lambda_i)}{2}(t-t_k)} \left(z(t_k) + \sum_{i=1}^{2} \left\| \| \Xi_i \| \varepsilon_i \int_{t_k}^{t} e^{-\left(\frac{Re(\lambda_i)}{2}+\gamma_i\right)s} ds \right\| \right) + \Delta \tag{8-102}$$

$$\Delta = \frac{2n\alpha}{Re(\lambda_i)} \left(\| P^{-1}\xi \| + \sum_{i=1}^{2} \delta_i \| \Xi_i \| \right) \tag{8-103}$$

式(8-103)中的两部分分别代表由观测器进行故障重构带来的误差,以及由事件驱动触发条件 δ_i 带来的误差。显然,两者是有界的。考虑在式(8-83)和式(8-84)中的参数,其中 $0<\gamma_i<-\max\{Re(\lambda_l)/2\}$。因此,式(8-103)可改写为

$$\| z(t) \| \leqslant \alpha e^{\frac{Re(\lambda_i)}{2}(t-t_k)} \| z(t_k) \| + \alpha \sum_{i=1}^{2} \left\| \| \Xi_i \| \frac{2\varepsilon_i e^{-\gamma_i(t-t_k)}}{Re(\lambda_i) + 2\gamma_i} \right\| + \Delta \tag{8-104}$$

这表明 $z(t)$ 可以收敛到一个小区域。通过考虑关系 $\boldsymbol{Z}=\boldsymbol{P}^{-1}\boldsymbol{X}$,可得

$$\| \boldsymbol{X} \| \leqslant \| \boldsymbol{P} \| \; \| \boldsymbol{Z} \| = \varphi \| \boldsymbol{Z} \| \tag{8-105}$$

式(8-105)表明,在本节设计的控制器作用下,多星编队各个卫星的姿态可实现收敛。

8.3.4 典型任务仿真算例分析

为验证非持续通信条件下基于事件驱动的姿态协同控制方法的有效性,同样以 4 颗星为背景,假设星间通信处于无向通信拓扑结构。此时,多星编队系统的拉普拉斯矩阵取为

$$\boldsymbol{L} = \begin{bmatrix} 2 & -1 & 0 & -1 \\ -1 & 2 & -1 & 0 \\ 0 & -1 & 2 & -1 \\ -1 & 0 & -1 & 2 \end{bmatrix}$$

$\boldsymbol{B}$ 矩阵为 $\boldsymbol{B}=\mathrm{diag}(2 \quad 0 \quad 2 \quad 0)$,惯量矩阵(单位 kg · m^2)依次取为

$$\boldsymbol{J}_1 = \begin{bmatrix} 20 & & \\ & 17 & \\ & & 15 \end{bmatrix}, \boldsymbol{J}_2 = \begin{bmatrix} 22 & & \\ & 19 & \\ & & 15 \end{bmatrix}, \boldsymbol{J}_3 = \begin{bmatrix} 18 & & \\ & 15 & \\ & & 17 \end{bmatrix}, \boldsymbol{J}_4 = \begin{bmatrix} 18 & & \\ & 20 & \\ & & 15 \end{bmatrix}$$

扰动 $\boldsymbol{d}_i$(单位为 Nm)取为

$$\boldsymbol{d}_i=\begin{bmatrix}2\cos(0.2\pi t)-\cos(0.4\pi t)+2\omega_x\sin(0.11t)\\2\sin(0.2\pi t)-2\cos(0.4\pi t)+2\omega_y\sin(0.11t)\\\sin(0.2\pi t)-2\cos(0.4\pi t)-2\omega_z\sin(0.11t)\end{bmatrix}\times10^{-3}$$

轨道角速率取为 $\omega_0=0.001(\mathrm{rad/s})$。各卫星初状态(单位为 rad/s)设置为

$\boldsymbol{x}_1(0)=[-0.05,0.03,0.05,0,0,0]^{\mathrm{T}}$，$\boldsymbol{x}_2(0)=[0.04,0.02,-0.04,0,0,0]^{\mathrm{T}}$，

$\boldsymbol{x}_3(0)=[-0.03,0.01,0.05,0,0,0]^{\mathrm{T}}$，$\boldsymbol{x}_4(0)=[0.04,-0.03,-0.03,0,0,0]^{\mathrm{T}}$

控制器其他参数分别为

$$\gamma_i=0.2,\varepsilon_i=0.6,\delta=0.001,C_i=I_{6\times6},F_i=2\times[I_{3\times3},I_{3\times3}],K_i=I_{3\times3}$$

在此仿真输入条件下,假设执行机构输出上限为 1Nm,则基于模型预测的事件驱动控制器事件序列触发结果和姿态角响应曲线分别如图 8-8 和图 8-9 所示。

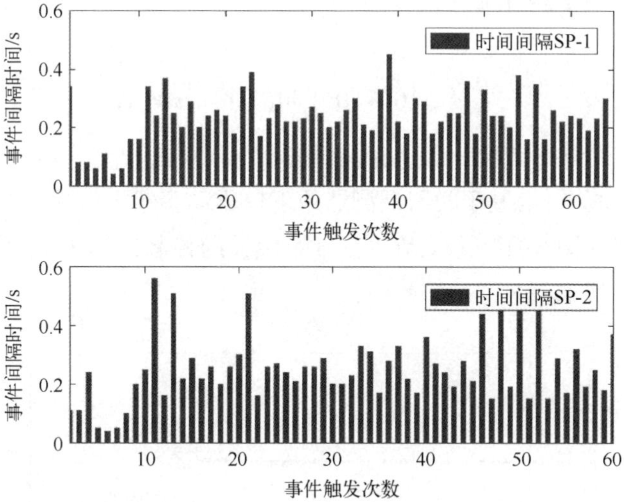

图 8-8　基于模型预测的事件驱动触发序列结果分布图

上述仿真结果表明,本章设计的基于模型预测事件驱动控制器可通过星载计算代替星间持续通信对数据传输的要求,大幅降低控制器更新频率。同时,该控制可在保证较高控制精度的基础上,实现多星编队系统姿态协同控制。

在同样的仿真输入条件下,为验证基于学习观测器的事件驱动容错控制器设计方法有效性。假设编队卫星在滚转角方向发生了时变故障,故障信号由常

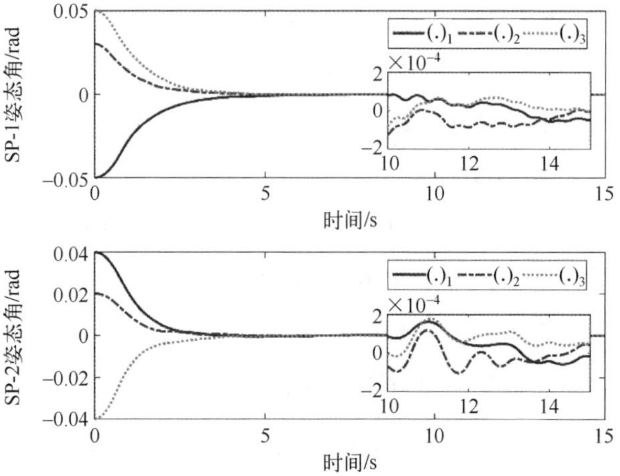

图 8-9　基于模型预测的事件驱动控制器姿态响应曲线

值项和时变项两个部分组成,具体形式为

$$f_{a,x}(t)=\begin{cases}0, & t<10s\\ 0.3+0.1\sin(3t), & t\geqslant 10s\end{cases}$$

执行机构在其余两个方向正常工作,且具备 $f_{a,y}(t)=0$ 和 $f_{a,z}(t)=0$ 的特性。

按上述仿真条件,基于学习观测器的事件驱动容错控制执行机构故障及观测器重构结果如图 8-10 所示;在 8.3.3 节设计的控制器作用下,编队中两颗星的姿态响应曲线如图 8-11 所示。

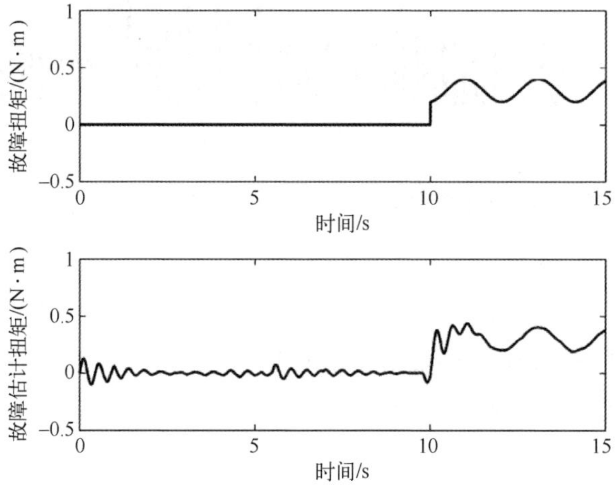

图 8-10　执行机构故障和观测器重构结果

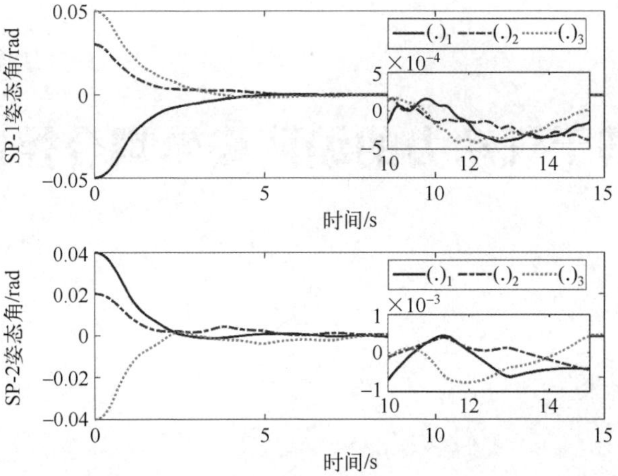

图 8-11　基于学习观测器的时间驱动容错控制器姿态角响应曲线

上述仿真结果表明,本章设计的基于学习观测器事件驱动容错控制器可在非持续通信和执行机构发生故障的情况下,实现良好的控制精度,且控制器更新频率保持在较低水平。

8.4　小结

本章围绕多星编队姿态协同控制问题,从编队星间通信拓扑结构出发,重点研究了无向、有向和非持续通信条件的分布式航天器姿态协同控制技术。其中,无向通信条件下,提出了一种自适应时变滑模控制方法,解决了外部扰动不确定性问题。有向通信约束条件下,通过引入 Indirect 方式实现扰动自适应估计,提出了一种故障容错自适应控制方法,解决了通信资源受限和执行机构故障控制问题。非持续通信约束条件下,通过引入事件驱动理念,提出了基于模型预测和学习观测器的事件驱动控制器设计方法,较好地解决了低频次通信和执行机构故障控制问题。

第 9 章

基于气动力的编队姿轨耦合控制方法

卫星编队相对运动是指在地球重力场和各种摄动力下,一个或多个环绕星相对于参考星的运动。传统的卫星编队姿轨耦合控制方法都是基于常规执行机构开展研究,例如轨道控制用的肼推进器和姿态控制用的反作用飞轮[144-146]。常规执行机构技术成熟度高、可靠性强,但受其作用原理影响,特别地肼推进器对燃料的消耗会严重影响卫星在轨使用寿命。随着卫星编队在轨动力学研究的深入,科研人员发现低轨编队飞行时,差分气动力可同时提供升力和阻力,如果能够加以利用,对降低卫星控制燃料消耗量,延长卫星在轨使用寿命具有极其重要的意义。本章在现有气动力编队控制技术研究的基础上,首次开展全维度姿轨耦合建模与控制技术研究,为气动力在卫星编队控制领域的主动利用提供理论依据。

9.1 基于气动力的姿轨耦合建模

9.1.1 气动力原理

1. 自由分子流领域中的气动力模型

针对气体的流动问题,通常情况下都采用连续介质模型作为基本模型。然而,当气体密度低到一定程度的时候,气体的间断效应变得不可忽略,连续介质假设因此失效,这时必须利用稀薄气体动力学的相关理论来进行分析。

从本质上讲,间断效应是由于气体的宏观流动尺度 L 变得与气体分子的平均自由程 λ 可以比拟而产生的。分子平均自由程[147]定义为一个分子在碰撞间走过的平均距离。对于一般的分子模型,分子碰撞与否一般通过分子偏转角度大小来界定。对于稀薄气体分子,可以利用硬球模型来说明分子平均自由程的概念。对于直径为 d 的气体分子,当场分子的中心位于实验分子半径为 d 的球内时,则认为实验分子与场分子发生了碰撞。假设碰撞概率为 $\widetilde{V}$,即单位时间内分子间发生的碰撞次数。假设分子的热运动平均速度为 $\tilde{c}$,其定义为分子单位时间内走过的距离,则平均自由程可表示为

$$\lambda=\frac{\tilde{c}}{\widetilde{V}} \tag{9-1}$$

分子自由程随着高度上升和增加,同时粒子效应也越来越显著。分子平均自由程在海平面时约为 7×10^{-8}m,在 70km 高度时增加到 10^{-3}m,而 85km 高度时则为 10^{-2}m。定义克努森数来表征间断效应的强弱,其数学表达式为

$$Kn=\frac{\lambda}{L} \tag{9-2}$$

式中:λ 为分子平均自由程;L 为宏观流动尺度。

根据气体流动的稀薄程度,钱学森将稀薄气体分成三个领域,即滑流领域、过渡流领域和自由分子流领域,具体的领域划分由克努森数的取值大小决定,如表 9-1 所列。

表 9-1　气体流动区域划分

领域划分	克努森数范围
滑流领域	$0.01<Kn<0.1$
过渡流领域	$0.1<Kn<10$
自由分子流领域	$Kn>10$

当气体变得很稀薄时,气体的分子平均自由程比宏观流动尺度大很多,气体分子之间的碰撞很少,主要是与物体表面的碰撞,由物体表面反射的分子只有在较远距离外才会与来流分子碰撞,此时来流分子符合麦克斯韦分布,其与物体表面之间的能量交换过程更容易量化,该领域称为自由分子流领域。当克努森数趋于无穷时,则来流气体的速度分布函数不再受碰撞的影响,所以该种流动方式也称为无碰撞流动,可以用无碰撞项的玻尔兹曼方程来描述。需要指出的是,玻尔兹曼方程给出的是气流速度分布函数在位置和时间维度上的变化率,为了得到玻尔兹曼方程的解,则必须了解气体分子与物体表面相互作用的方式,即反射和散射的种类。

麦克斯韦针对气体分子与物面的相互作用定义两种模型,即完全镜面反射

模型和完全漫反射模型。完全镜面反射模型假设在来流气体与物体表面发生作用后,入射分子相对物体表面的速度仅在法向分量上改变方向,其他方向的分量不发生改变,反射流产生的压力与入射流产生的压力大小相同,而反射流产生的剪切应力与入射流产生的剪切应力大小相等符号相反,总剪切应力为零,即来流气体与物体表面并未进行能量交换。相对应的,完全漫反射模型假设在来流气体与物体表面发生作用后,反射分子以麦克斯韦分布散射,平衡条件是来流静温、物面温度和麦克斯韦分布的温度大小相等。

然而,实验证明,对于自由分子流领域的气体分子,完全镜面反射模型或完全漫反射模型都不能准确地描述气体分子与物体表面的能量作用。麦克斯韦将这两种散射模型组合在一起,假设来流分子一部分为完全漫反射,其余部分发生了完全镜面反射,提出了麦克斯韦散射模型。

气体分子动量的切向分量 σ 和法向分量适应系数 σ' 被引入来表征麦克斯韦散射模型中镜面反射和漫反射发生的程度,其定义为

$$\begin{cases}\sigma=\dfrac{\tau_i-\tau_r}{\tau_i-\tau_\omega}=\dfrac{\tau_i-\tau_r}{\tau_i}\\ \sigma'=\dfrac{p_i-p_r}{p_i-p_\omega}\end{cases}\tag{9-3}$$

式中:p 为法向动量分量;τ 为切向动量分量;下标 i,r 反映了该量是属于入射气体分子流还是反射气体分子流的;p_ω 和 τ_ω 分别为在物体物面温度 T_ω 下发生完全漫反射情况下的气体分子的法向动量和切向动量,显然有 $\tau_\omega=0$。在完全镜面反射的情况下,$\sigma=\sigma'=0$,在完全适应的漫反射的情况下 $\sigma=\sigma'=1$。而在一般情况下,可以认为 σ 部分的气体分子发生了完全漫反射,$1-\sigma$ 部分的气体分子发生了完全镜面反射。

物体表面收到的总压力和剪切应力由入射流气体分量和反射流气体分量共同组成,其定义为

$$\begin{cases}p=p_i+p_r\\ \tau=\tau_i-\tau_r\end{cases}\tag{9-4}$$

联合式(9-3),并令 $\sigma=\sigma'$,可得

$$\begin{cases}p=(2-\sigma)p_i+\sigma p_\omega\\ \tau=\sigma\tau_i\end{cases}\tag{9-5}$$

从式(9-5)可知,为了求得物体表面受到的总压力和剪切力,必须对入射

流与物体表面之间的能量交换过程进行分析，现以相对表面 dA 宏观速度为 $\boldsymbol{U}$ 的气体为例。在物体表面建立如图 9-1 所示的坐标系 $Oxyz$。图中，假设物体表面外法向量为 $\boldsymbol{l}$，x 轴指向与 $\boldsymbol{l}$ 相反的方向，选取物体表面切向方向为 y 轴，并且使 $\boldsymbol{U}$ 处在 xOy 平面内，与 x 轴及 y 轴均构成锐角。

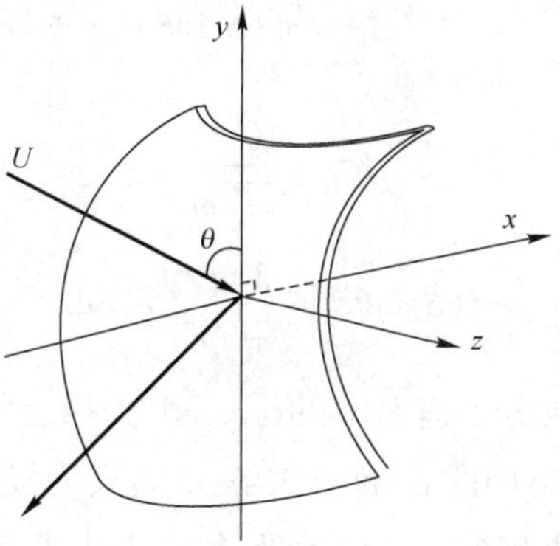

图 9-1　物体表面受力分析示意图

假设入射流气体分子的绝对速度为 $\boldsymbol{c}$，并且其在 x,y,z 上的分量为(u,v,w)；同样，假设分子热运动速度在三轴的分量为(u',v',w')，则具有如下关系：

$$\begin{cases} u'=u-U\sin\theta \\ v'=v+U\cos\theta \\ w'=w \end{cases} \tag{9-6}$$

式中：θ 为入射分子与 y 轴的夹角。

根据稀薄气体动力学理论，来流气体速度分布函数为平衡态，即麦克斯韦分布，可表示为

$$f=n\left(\frac{m}{2\pi kT}\right)^{3/2}\exp\left[-\frac{m}{2kT}(u'^2+v'^2+w'^2)\right] \tag{9-7}$$

式中：n 和 T 为来流的分子数密度和温度；m 为分子的质量；k 为波尔兹曼常数。

入射分子在物体表面产生的正压力即为气体通过表面 A 的法向动量通量，其计算公式为

$$\begin{aligned} p_i &= \int_{-\infty}^{\infty}\int_{-\infty}^{\infty}\int_{0}^{\infty} mu^2 f\mathrm{d}u\mathrm{d}v\mathrm{d}w \\ &= \frac{\rho U^2}{2\sqrt{\pi}S^2}\left\{(S\sin\theta)e^{-(S\sin\theta)^2} + \sqrt{\pi}\left[\frac{1}{2}+(S\sin\theta)^2\right]\left[1+\mathrm{erf}(S\sin\theta)\right]\right\} \end{aligned} \tag{9-8}$$

同样的,入射分子在物体表面产生的剪切应力为气体通过表面 A 的切向动量通量,其计算公式为

$$\begin{aligned}\tau_i &= \int_{-\infty}^{\infty}\int_{-\infty}^{\infty}\int_{0}^{\infty} muvf\mathrm{d}u\mathrm{d}v\mathrm{d}w \\ &= -\frac{\rho U^2\cos\theta}{2\sqrt{\pi}S^2}\left\{e^{-(S\sin\theta)^2} + \sqrt{\pi}(S\sin\theta)\left[1 + \mathrm{erf}(S\sin\theta)\right]\right\}\end{aligned} \tag{9-9}$$

$$S = \frac{U}{\sqrt{2kT/m}} \tag{9-10}$$

$$\mathrm{erf}(S\sin\theta) = \frac{2}{\sqrt{\pi}}\int_0^{S\sin\theta} e^{-x^2}\mathrm{d}x \tag{9-11}$$

式中:ρ 为气体密度;S 为分子速度比;$\mathrm{erf}(S\sin\theta)$ 为误差函数。

接下来要对式(9-5)中的 p_w 进行求解,其定义为气体反射流以物体表面温度 T_ω 的麦克斯韦分布散射时的法向动量,数学表达式为

$$p_w = mN_i\sqrt{\frac{\pi RT_\omega}{2}} \tag{9-12}$$

$$N_i = n\sqrt{\frac{kT}{2\pi m}}\left\{e^{-(S\sin\theta)^2} + \sqrt{\pi}(S\sin\theta)\left[1+\mathrm{erf}(S\sin\theta)\right]\right\} \tag{9-13}$$

式中:R 为单位质量气体常数;N_i 为来流气体的分子数目。

依据上述表达式,则表面 $\mathrm{d}A$ 上的总正压力和剪切应力可表示为

$$p = \frac{\rho U^2}{2S^2}\left\{\begin{aligned}&\left(\frac{2-\sigma}{\sqrt{\pi}}S\sin\theta + \frac{\sigma}{2}\sqrt{\frac{T_\omega}{T}}\right)e^{-(S\sin\theta)^2} + \\ &\left[(2-\sigma)\left(S^2\sin^2\theta + \frac{1}{2}\right) + \frac{\sigma}{2}\sqrt{\pi\frac{T_\omega}{T}}(S\sin\theta)\right]\left[1+\mathrm{erf}(S\sin\theta)\right]\end{aligned}\right\} \tag{9-14}$$

$$\tau = \frac{-\sigma'\rho U^2\cos\theta}{2\sqrt{\pi}S}\left\{e^{-(S\sin\theta)^2} + \sqrt{\pi}(S\sin\theta)\left[1+\mathrm{erf}(S\sin\theta)\right]\right\} \tag{9-15}$$

式中:T_ω 为物面温度;T 为来流气体温度。通常,可以认为 $T_\omega = T$。

2. 气动阻力和升力模型

式(9-14)和式(9-15)可用于具体的几何形状,通过积分可求出在物体表面作用的升力和阻力。为了方便计算,引入阻力系数 C_D 和升力系数 C_L,其定义[148]为

$$C_D=\frac{F_D}{\frac{1}{2}\rho U^2A} \tag{9-16}$$

$$C_L=\frac{F_L}{\frac{1}{2}\rho U^2A} \tag{9-17}$$

式中:F_D 和 F_L 为物体表面上的总阻力和总升力;A 为参考面积;ρ 为气体密度;U 为气体和物体间的相对速度。

以迎角为 α 的平板为例,选取平板的一面作为特征面,其表面的总阻力和总升力可表示为

$$\begin{cases}F_D=[p|_{\theta=\frac{\pi}{2}-\alpha}-p|_{\theta=\frac{3\pi}{2}-\alpha}]\sin\alpha+[\tau|_{\theta=\frac{\pi}{2}-\alpha}-\tau|_{\theta=\frac{3\pi}{2}-\alpha}]\cos\alpha\\ F_L=[p|_{\theta=\frac{\pi}{2}-\alpha}-p|_{\theta=\frac{3\pi}{2}-\alpha}]\cos\alpha+[\tau|_{\theta=\frac{\pi}{2}-\alpha}-\tau|_{\theta=\frac{3\pi}{2}-\alpha}]\sin\alpha\end{cases} \tag{9-18}$$

式中:C_D,C_L 分别为平板的阻力系数和升力系数。

$$C_D=\frac{1}{S^2}\left\{\begin{matrix}\frac{S}{\sqrt{\pi}}[4\sin^2\alpha+2\sigma\cos(2\alpha)]\cdot e^{-(S\sin\alpha)^2}+\sigma\sqrt{\pi}\frac{S^2}{S_w}\sin^2\alpha+\\ \sin\alpha[1+2S^2+(1-\sigma)(1-2S^2\cos(2\alpha))]\cdot\mathrm{erf}(S\sin\alpha)\end{matrix}\right\} \tag{9-19}$$

$$C_L=\frac{\cos\alpha}{S^2}\left\{\begin{matrix}\frac{2}{\sqrt{\pi}}(2-2\sigma)S\sin\alpha e^{-(S\sin\alpha)^2}+\sigma\sqrt{\pi}\frac{S^2}{S_w}\sin\alpha+\\ [2(2-2\sigma)(S\sin\alpha)^2+(2-\sigma)]\cdot\mathrm{erf}(S\sin\alpha)\end{matrix}\right\} \tag{9-20}$$

在上述气动系数的基础上,可以给出气动平板受到的气动力为

$$\begin{aligned}F_{\text{drag}}&=-\frac{1}{2}\rho C_DA|v|^2\frac{v}{|v|}\\ F_{\text{lift}}&=-\frac{1}{2}\rho C_LA|v|^2\frac{(v\times n)\times v}{|(v\times n)\times v|}\end{aligned} \tag{9-21}$$

式中:$\boldsymbol{n}$ 为平板的法向量;$\boldsymbol{v}$ 为平板相对周围大气的速度矢量。从式(9-21)可以看出,平板所受气动阻力方向仅与相对速度有关,而气动升力方向则与相对速度与平板法向量夹角有关,且两者均与大气密度息息相关。

9.1.2　气动板配置方案

从气动力原理可以看出,通过改变气动板迎角来改变气动力是比较合理的方案[149]。在现有气动力研究基础上,针对航天器相对运动中的姿轨耦合控制问题,假设卫星上沿本体坐标轴安装的气动板不仅能绕着安装轴旋转产生连续

的气动力,也能够沿着安装轴平移,通过改变气动板相对于卫星质心的受力中心以产生气动力矩。单块气动板的配置方式如图 9-2 所示。

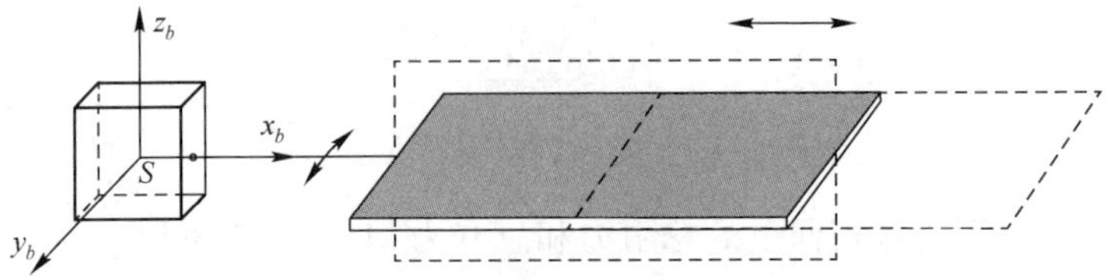

图 9-2　单块气动板的配置方式

为了能够在卫星旋转的时候产生全自由度位置控制气动力和全自由度姿态控制气动力矩,本节提出一种由 6 块气动板组成的对称执行机构配置方法。以从星为例,具体配置情况如图 9-3 所示。

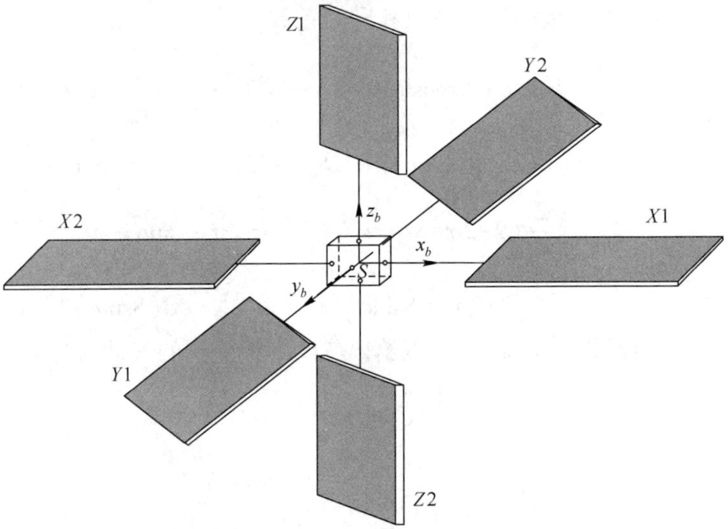

图 9-3　6 块气动板的配置情况

假设主星配置同样的执行机构,并能与从星相互配合,以产生用来进行相对运动控制的差分气动力。需要指出的是,在现有研究中,均假设气动板受力面积比卫星本体受到的气动力大许多,而不考虑卫星本体受到的气动力。另外,假设气动板均由超轻质材料构成,并且能够快速响应控制指令,不考虑响应时间;同样地,假设气动板质量和转动惯量相对卫星本体小一个数量级以上,因此气动板运动对于卫星本体动力学的影响也忽略不计。

9.1.3　姿轨耦合动力学模型

本节首先建立单气动板的气动受力模型，以分析轨道和姿态动力学间特殊的耦合关系，然后采用“独立—耦合”方法建立姿轨耦合模型。

1. 耦合项分析

假设从星上单块气动板，安装在本体坐标系 $\boldsymbol{B}$ 中的 $\boldsymbol{x}_b$ 轴，既能绕 $\boldsymbol{x}_b$ 轴旋转运动，对应旋转角为 β_{x1}，也能沿 $\boldsymbol{x}_b$ 轴平移运动，对应伸长量为 l_{x1}，具体受力分析示意图如图 9-4 所示。

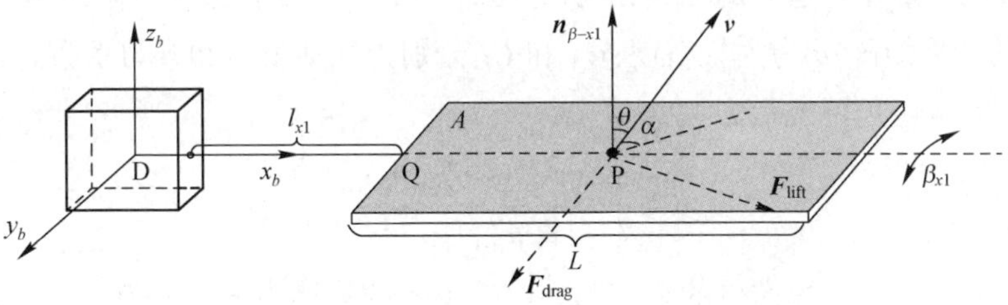

图 9-4　单块气动板受力分析示意图

图 9-4 中，$\boldsymbol{n}_{\beta-x1}$是气动板的法向量，$\boldsymbol{v}$ 是卫星相对周围大气的速度矢量。在不考虑大气绕地球旋转作用的情况下，假设 $\boldsymbol{v}$ 的大小等同于卫星的惯性速度大小，θ 是 $\boldsymbol{n}_{\beta-x1}$与 v 之间的夹角，L 是气动板同 $\boldsymbol{x}_b$ 平行边的长度，α 是气流与气动板之间的夹角，即气动板迎角。$F_{\rm drag}$ 和 $F_{\rm lift}$ 为气动板产生的气动阻力和升力矢量，A 是单块气动板的面积。假设气动板的面积比卫星本体的受力面积大许多，因此卫星本体受到的气动力可以被忽略。

因为气动板是沿着本体系的 $\boldsymbol{x}_b$ 轴安装，相应的控制指令都是在本体系中定义。定义气动板法向量的初状态在本体系中描述为 $\boldsymbol{n}_0^B=[0\quad 1\quad 0]^{\rm T}$，则当气动板旋转 β_{x1}时，有

$$\boldsymbol{n}_{\beta-x1}^B=\boldsymbol{R}_x(\beta_{x1})\boldsymbol{n}_0^B=[0\ \ \cos\beta_{x1}\ \ -\sin\beta_{x1}]^{\rm T} \tag{9-22}$$

$$\boldsymbol{R}_x(\beta_{x1})=\begin{bmatrix}1 & 0 & 0\\ 0 & \cos\beta_{x1} & \sin\beta_{x1}\\ 0 & -\sin\beta_{x1} & \cos\beta_{x1}\end{bmatrix}$$

式中：$\boldsymbol{R}_x$ 为旋转矩阵。

气动板的受力中心 P 与卫星重心 D 之间的矢量定义为

$$\boldsymbol{r}_{x1}^B=\left[l_{x1}+\frac{L}{2}\ 0\ 0\right]^{\rm T} \tag{9-23}$$

式中：l_{x1} 为气动板沿 $\boldsymbol{x}_b$ 轴的伸长量。

为了方便后续分析，基于式(9-21)在从星卫星轨道系 $\boldsymbol{O}$ 中计算气动阻力和升力，可得

$$F_{\text{drag}}^{O}=-\frac{1}{2}\rho C_D A\,|v|^2\,\frac{\boldsymbol{v}^O}{|v|} \tag{9-24}$$

$$F_{\text{lift}}^{O}=-\frac{1}{2}\rho C_L A\,|v|^2\,\frac{(\boldsymbol{v}^O\times n_{\beta-x1}^{O})\times\boldsymbol{v}^O}{|(v\times n_{\beta-x1})\times v|} \tag{9-25}$$

式中：$\boldsymbol{v}^O=[0\quad v\quad 0]^{\mathrm{T}}$ 为卫星相对周围大气的速度矢量在轨道系的描述；$\boldsymbol{n}_{\beta-x1}^{O}$ 为气动板法向量在轨道系的描述，有关系 $\boldsymbol{n}_{\beta-x1}^{O}=\boldsymbol{R}_B^O\boldsymbol{n}_{\beta-x1}^{B}$；$\boldsymbol{R}_B^O$ 为从本体系 $\boldsymbol{B}$ 到轨道系 $\boldsymbol{O}$ 的转换矩阵；ρ 为大气密度；C_D 和 C_L 分别为气动阻力和升力系数，可求出。

气动板迎角可表示为

$$\alpha=\frac{\pi}{2}-\frac{\cos^{-1}([\boldsymbol{n}_{\beta-x1}^{O}]^{\mathrm{T}}\boldsymbol{v}^O)}{|[\boldsymbol{n}_{\beta-x1}^{O}]^{\mathrm{T}}\cdot\boldsymbol{v}^O|} \tag{9-26}$$

定义单块气动板产生的总气动力在轨道系的描述为 $\boldsymbol{F}_{x1}^{O}$，并有

$$\boldsymbol{F}_{x1}^{O}=\boldsymbol{F}_{\text{drag}}^{O}+\boldsymbol{F}_{\text{lift}}^{O} \tag{9-27}$$

相应的，单块气动板产生的总气动力矩应该在本体系进行计算，有

$$M_{x1}^{B}=r_{x1}^{B}\times F_{x1}^{B} \tag{9-28}$$

式中：F_{x1}^{B} 为气动板产生的总气动力在本体系中的描述，有 $F_{x1}^{B}=R_O^BF_{x1}^{O}$；$R_O^B$ 为从轨道系 $\boldsymbol{O}$ 到本体系 $\boldsymbol{B}$ 的转换矩阵。

2. 耦合动力学建模

在高精度线性相对轨道动力学方程以及采用 MRP 描述的姿态动力学方程基础上，进行姿轨耦合动力学建模。选取状态变量和控制输入分别为 $\boldsymbol{x}=[\boldsymbol{p}^{\mathrm{T}}\quad\boldsymbol{\sigma}_D^{\mathrm{T}}]^{\mathrm{T}}$ 和 $\boldsymbol{u}=[[\boldsymbol{F}_{\text{diff}}^{L}]^{\mathrm{T}}[\boldsymbol{M}_D^{B}]^{\mathrm{T}}]^{\mathrm{T}}$，其中 $\boldsymbol{F}_{\text{diff}}^{L}$ 为差分气动力在主星轨道坐标系内的描述，$\boldsymbol{M}_D^{B}$ 为从星控制力矩在其本体系内的描述，则耦合动力学方程为

$$\ddot{\boldsymbol{x}}=\boldsymbol{f}(\boldsymbol{x},\dot{\boldsymbol{x}},t)+\boldsymbol{B}_1\boldsymbol{u}+\boldsymbol{d} \tag{9-29}$$

$$\boldsymbol{f}=\begin{bmatrix}\boldsymbol{A}_1'\boldsymbol{p}+\boldsymbol{A}_2'\dot{\boldsymbol{p}}\\ \dfrac{1}{2}(\boldsymbol{H}_D+\boldsymbol{\sigma}_D^{\mathrm{T}}\boldsymbol{\omega}_D\boldsymbol{I}_{3\times3})\dot{\boldsymbol{\sigma}}_D+\dfrac{1}{4}\boldsymbol{G}(\boldsymbol{\sigma}_D)\boldsymbol{\eta}_D\end{bmatrix} \tag{9-30}$$

$$\boldsymbol{B}_1=\begin{pmatrix}\dfrac{1}{m}\boldsymbol{I}_{3\times3} & \boldsymbol{0}_{3\times3}\\ \boldsymbol{0}_{3\times3} & \dfrac{1}{4}\boldsymbol{G}(\boldsymbol{\sigma}_D)\boldsymbol{J}^{-1}\end{pmatrix} \tag{9-31}$$

$$\boldsymbol{d}=\begin{bmatrix}\dfrac{1}{m}\boldsymbol{f}_d\\ \dfrac{1}{4}\boldsymbol{G}(\boldsymbol{\sigma}_D)\boldsymbol{J}^{-1}\boldsymbol{\delta}_D\end{bmatrix} \tag{9-32}$$

式中:$\boldsymbol{d}$ 为扰动项; f_d 和 $\boldsymbol{\delta}_D$ 分别为扰动力和扰动力矩。

需要指出的是,对于耦合模型,实际的控制指令是气动板的转角和伸长量,因此仍需对控制输入 $\boldsymbol{u}$ 与控制指令之间的关系进行分析。

以从星为例,各个气动板的转角指令定义为 $\boldsymbol{\beta}_D=[\beta_{x1}\ \ \beta_{x2}\ \ \beta_{y1}\ \ \beta_{y2}\ \ \beta_{z1}\ \ \beta_{z2}]^{\mathrm{T}}$,伸缩量指令定义为 $\boldsymbol{I}_D=[l_{x1}\ \ l_{x2}\ \ l_{y1}\ \ l_{y2}\ \ l_{z1}\ \ l_{z2}]^{\mathrm{T}}$。在现阶段的研究中,为了减少变量个数,降低设计复杂度,假设绕同一个轴旋转的气动板始终保持同样的转角,则转角指令可简化为 $\boldsymbol{\beta}_D=[\beta_x\ \ \beta_y\ \ \beta_z]^{\mathrm{T}}$。按照式(9-22)的定义,沿 $\boldsymbol{x}_b$ 轴安装的气动板的法向量为 $\boldsymbol{n}_{\beta-x}^B=[0\ \ \cos\beta_x\ \ -\sin\beta_x]^{\mathrm{T}}$。同样地,沿 $\boldsymbol{y}_b$ 轴和 $\boldsymbol{z}_b$ 轴安装的气动板的法向量分别为

$$\boldsymbol{n}_{\beta-y}^B=[-\sin\beta_y\ \ 0\ \ \cos\beta_y]^{\mathrm{T}} \tag{9-33}$$

$$\boldsymbol{n}_{\beta-z}^B=[\cos\beta_z\ \ -\sin\beta_z\ \ 0]^{\mathrm{T}} \tag{9-34}$$

按照式(9-23)的定义,对于沿 $\boldsymbol{x}_b$ 轴负轴安装的气动板 $X2$,气动板的受力中心与卫星重心 D 之间的矢量为

$$\boldsymbol{r}_{x2}^B=\left[-\left(l_{x2}+\frac{L}{2}\right)\ \ 0\ \ 0\right]^{\mathrm{T}} \tag{9-35}$$

由于绕同一个轴旋转的气动板产生的气动力相同,则可将两块板受力中心与卫星重心之间的矢量进行合成,得到总的伸缩矢量,以 $\boldsymbol{x}_b$ 轴为例,具体形式为

$$\boldsymbol{r}_x^B=[l_{x1}-l_{x2}\ \ 0\ \ 0]^{\mathrm{T}} \tag{9-36}$$

针对沿 $\boldsymbol{y}_b$ 轴和 $\boldsymbol{z}_b$ 轴安装的气动板,同样有

$$\boldsymbol{r}_y^B=[0\ \ l_{y1}-l_{y2}\ \ 0]^{\mathrm{T}} \tag{9-37}$$

$$\boldsymbol{r}_z^B=[0\ \ 0\ \ l_{z1}-l_{z2}]^{\mathrm{T}} \tag{9-38}$$

在此基础上,定义相对伸缩指令为

$$\boldsymbol{l}_{\mathrm{rel}D}=[l_{\mathrm{rel}x}\ \ l_{\mathrm{rel}y}\ \ l_{\mathrm{rel}z}]^{\mathrm{T}} \tag{9-39}$$

式中:$l_{\mathrm{rel}m}=l_{m1}-l_{m2}$;$m=x,y,z$。

在上述定义的控制指令的基础上,可以得出沿 m 轴安装的气动板产生的气动力和气动力矩,具体表达形式为

$$F_{\text{drag}-m}^{O}=-\rho C_{D}(\alpha_{m})A\ |\boldsymbol{v}|^{2}\ \frac{\boldsymbol{v}^{O}}{|\boldsymbol{v}|} \tag{9-40}$$

$$F_{\text{lift}-m}^{O}=-\rho C_{L}(\alpha_{m})A\ |\boldsymbol{v}|^{2}\ \frac{(\boldsymbol{v}^{O}\times\boldsymbol{n}_{\beta-m}^{O})\times\boldsymbol{v}^{O}}{|(\boldsymbol{v}\times\boldsymbol{n}_{\beta-m})\times\boldsymbol{v}|} \tag{9-41}$$

$$\alpha_{m}=\frac{\pi}{2}-\frac{\arccos([n_{\beta-m}^{O}]^{\mathrm{T}}v^{O})}{|n_{\beta-m}^{\mathrm{T}}\cdot v|} \tag{9-42}$$

$$n_{\beta-m}^{O}=R_{B}^{O}n_{\beta-m}^{B} \tag{9-43}$$

$$F_{m}^{O}=F_{\text{drag}-m}^{O}+F_{\text{lift}-m}^{O} \tag{9-44}$$

$$F_{m}^{L}=R_{O}^{L}F_{m}^{O} \tag{9-45}$$

在主星轨道坐标系中,把各个轴上气动板产生的气动力相加,即可得到单星产生的总气动力为

$$\delta F_{D}^{L}=\sum F_{D}^{L} \tag{9-46}$$

同样地,用于进行姿态控制的气动力矩可表示为

$$M_{D}^{B}=\sum(\boldsymbol{r}_{m}^{B}\times F_{m}^{B}) \tag{9-47}$$

$$F_{m}^{B}=R_{O}^{B}F_{m}^{O} \tag{9-48}$$

假设主星的控制指令的定义方式同从星一致,有

$$\boldsymbol{\beta}_{\mathrm{C}}=[\beta_{x}'\ \ \beta_{y}'\ \ \beta_{z}']^{\mathrm{T}} \tag{9-49}$$

$$\boldsymbol{l}_{\text{rel}C}=[l_{\text{rel}x}'\ \ l_{\text{rel}y}'\ \ l_{\text{rel}z}']^{\mathrm{T}} \tag{9-50}$$

主星气动板产生的气动力和气动力矩的计算方法和从星相同,只是参考坐标系不同。两星间产生的差分气动力可表示为

$$F_{\text{diff}}^{L}=\delta F_{D}^{L}-\delta F_{C}^{L} \tag{9-51}$$

9.2 气动力幅值受限的最优姿轨耦合机动控制方法

9.2.1 考虑输入变化率的最优机动轨迹设计

不同于一般的利用推进器的轨迹优化问题,气动力由于本身特点,幅值和变化率均有限,因此在进行轨迹优化时需要将控制力作为额外的优化变量,并将其变化率作为伪控制输入,避免输入的剧烈变化。下面将对考虑输入变化率的轨迹优化问题进行数学描述,主要包括目标函数选取、动力学约束、边界约束和路径约束描述等问题。

1. 目标函数选取

传统航天器轨迹优化问题中的目标函数一般可以分为三种，即时间最优、燃料最优或是同时考虑时间和燃料的混合最优指标。

考虑时间最优的目标函数可以写为

$$J=t_f-t_0 \tag{9-52}$$

式中：t_0 为任务初始时刻，一般已知；t_f 为任务结束时刻，在考虑时间最少的轨迹优化问题中为未知量。当 t_f 已知时，即任务持续的时间固定，则目标函数考虑时间最优已没什么意义，一般会把燃料消耗作为性能指标进行轨迹优化，具体表达式为

$$J=\int_{t_0}^{t_f}\boldsymbol{u}(t)^{\mathrm{T}}\boldsymbol{u}(t)\mathrm{d}t \tag{9-53}$$

式中：$\boldsymbol{u}(t)$ 为控制输入。在一些任务中，任务持续时间和燃料消耗情况都是在进行轨迹优化时需要考虑的，则目标函数可以表述为

$$J=\lambda(t_f-t_0)+(1-\lambda)\int_{t_0}^{t_f}\boldsymbol{u}(t)^{\mathrm{T}}\boldsymbol{u}(t)\mathrm{d}t \tag{9-54}$$

式中：λ 为惩罚因子。

为了限制气动力的幅值和变化率，在路径约束建模中将输入变化率作为另一个优化变量，间接限制了控制输入的消耗情况，因此目标函数选取式(9-52)所描述的时间最优。

2. 动力学约束

采用考虑了 J_2 摄动的线性高精度方程来描述空间机动任务中的相对轨道运动，具体表达式为

$$\begin{cases}\ddot{x}=(5c^2-2)n_c^2x+2cn_c\dot{y}+\dfrac{u_1}{m}\\[2ex]\ddot{y}=-2cn_c\dot{x}+\dfrac{u_2}{m}\\[2ex]\ddot{z}=-(3c^2-2)n_c^2z+\dfrac{u_3}{m}\end{cases} \tag{9-55}$$

其中：

$$c=\sqrt{1+(3J_2R_e^2/8r_c^2)(1+3\cos 2i_c)}$$

式中：R_e 为地球平均半径；i_c 为目标航天器的轨道倾角；n_c 为目标航天器平近点角速度；$\boldsymbol{p}=[x\ \ y\ \ z]^{\mathrm{T}}$ 为目标航天器和机动航天器之间的相对位置；$\boldsymbol{u}=[u_1\ \ u_2\ \ u_3]^{\mathrm{T}}$为相对控制力，在本研究中即为气动力；$m$ 为目标航天器和机

动航天器的质量。

考虑气动力的幅值和连续变化率都有限,将控制力作为系统的额外状态量,并将控制力的一阶导数作为系统的伪控制输入。同时,限制控制变化率也使得优化轨迹更加平缓光滑,方便控制器跟踪。定义伪控制输入为 $\boldsymbol{v}=[\boldsymbol{v}_1\ \ \boldsymbol{v}_2\ \ \boldsymbol{v}_3]^{\mathrm{T}}$,则有

$$\begin{cases}\dot{u}_1=\boldsymbol{v}_1\\ \dot{u}_2=\boldsymbol{v}_2\\ \dot{u}_3=\boldsymbol{v}_3\end{cases}\tag{9-56}$$

定义基于气动力的轨迹优化问题的状态变量为 $\boldsymbol{x}=[\boldsymbol{p}^{\mathrm{T}}\ \ \dot{\boldsymbol{p}}^{\mathrm{T}}\ \ \boldsymbol{u}^{\mathrm{T}}]^{\mathrm{T}}$,则优化问题的动力学约束为

$$\begin{cases}\dot{x}_1=x_4\\ \dot{x}_2=x_5\\ \dot{x}_3=x_6\\ \dot{x}_4=(5c^2-2)n_c^2x_1+2cn_cx_5+\dfrac{x_7}{m}\\ \dot{x}_5=-2cn_cx_4+\dfrac{x_8}{m}\\ \dot{x}_6=-(3c^2-2)n_c^2+x_3+\dfrac{x_9}{m}\\ \dot{x}_7=\boldsymbol{v}_1\\ \dot{x}_8=\boldsymbol{v}_2\\ \dot{x}_9=\boldsymbol{v}_3\end{cases}\tag{9-57}$$

3. 边界约束

在基于气动力的轨迹优化问题中,边界约束主要包括任务初状态约束和任务末状态约束。初状态约束可表示为

$$\begin{cases}x_1(t_0)=x_0\quad x_2(t_0)=y_0\quad x_3(t_0)=z_0\\ x_4(t_0)=v_{x0}\quad x_5(t_0)=v_{y0}\quad x_6(t_0)=v_{z0}\end{cases}\tag{9-58}$$

式中:x_0、y_0 和 z_0 为机动航天器和目标航天器之间的初始相对位置;v_{x0}、v_{y0} 和 v_{z0} 为初始相对速度。

在一般的轨迹优化中,终端约束主要为固定终端约束,末状态为满足任务所需求的期望的固定点,可以表示为

$$\begin{cases} x_1(t_f)=x_f & x_2(t_f)=y_f & x_3(t_f)=z_f \\ x_4(t_f)=v_{xf} & x_5(t_f)=v_{yf} & x_6(t_f)=v_{zf} \end{cases} \tag{9-59}$$

式中：x_f、y_f 和 z_f 为机动航天器和目标航天器之间期望的终端相对位置；v_{xf}、v_{yf}和v_{zf}为期望的终端相对速度。

4. 路径约束

在路径约束的建模中，主要是对整个任务中的控制输入及控制输入的变化率进行约束，具体形式为

$$\begin{cases} u_j-u_{\max}\leqslant 0, & j=1,2,3 \\ \boldsymbol{v}_j-\boldsymbol{v}_{\max}\leqslant 0, & j=1,2,3 \end{cases} \tag{9-60}$$

式中：$u_{\max}$为控制力的最大上界；$\boldsymbol{v}_{\max}$为控制力变化率的最大上界。

9.2.2　考虑密度不确定性上界已知的滑模控制

在本节中，将针对空间相对机动控制的轨迹跟踪问题，在考虑上界已知密度不确定的情况下，基于滑模变结构理论设计姿态轨道一体化控制器，并利用李雅普诺夫定理进行稳定性证明[150-154]。

1. 控制律推导

基于气动力的姿轨耦合模型为

$$\ddot{\boldsymbol{x}}=\boldsymbol{f}(\boldsymbol{x},\dot{\boldsymbol{x}},t)+\boldsymbol{B}_1\boldsymbol{u}+\boldsymbol{d} \tag{9-61}$$

式中：$\boldsymbol{x}=[p^{\mathrm{T}}\ \ \boldsymbol{\sigma}_D^{\mathrm{T}}]^{\mathrm{T}}$ 和 $\boldsymbol{u}=[[F_{\mathrm{diff}}^L]^{\mathrm{T}}[M_D^B]^{\mathrm{T}}]^{\mathrm{T}}$ 分别为状态变量和控制输入。

定义误差向量为 $\boldsymbol{e}=\boldsymbol{x}-\boldsymbol{x}_d$，其中 $\boldsymbol{x}_d$ 为标称轨迹，轨道部分即为利用高斯伪谱方法优化出的轨迹，姿态部分为根据任务需求给定的轨迹。选取滑模面 $\boldsymbol{s}$ 为

$$\boldsymbol{s}=\dot{\boldsymbol{e}}+\boldsymbol{\lambda}\boldsymbol{e} \tag{9-62}$$

式中：$\boldsymbol{\lambda}$ 为对角正定矩阵。对式(9-62)求导可得

$$\dot{\boldsymbol{s}}=\ddot{\boldsymbol{e}}+\boldsymbol{\lambda}\dot{\boldsymbol{e}} \tag{9-63}$$

选取指数趋近律，并联立式(9-61)和式(9-63)，可得

$$\boldsymbol{u}=\boldsymbol{B}_1^{-1}[-\boldsymbol{f}(\boldsymbol{x},\dot{\boldsymbol{x}},t)-\boldsymbol{d}+\ddot{\boldsymbol{x}}_d-(\boldsymbol{\lambda}+\boldsymbol{k})\dot{\boldsymbol{e}}-\boldsymbol{k}\boldsymbol{\lambda}\boldsymbol{e}-\boldsymbol{\varepsilon}\mathrm{sgn}\boldsymbol{s}] \tag{9-64}$$

式中：$\boldsymbol{k}$ 和 $\boldsymbol{\varepsilon}$ 为对角正定矩阵。

需要指出的是，式(9-61)已经考虑了地球形状主摄动 J_2项，因此认为主要的扰动力和力矩是由于大气密度不确定性造成的，即式(9-61)中的扰动项 $\boldsymbol{d}$。令 ρ_a 表征已知的标称密度，ρ_r 表征任务持续过程中的实际密度，随着航天器的运动而时刻变化。假设标称密度和实际密度之间满足

$$|\rho_r-\rho_a| \leqslant \Delta\rho \tag{9-65}$$

式中：$\Delta\rho$ 定义为密度偏差上界，为已知量。

在传统滑模设计中需要已知扰动项的上界，一般情况下，该值为确定的常数。在本节研究中，扰动力和力矩由密度不确定性造成，并且随着控制指令的改变而变化，那么在不同时刻，扰动项的上界也可通过已知密度偏差上界和当前时刻的控制指令计算获得，并不需要获得全局的扰动上界值。这种“自适应”机制，在降低控制增益的同时，仍能保证系统的渐进稳定特性。对扰动上界值的估计有

$$\bar{\boldsymbol{f}}_d = |g(\Delta\rho, \hat{\boldsymbol{\beta}}_D, \hat{\boldsymbol{\beta}}_C, \hat{\boldsymbol{R}}_O^L)| \tag{9-66}$$

$$\overline{\boldsymbol{M}}_D = |h(\Delta\rho, \hat{\boldsymbol{\beta}}_D, \hat{\boldsymbol{l}}_{\mathrm{rel}D}, \hat{\boldsymbol{R}}_O^B)| \tag{9-67}$$

式中：$g(\cdot)$ 和 $h(\cdot)$ 为表征控制指令到气动力和力矩映射的非线性函数，可以利用式(9-40)～式(9-51)获得；$\hat{\boldsymbol{\Psi}}l=[\hat{\beta}_D^{\mathrm{T}}, \hat{\beta}_C^{\mathrm{T}}, \hat{\boldsymbol{l}}_{\mathrm{rel}D}^{\mathrm{T}}]^{\mathrm{T}}$ 为当前时刻控制指令；$\hat{\boldsymbol{R}}_O^L$ 和 $\hat{\boldsymbol{R}}_O^B$ 为当前时刻坐标系间的转换矩阵。

扰动力和力矩的上界值可以表示为

$$\bar{\boldsymbol{d}} = \mathrm{diag}\begin{bmatrix} \dfrac{1}{m}\bar{f}_d \\ G(\boldsymbol{\sigma}_D)\overline{M}_D/4 \end{bmatrix} \tag{9-68}$$

在此基础上，式(9-64)的控制律可以更新为

$$\boldsymbol{u} = \boldsymbol{B}_1^{-1}[-\boldsymbol{f}(\boldsymbol{x}, \dot{\boldsymbol{x}}, t) - \bar{\boldsymbol{d}}\mathrm{sgn}\boldsymbol{s} + \ddot{\boldsymbol{x}}_d - (\boldsymbol{\lambda}+\boldsymbol{k})\dot{\boldsymbol{e}} - \boldsymbol{k\lambda e} - \boldsymbol{\varepsilon}\mathrm{sgn}\boldsymbol{s}] \tag{9-69}$$

下面利用李雅普诺夫稳定性定理对式(9-69)描述控制律的稳定性进行证明。

选取李雅普诺夫函数为

$$V = \frac{1}{2}\boldsymbol{s}^{\mathrm{T}}\boldsymbol{s} \tag{9-70}$$

对式(9-70)求导可得

$$\dot{V} = \boldsymbol{s}^{\mathrm{T}}\dot{\boldsymbol{s}} = \boldsymbol{s}^{\mathrm{T}}(\ddot{\boldsymbol{e}} + \boldsymbol{\lambda}\dot{\boldsymbol{e}}) = \boldsymbol{s}^{\mathrm{T}}(\boldsymbol{f}(\boldsymbol{x}, \dot{\boldsymbol{x}}, t) + \boldsymbol{d} + \boldsymbol{B}_1\boldsymbol{u} - \ddot{\boldsymbol{x}}_d + \boldsymbol{\lambda}\dot{\boldsymbol{e}}) \tag{9-71}$$

将式(9-69)代入式(9-71)可得

$$\dot{V} = \boldsymbol{s}^{\mathrm{T}}[-\boldsymbol{ks} - \boldsymbol{\varepsilon}\mathrm{sgn}\boldsymbol{s} - (\bar{\boldsymbol{d}}\mathrm{sgn}\boldsymbol{s} - \boldsymbol{d})] \leqslant -\boldsymbol{s}^{\mathrm{T}}\boldsymbol{ks} \leqslant 0 \tag{9-72}$$

由于李雅普诺夫函数的导数为负，闭环系统是稳定的。

2. 抖颤抑制方法

滑模控制方法由于切换面的存在,在本质上存在着不连续的开关特性,因此会造成系统的抖颤现象。动态滑模方法通过将切换函数进行微分处理,构造新的高阶切换函数,将控制输入中的不连续部分转移到其高阶导数中,得到了在时间域上连续的滑模控制律。本部分采用准滑动模态方法进行抖颤抑制,即采用近似的连续函数代替符号函数,即

$$\mathrm{sat}(s_i,\zeta_i)=\begin{cases}\dfrac{s_i}{\zeta_i}, & |s_i|<\zeta_i, i=1,2,\cdots,6\\ \mathrm{sgn}\left(\dfrac{s_i}{\zeta_i}\right), & |s_i|\geqslant\zeta_i, i=1,2,\cdots,6\end{cases} \tag{9-73}$$

式中:$\boldsymbol{\zeta}=[\zeta_1\ \ \zeta_2\ \ \cdots\ \ \zeta_6]^{\mathrm{T}}$ 为边界层宽度向量。

3. 控制指令分配

在完成控制输入的推导后,需要在此基础上求解气动板实际执行的控制指令,包括气动板转角和伸长量。在本研究中,将其作为非线性规划问题,采用 Matlab 中的 fmincon 函数进行求解。为了尽量减少气动板的旋转和伸缩运动,在求解控制指令的过程中,将控制周期间旋转角度和伸长量的变化值作为优化目标,建立优化问题,即

$$\text{minimize}\quad J=q_1|\boldsymbol{\beta}-\hat{\boldsymbol{\beta}}|+q_2|\boldsymbol{l}-\hat{\boldsymbol{l}}| \tag{9-74}$$

$$\text{subject to}\quad \beta_{\min}\leqslant\boldsymbol{\beta}_j\leqslant\beta_{\max},\ j=1,\cdots,6 \tag{9-75}$$

$$l_{\min}\leqslant\boldsymbol{l}_j\leqslant l_{\max},\ j=1,\cdots,3 \tag{9-76}$$

$$\boldsymbol{\beta}(0)=\hat{\boldsymbol{\beta}},\quad \boldsymbol{l}(0)=\hat{\boldsymbol{l}} \tag{9-77}$$

$$\tilde{\boldsymbol{u}}=\boldsymbol{u}(\boldsymbol{\beta},\boldsymbol{l}) \tag{9-78}$$

式中:q_1 和 q_2 为目标函数中的权重系数;$\boldsymbol{\beta}=[\boldsymbol{\beta}_D^{\mathrm{T}},\boldsymbol{\beta}_C^{\mathrm{T}}]^{\mathrm{T}}$ 为待求解的控制角度指令;$\boldsymbol{l}=\boldsymbol{l}_{\mathrm{rel}D}^{\mathrm{T}}$为待求解的相对伸长量指令;$\hat{\boldsymbol{\beta}}$和$\hat{\boldsymbol{l}}$为当前时刻的控制指令,$\beta_{\min}$ 和 $\beta_{\max}$ 为角度指令的上下界,同样地,$l_{\min}$ 和 $l_{\max}$ 为相对伸长量指令范围;$\tilde{\boldsymbol{u}}$为通过滑模变结构控制器计算得到的期望的控制输入。从式(9-74)中可以看出,q_1 和 q_2 的选择对目标函数有着直接影响,因为角度指令和相对伸长量指令在数量级上有着不同。考虑到星载计算机的计算能力,控制周期是另一个重要的影响因素。较大的控制周期可以保证式(9-74)~式(9-78)描述的优化问题在星上实时处理,但也有着降低控制精度的风险。

在某些时刻，当期望控制输入过大，超出气动执行机构当前能力时，上述优化问题无法找到可行解。在这种情况下，为了获取合适的控制指令，还需进行额外的优化运算，优化目标是使得气动执行机动实际输出与期望控制输入的差别尽可能的小，则相应的优化问题为

$$\text{minimize}\quad J' = |\widetilde{\boldsymbol{u}}-\boldsymbol{u}(\boldsymbol{\beta},\boldsymbol{l})| \tag{9-79}$$

$$\text{subject to}\quad \beta_{\min} \leqslant \boldsymbol{\beta}_j \leqslant \beta_{\max},\ j=1,\cdots,6 \tag{9-80}$$

$$l_{\min} \leqslant \boldsymbol{l}_j \leqslant l_{\max},j=1,\cdots,3 \tag{9-81}$$

$$\boldsymbol{\beta}(0)=\hat{\boldsymbol{\beta}},\boldsymbol{l}(0)=\hat{\boldsymbol{l}} \tag{9-82}$$

需要注意的是，fmincon 函数求取的是局部最优解，这使得式(9-79)~式(9-82)描述的优化问题仍然存在找不到合适解的可能性。在这种情况下，令 $\boldsymbol{\beta}=\hat{\boldsymbol{\beta}}$ 和 $\boldsymbol{l}=\hat{\boldsymbol{l}}$，以保证气动板能够正常执行控制指令。

4. 数值仿真

考虑空间中的两颗卫星质量均为 3kg，令进行机动的卫星为机动航天器，另一颗为目标航天器。目标航天器的初始轨道根数如表 9-2 所列。

表 9-2　目标航天器的初始轨道根数

参数名称	数　值
半长轴/m	6778137
偏心率	0
轨道倾角/(°)	96.4522
近地点幅角/(°)	90
升交点赤经/(°)	0
平近点角/(°)	0

假设机动航天器在 $t_0=0$ 时刻，与目标航天器有相对状态为 $\boldsymbol{p}_0=[0\ \ 0\ \ 0]^{\mathrm{T}}\mathrm{m}$，$\dot{\boldsymbol{p}}_0=[0\ \ 0\ \ 0]^{\mathrm{T}}\mathrm{m/s}$；期望转移到终端状态为 $\boldsymbol{p}_f=[-20\ \ 100\ \ 10]^{\mathrm{T}}\mathrm{m}$，$\dot{\boldsymbol{p}}_f=[0\ \ 0\ \ 0]^{\mathrm{T}}\ \mathrm{m/s}$。

假设机动航天器有转动惯量为 $\boldsymbol{J}=\mathrm{diag}[0.2\ \ 0.22\ \ 0.18]\mathrm{kg\cdot m^2}$，在进行相对轨道机动的同时，需要跟踪标称姿态轨迹，即

$$\boldsymbol{\sigma}_d(t)=\left[0.02\sin(0.001t)\ \ 0.02\sin(0.001t)\frac{\sqrt{3}}{2}\right]^{\mathrm{T}} \tag{9-83}$$

另外,假设目标航天器姿态稳定,且其本体系同轨道系重合。显然,对上述最优空间相对机动轨迹和给定的期望姿态轨迹的跟踪构成了姿轨耦合控制问题。下面通过相应的仿真来验证基于气动力的滑模控制器有效性,并分析不同参数对控制效果的影响。

仿真气动板面积取为 2m^2,控制角度范围为[-180°,180°],相对伸长量范围为[-2m,2m]。初始控制角度均设置为 10°,初始相对伸长量均为 0m,大气模型选择 NRLMSISE-00 模型。

考虑机动航天器和目标航天器相对距离较近,均以目标航天器处的密度值为真值。假设进行控制器设计的标称密度值 $\rho_a=4.5\times10^{-12}\text{kg/m}^3$,密度偏差上界为 $\Delta\rho=1.5\times10^{-12}\text{kg/m}^3$。

假设位置初始误差为 $\boldsymbol{e}_{p0}=[-1\ \ 2\ \ 1]^{\text{T}}\text{m}$,姿态初始误差为 $\boldsymbol{e}_{\sigma0}=[0.02\ \ -0.02\ \ 0.01]^{\text{T}}$。滑模控制器中的相关控制参数设置为 $\boldsymbol{\lambda}=\text{diag}(1\ \ 1\ \ 1\ \ 2\ \ 2\ \ 2)\times10^{-1}$,$\boldsymbol{\varepsilon}=\text{diag}(3\ \ 3\ \ 3\ \ 0.1\ \ 0.1\ \ 0.1)\times10^{-9}$,$\boldsymbol{k}=\text{diag}(2\ \ 2\ \ 2\ \ 2.5\ \ 2.5\ \ 2.5)\times10^{-2}$。饱和函数的边界层宽度选择为 $\boldsymbol{\zeta}=[1\ \ 1\ \ 1\ \ 0.01\ \ 0.01\ \ 0.01]^{\text{T}}\times10^{-3}$。

以设计好的机动轨迹和期望姿态迹作为标称值,利用气动力控制后的真实轨迹基于完全非线性动力学模型通过 Matlab 中的 ODE45 函数数值积分获得。在仿真中,将通过把控后轨迹与标称轨迹相比较来衡量控制器的精度。

为了在分析控制指令分配过程中权重 q_1 和 q_2 对控制效果的影响,在同样的仿真初始条件下,选取几组不同权重以进行比较。假设控制周期为 1s,详细的仿真结果如表 9-3 所列。

表 9-3　不同取值权重对仿真的影响

优化权重	平均位置误差/m	平均姿态误差	从星角度指令平均变化量/((°)/s)	主星角度指令平均变化量/((°)/s)	相对伸缩指令平均变化量/(m/s)
1,0.1	(0.13,0.11,0.11)	$(7.7,7.6,2.2)\times10^{-4}$	(0.39,0.54,0.52)	(0.62,0,0.46)	$(7.2,2.7,10)\times10^{-3}$
1,1	(0.13,0.11,0.11)	$(7.7,7.6,2.2)\times10^{-4}$	(0.49,0.56,0.55)	(0.71,0,0.41)	$(6.7,2.6,9.2)\times10^{-3}$
0.01,1	(0.12,0.11,0.11)	$(7.7,7.6,2.2)\times10^{-4}$	(0.55,0.82,0.67)	(0.67,0,0.64)	$(6.3,2.4,9.5)\times10^{-3}$

其中,平均位置和姿态误差定义为控后轨迹与标称轨迹偏差量在整个仿真过程中的平均值。控制指令平均变化量为气动板旋转角度和伸长量的总变化量在仿真过程中的平均值。

从上述结果可以看出,优化权重对位置运动和姿态运动的控制精度都基本没有影响。然而控制指令的平均变化量却很大程度上取决于优化权重的取值。随着 q_2 与 q_1 比值的增高,控制角度指令的平均变化量有着显著的增高。

图 9-5 分别展示了优化权重取值为 $q_1=0.01$ 和 $q_2=1$ 时相对位置和姿态的跟踪误差。可以看出,即使存在初始误差,相对位置和姿态均能够存在着变化大气密度的情况下收敛,证明了闭环控制器的有效性。

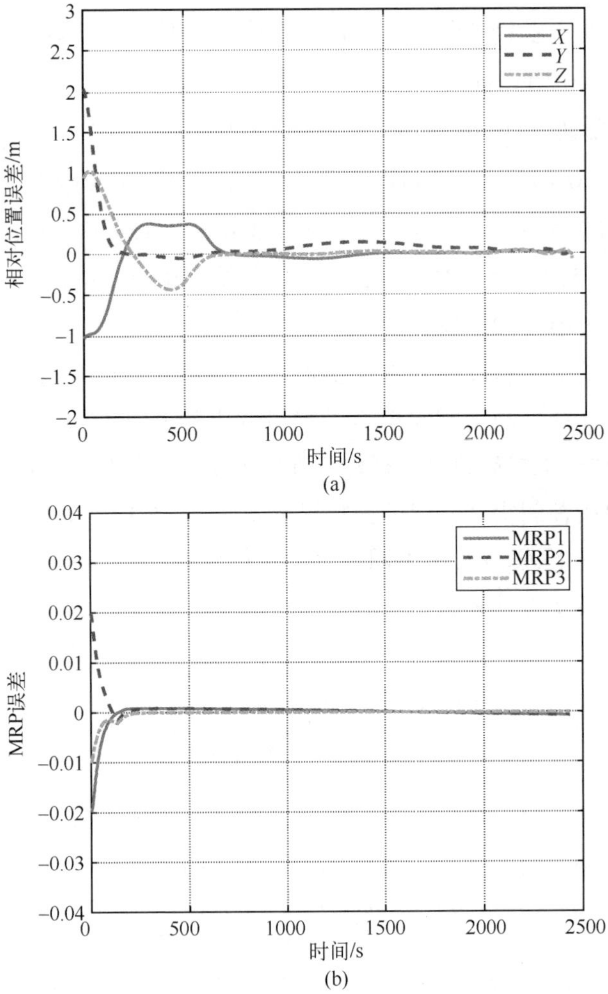

图 9-5　相对位置和从星姿态跟踪误差曲线

(a) 相对位置跟踪误差;(b) 姿态跟踪误差。

9.2.3　基于滑模观测器的输出反馈控制

1. 控制律设计

在本节中将采用基于快速终端滑模（Fast Terminal Sliding Mode，FTSM）思想的滤波器对相对运动的速度信号进行估计。这种新型的二阶滑模滤波器是从传统的积分滑模滤波器改进而来，能够保证对速度信号的估计误差在有限时间内收敛至零点附近的有界范围内。更重要的是，通过数学推导已经证明了滤波器对速度信号的估计过程与控制过程相互独立，控制器本身的结构并不影响估计误差的收敛特性，因此该 FTSM 滤波器可结合不同的控制器使用。其滑模观测器的数学形式为

$$\begin{cases}\dot{y}_{1i}=-\boldsymbol{v}_{1i}(y_{1i}-e_i)-\boldsymbol{\vartheta}_{1i}\,|y_{1i}-e_i|^{\alpha_1}\mathrm{sgn}(y_{1i}-e_i)\\ \dot{y}_{2i}=-\boldsymbol{v}_{2i}(y_{2i}-\dot{y}_{1i})-\boldsymbol{\vartheta}_{2i}\,|y_{2i}-\dot{y}_{1i}|^{\alpha_2}\mathrm{sgn}(y_{2i}-\dot{y}_{1i})\end{cases},i=1,2,3 \tag{9-84}$$

式中：y_1 和 y_2 分别为滤波器对于误差项 $\boldsymbol{e}$ 和 $\dot{\boldsymbol{e}}$ 的估计；α_1、α_2、$\boldsymbol{v}_{1i}$、$\boldsymbol{v}_{2i}$、$\boldsymbol{\vartheta}_{1i}$和 $\boldsymbol{\vartheta}_{2i}$ 为滤波器的系统参数，均为正标量，并且 α_1 和 α_2 要满足 $\alpha_1\in(0,0.5]$，$\alpha_2\in(0,1)$。

定义积分滑模滤波器的估计误差为 $E_{1i}=y_{1i}-e_i$ 和 $E_{2i}=y_{2i}-\dot{e}_i$。需要注意的是，在本节中，假设系统状态误差满足关系式 $|\dot{e}_i|\leqslant l_i$ 和 $|\ddot{e}_i|\leqslant L_i(i=1,2,3)$，其中 l_i 和 L_i 均为正标量。在上述假设下，估计误差 E_{1i}和 E_{2i}将在有限时间内收敛到有界区域内，有

$$|E_{1i}|\leqslant\varepsilon_1=\min\left(\frac{l_m}{\boldsymbol{v}_{1i}},\left(\frac{l_m}{\boldsymbol{v}_{1i}}\right)^{\frac{1}{\alpha_1}}\right) \tag{9-85}$$

$$|E_{2i}|\leqslant\varepsilon_2=\min\left(\frac{\Upsilon}{\boldsymbol{v}_{2i}},\left(\frac{\Upsilon}{\boldsymbol{v}_{2i}}\right)^{\frac{1}{\alpha_2}}\right) \tag{9-86}$$

式中：ζ_m 为一个正标量；$l_m=\max(l_i)$；$\Upsilon=\boldsymbol{v}_{2m}\zeta_m+2^{1-\alpha_2}\zeta_m^{\alpha_2}\boldsymbol{v}_{2m}+L_m$；$L_m=\max(L_i)$；$\boldsymbol{v}_{2m}=\max(\boldsymbol{v}_{2i})$。

由于速度信号缺失，利用观测器对于 $\dot{\boldsymbol{e}}$ 的估计值 $\boldsymbol{y}_2$ 进行滑模面设计，则有

$$\hat{\boldsymbol{s}}=\boldsymbol{y}_2+\boldsymbol{\lambda e} \tag{9-87}$$

则输出反馈控制律可以写为

$$u=\boldsymbol{B}_1^{-1}[-f(\boldsymbol{x},\dot{\boldsymbol{x}},t)-\bar{d}\mathrm{sgn}\hat{\boldsymbol{s}}+\ddot{\boldsymbol{x}}_d-(\boldsymbol{\lambda}+\boldsymbol{k})\boldsymbol{y}_2-\boldsymbol{k\lambda e}-\boldsymbol{\varepsilon}\mathrm{sgn}\hat{\boldsymbol{s}}] \tag{9-88}$$

2. 数值仿真

选取相同的机动轨迹、期望姿态运动，以及气动板参数、大气密度模型参数，来验证所提出的输出反馈控制器的有效性。观测器参数选取为：$\alpha_1=0.3$，

$\alpha_2=0.7,\boldsymbol{v}_1=[1\ 1\ 1]^{\mathrm{T}},\boldsymbol{v}_2=[0.8\ 0.8\ 0.8]^{\mathrm{T}},\boldsymbol{\vartheta}_1=[1\ 1\ 1]\times10^{-3}$ 和 $\boldsymbol{\vartheta}_2=[1\ 1\ 1]\times10^{-3}$。

控制器中的相关控制参数设置同状态反馈控制器一致，控制周期取为 1s，优化权重取值为 $q_1=0.01$ 和 $q_2=1$。

输出反馈控制器的仿真结果如图 9-6 和图 9-7 所示。其中图 9-6 展示了 FTSM 观测器对相对速度的估计情况，从图中可以看出估计误差能够迅速收敛，而稳定状态的估计误差大概在 10^{-4}m/s 量级。

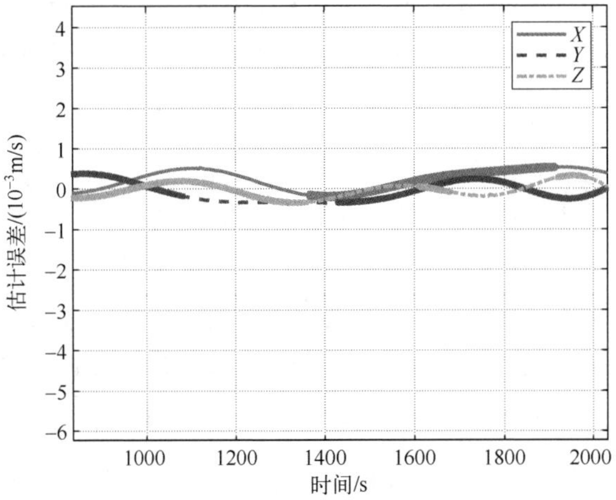

图 9-6　相对速度估计误差

图 9-7 展示了输出反馈控制器对标称相对位置及姿态轨迹的跟踪情况，可以看出在相对速度信息缺失的情况下，相对位置和姿态跟踪误差仍能保证收敛。

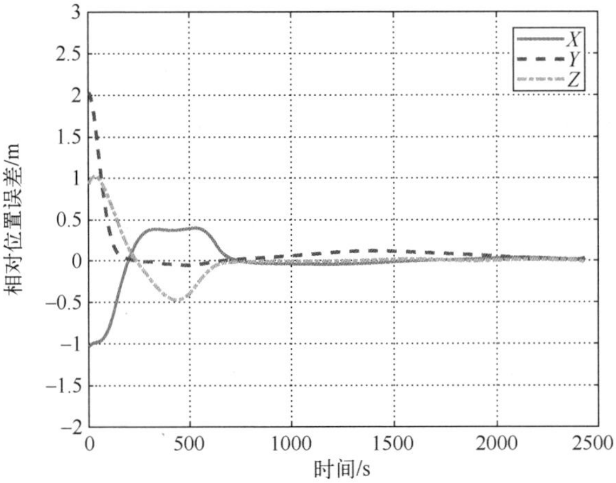

(a)

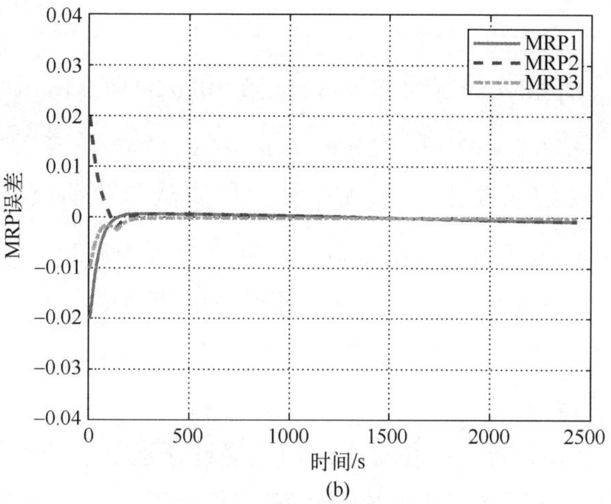

(b)

图 9-7　输出反馈控制器下的相对位置和姿态跟踪误差曲线

(a) 相对位置跟踪误差;(b) 姿态跟踪误差。

9.3　考虑气动模型不确定性的姿轨耦合保持控制

9.3.1　基于神经网络的自适应滑模控制

在长期保持控制问题中,大气模型参数难以准确确定,存在上界未知的密度不确定性。另外,除了 J_2 摄动,航天器还要面对其他各种不确定和扰动,这些都会损害任务的应用效果。对于利用气动板进行控制的航天器,不确定带来的不良影响会更加显著,这是因为基于气动力的姿轨耦合动力学的耦合特性尤为特殊。传统滑模控制方法需要事先知晓扰动上界的相关信息,才能保证闭环系统的渐进稳定性。在本节中,将采用径向基神经网络[155-157]对系统动力学的非线性不确定以及外部扰动进行估计。

1. RBFNNs 对扰动的估计

基于气动力的姿轨耦合动力学方程可表示为

$$\ddot{\boldsymbol{x}}=\boldsymbol{F}(\boldsymbol{x},\dot{\boldsymbol{x}},t)+\boldsymbol{B}_1u+d \tag{9-89}$$

若将密度不确定性、卫星质量和转动惯量不确定性和系统模型误差在动力学中同时考虑进去,则式(9-89)可变为

$$\begin{aligned}\ddot{\boldsymbol{x}}&=\hat{\boldsymbol{F}}(\boldsymbol{x},\dot{\boldsymbol{x}},t)+\Delta\boldsymbol{F}(\boldsymbol{x},\dot{\boldsymbol{x}},t)+(\hat{\boldsymbol{B}}_1+\Delta B_1)(\hat{\boldsymbol{\rho}}+\Delta\boldsymbol{\rho})\bar{u}+d\\&=\hat{\boldsymbol{F}}(\boldsymbol{x},\dot{\boldsymbol{x}},t)+\hat{\boldsymbol{B}}_1\hat{\boldsymbol{\rho}}\bar{u}+f=\hat{\boldsymbol{F}}(\boldsymbol{x},\dot{\boldsymbol{x}},t)+\hat{\boldsymbol{B}}_1u+f\end{aligned} \tag{9-90}$$

$$\phi=\Delta \boldsymbol{F}(\boldsymbol{x},\dot{\boldsymbol{x}},t)+(\hat{\boldsymbol{B}}_1\Delta\rho+\Delta B_1(\hat{\boldsymbol{\rho}}+\Delta\rho))\bar{u}+\boldsymbol{d} \tag{9-91}$$

式中：$\hat{\boldsymbol{F}}(\boldsymbol{x},\dot{\boldsymbol{x}},t)$，$\hat{\boldsymbol{B}}_1$ 和 $\hat{\boldsymbol{\rho}}$ 分别为 $\boldsymbol{F}(\boldsymbol{x},\dot{\boldsymbol{x}},t)$，$B_1$ 和 ρ 的标称值；$\bar{u}$ 为中间值，以方便分析密度不确定性的影响，定义为 $\bar{u}=u/\hat{\rho}$；$\Delta\boldsymbol{F}(\boldsymbol{x},\dot{\boldsymbol{x}},t)$ 为系统误差，包括未建模部分和模型本身的线性化误差；$\Delta\boldsymbol{B}_1$ 被卫星质量和转动惯量不确定性所影响，有关系 $m=\hat{m}+\Delta m$ 和 $J=\hat{J}+\Delta J$，其中，$\hat{m}$ 和 $\hat{J}$ 分别为质量和转动惯量的标称值，Δm 和 ΔJ 为相应量的不确定性；$\boldsymbol{\phi}$ 为系统总的扰动项。

需要注意的是，假设总扰动项是有界的并满足 $\|\phi_j\|\leqslant\phi_{m_j}$，$j=1,2,\cdots,6$，其中 ϕ_m 为未知的扰动上界。

RBFNNs 能够在紧集上以任意小的误差逼近任意复杂的连续非线性函数，并且能够适应和学习不确定性系统的动态特性，因此广泛应用在控制系统设计中。利用 RBFNNs 对上述总扰动的估计有

$$\boldsymbol{\phi}=\boldsymbol{W}^{*\mathrm{T}}\boldsymbol{h}(\boldsymbol{X})+\boldsymbol{\varepsilon} \tag{9-92}$$

根据式(9-91)，扰动项是同状态变量以及大气密度有关，因此选取 RBFNNs 的输入向量为 $\boldsymbol{X}=[\boldsymbol{p}^{\mathrm{T}}\ \dot{\boldsymbol{p}}^{\mathrm{T}}\ \boldsymbol{\sigma}_D^{\mathrm{T}}\ \dot{\boldsymbol{\sigma}}_D^{\mathrm{T}}\ \boldsymbol{\psi}^{\mathrm{T}}]^{\mathrm{T}}$，其中 $\boldsymbol{\psi}$ 包含了主星的经度、纬度和高度信息。假设 $\boldsymbol{X}$ 可以从卫星的测量系统获得。

接下来，将针对相对运动的保持控制问题，在考虑密度不确定性、卫星质量和转动惯量不确定性、系统模型误差等扰动的情况下，设计基于径向基神经网络的滑模控制器，并利用李雅普诺夫定理对其稳定性进行证明。

2. 控制律推导

定义误差向量为 $\boldsymbol{e}=\boldsymbol{x}-\boldsymbol{x}_d$，其中 $\boldsymbol{x}_d$ 为标称轨迹，轨道部分为标称自然周期轨迹，姿态部分为根据任务需求给定的轨迹。选取滑模面 $\boldsymbol{s}$ 为

$$\boldsymbol{s}=\dot{\boldsymbol{e}}+\boldsymbol{\lambda}\boldsymbol{e} \tag{9-93}$$

式中：$\boldsymbol{\lambda}$ 为对角正定矩阵。

在传统滑模控制方法中，控制律可以表述为

$$u=u_{\mathrm{eq}}+u_s \tag{9-94}$$

式中：u_{eq} 为等效控制输入项；u_s 为切换控制输入项。u_{eq} 的作用为维持系统在滑模面上的运动，在本节中设计为

$$u_{\mathrm{eq}}=\hat{\boldsymbol{B}}_1^{-1}[-\hat{\boldsymbol{F}}(\boldsymbol{x},\dot{\boldsymbol{x}},t)-\boldsymbol{f}+\ddot{\boldsymbol{x}}_d-\lambda\dot{\boldsymbol{e}}] \tag{9-95}$$

扰动项利用径向基神经网络进行估计，即将式(9-92)代入式(9-95)，可得

$$u_{\mathrm{eq}}=\hat{\boldsymbol{B}}_1^{-1}[-\hat{\boldsymbol{F}}(\boldsymbol{x},\dot{\boldsymbol{x}},t)-\boldsymbol{W}^{*\mathrm{T}}\boldsymbol{h}(\boldsymbol{x})-\boldsymbol{\varepsilon}+\ddot{\boldsymbol{x}}_d-\lambda\dot{\boldsymbol{e}}] \tag{9-96}$$

定义 δ_i 为径向基神经网络的估计偏差 ε_i 的上界值，其中 $i=1,2,\cdots,6$。定义 $\hat{W}$ 为神经网络权重的估计值，则式(9-96)可以表述为

$$u_{\mathrm{eq}}=\hat{\boldsymbol{B}}_1^{-1}[-\hat{\boldsymbol{F}}(\boldsymbol{x},\dot{\boldsymbol{x}},t)-\hat{\boldsymbol{W}}^{\mathrm{T}}\boldsymbol{h}(\boldsymbol{x})-\mathrm{diag}(\hat{\boldsymbol{\delta}})\,\mathrm{sgn}(\boldsymbol{s})+\ddot{\boldsymbol{x}}_d-\lambda\dot{\boldsymbol{e}}]$$
$$\hat{\boldsymbol{\delta}}=[\hat{\delta}_1\ \hat{\delta}_2\cdots\hat{\delta}_6]^{\mathrm{T}} \tag{9-97}$$

式中：$\hat{\boldsymbol{\delta}}_i$ 为 $\boldsymbol{\delta}_i$ 的估计值。

由于神经网络估计误差的存在，闭环系统仅能保证有界稳定，为了使得系统能够获得一致渐进稳定，则必须利用自适应律对估计偏差的上界进行更新估计。$\hat{\boldsymbol{W}}$ 和 $\hat{\boldsymbol{\delta}}$ 的自适应律分别为

$$\dot{\hat{W}}=\boldsymbol{\gamma}\boldsymbol{h}(X)\boldsymbol{s}^{\mathrm{T}} \tag{9-98}$$

$$\dot{\hat{\boldsymbol{\delta}}}=\boldsymbol{\xi}|\boldsymbol{s}| \tag{9-99}$$

$$|\boldsymbol{s}|=[\,|s_1|\ \ |s_1|\cdots|s_6|\,]^{\mathrm{T}}$$

式中：$\boldsymbol{\gamma}$ 和 $\boldsymbol{\xi}$ 为对角正定矩阵。

切换控制输入项选取为

$$u_s=\hat{\boldsymbol{B}}_1^{-1}[-\boldsymbol{k}\boldsymbol{s}-\boldsymbol{\eta}\,\mathrm{sgn}(\boldsymbol{s})] \tag{9-100}$$

式中：$\boldsymbol{k}$ 和 $\boldsymbol{\eta}$ 为对角正定矩阵。利用式(9-97)和式(9-100)，可得总控制输入的表达式为

$$u=\hat{\boldsymbol{B}}_1^{-1}[-\hat{\boldsymbol{F}}(\boldsymbol{x},\dot{\boldsymbol{x}},t)-\hat{\boldsymbol{W}}^{\mathrm{T}}\boldsymbol{h}(\boldsymbol{x})-\mathrm{diag}(\hat{\boldsymbol{\delta}})\,\mathrm{sgn}(\boldsymbol{s})+\ddot{\boldsymbol{x}}_d-\lambda\dot{\boldsymbol{e}}-\boldsymbol{k}\boldsymbol{s}-\boldsymbol{\eta}\,\mathrm{sgn}(\boldsymbol{s})] \tag{9-101}$$

3. 稳定性证明

选取李雅普诺夫函数，即

$$V=\frac{1}{2}\boldsymbol{s}^{\mathrm{T}}\boldsymbol{s}+\frac{1}{2}\mathrm{tr}(\widetilde{\boldsymbol{W}}^{\mathrm{T}}\boldsymbol{\gamma}^{-1}\widetilde{\boldsymbol{W}})+\frac{1}{2}\widetilde{\boldsymbol{\delta}}^{\mathrm{T}}\boldsymbol{\xi}^{-1}\widetilde{\boldsymbol{\delta}}$$
$$\widetilde{\boldsymbol{W}}=\hat{\boldsymbol{W}}-\boldsymbol{W}^{*} \tag{9-102}$$
$$\widetilde{\boldsymbol{\delta}}=\hat{\boldsymbol{\delta}}-\boldsymbol{\delta}$$

式中：$\widetilde{\boldsymbol{W}}$ 为径向基神经网络权重 $\boldsymbol{W}^{*}$ 的估计误差；$\widetilde{\boldsymbol{\delta}}$ 为神经网络估计偏差上界值 $\boldsymbol{\delta}$ 的的估计误差；对矩阵 $\boldsymbol{Y}\in\mathcal{R}^{n\times n}$，$tr(\boldsymbol{Y})$ 表示 $\boldsymbol{Y}$ 的迹。

上述李雅普诺夫函数对时间的导数可表示为

$$\begin{aligned}\dot{V}&=\boldsymbol{s}^{\mathrm{T}}\dot{s}+\mathrm{tr}(\widetilde{\boldsymbol{W}}^{\mathrm{T}}\boldsymbol{\gamma}^{-1}\dot{\widetilde{\boldsymbol{W}}})+\widetilde{\boldsymbol{\delta}}^{\mathrm{T}}\boldsymbol{\xi}^{-1}\dot{\widetilde{\boldsymbol{\delta}}}\\&=\boldsymbol{s}^{\mathrm{T}}(\lambda\dot{\boldsymbol{e}}+\hat{\boldsymbol{F}}(\boldsymbol{x},\dot{\boldsymbol{x}},t)+\hat{\boldsymbol{B}}_1u+\boldsymbol{\phi}-\ddot{\boldsymbol{x}}_d)+\mathrm{tr}(\widetilde{\boldsymbol{W}}^{\mathrm{T}}\boldsymbol{\gamma}^{-1}\dot{\hat{\boldsymbol{W}}})+\widetilde{\boldsymbol{\delta}}^{\mathrm{T}}\xi^{-1}\dot{\hat{\boldsymbol{\delta}}}\end{aligned}\tag{9-103}$$

将式(9-92)、式(9-98)、式(9-99)和式(9-101)代入式(9-103)可得

$$\begin{aligned}\dot{V}&=\boldsymbol{s}^{\mathrm{T}}(-\hat{\boldsymbol{W}}^{\mathrm{T}}\boldsymbol{h}(\boldsymbol{X})-\mathrm{diag}(\hat{\boldsymbol{\delta}})\mathrm{sgn}(\boldsymbol{s})+\boldsymbol{W}^{*\mathrm{T}}\boldsymbol{h}(\boldsymbol{X})+\boldsymbol{\varepsilon}-k\boldsymbol{s}-\eta\mathrm{sgn}(\boldsymbol{s}))+\mathrm{tr}(\widetilde{\boldsymbol{W}}^{\mathrm{T}}\boldsymbol{h}(\boldsymbol{X})\boldsymbol{s}^{\mathrm{T}})+\widetilde{\boldsymbol{\delta}}^{\mathrm{T}}|\boldsymbol{s}|\\&=-\boldsymbol{\delta}^{\mathrm{T}}|s|+\boldsymbol{s}^{\mathrm{T}}\boldsymbol{\varepsilon}-\boldsymbol{s}^{\mathrm{T}}k\boldsymbol{s}-\boldsymbol{s}^{\mathrm{T}}\eta\mathrm{sgn}(\boldsymbol{s})\\&<-\boldsymbol{\delta}^{\mathrm{T}}|\boldsymbol{s}|+\boldsymbol{s}^{\mathrm{T}}\boldsymbol{\varepsilon}=-\sum_{i=1}^{6}(|s_i|(\delta_i-\varepsilon_i\mathrm{sgn}(s_i)))\\&<0\end{aligned}\tag{9-104}$$

如式(9-104)所示,李雅普诺夫函数对时间的导数为负,因此闭环系统是一致渐进稳定的。

为了进行对比,选取传统滑模控制律,即

$$\boldsymbol{u}=\hat{\boldsymbol{B}}_1^{-1}[-\hat{\boldsymbol{F}}(\boldsymbol{x},\dot{\boldsymbol{x}},t)+\ddot{\boldsymbol{x}}_d-\lambda\dot{\boldsymbol{e}}-k\boldsymbol{s}-\eta\mathrm{sgn}(\boldsymbol{s})]\tag{9-105}$$

其在扰动上界已知的情况下,能够保证系统的渐进稳定。然而,当扰动上界未知时,该控制律只能保证系统误差收敛至零点附近的一定范围内,闭环系统为有界稳定。下面将给出证明过程。

选取李雅普诺夫函数形式为

$$V_1=\frac{1}{2}\boldsymbol{s}^{\mathrm{T}}\boldsymbol{s}\tag{9-106}$$

对李雅普诺夫函数在时间方向上求导,可得

$$\dot{V}_1=\boldsymbol{s}^{\mathrm{T}}\dot{\boldsymbol{s}}=\boldsymbol{s}^{\mathrm{T}}(\ddot{\boldsymbol{e}}+\lambda\dot{\boldsymbol{e}})=\boldsymbol{s}^{\mathrm{T}}[\hat{\boldsymbol{F}}(\boldsymbol{x},\dot{\boldsymbol{x}},t)+\boldsymbol{B}_1\boldsymbol{u}+f-\ddot{\boldsymbol{x}}_d+\lambda\dot{\boldsymbol{e}})\tag{9-107}$$

如前所述,ϕ 为系统总的扰动项,假设其上界满足$\|\phi\|\leqslant D_m$,D_m 为未知常数。

将式(9-105)代入式(9-107),可得

$$\dot{V}_1=\boldsymbol{s}^{\mathrm{T}}(-k\boldsymbol{s}-\eta\mathrm{sgn}(\boldsymbol{s})+\boldsymbol{\phi})\leqslant-k_{\min}\|\boldsymbol{s}\|^2-\eta_{\min}\sum_i|s_i|+\|\boldsymbol{s}\|D_m\tag{9-108}$$

式中:$k_{\min}$ 和 $\eta_{\min}$ 分别为矩阵 $\boldsymbol{k}$ 和 $\boldsymbol{\eta}$ 最小的特征值。利用关系 $\sum_i|s_i|\geqslant\|\boldsymbol{s}\|$,式(9-108)可进一步变换为

$$\dot{V}_1\leqslant-(k_{\min}-\|\boldsymbol{s}\|^{-1}D_m)\|\boldsymbol{s}\|^2-\eta_{\min}\|\boldsymbol{s}\|\tag{9-109}$$

或者变换为

$$\dot{V}_1\leqslant-k_{\min}\|\boldsymbol{s}\|^2-(\eta_{\min}-D_m)\|\boldsymbol{s}\|\tag{9-110}$$

显然,若满足 $k_{\min}-\|s\|^{-1}D_m>0$,或是 $\eta_{\min}-D_m>0$,则 $\dot{V}_1<0$,V_1 会继续收敛。

然而，由于 D_m 是未知的，设定的控制增益 $\eta_{\min}$ 无法保证 $\eta_{\min}-D_m>0$。对于第一个不等式 $k_{\min}-\|s\|^{-1}D_m>0$，滑模面 s 最终会收敛到一定的范围 Δ_s，并满足

$$\Delta_s=k_{\min}^{-1}D_m \tag{9-111}$$

根据上述稳定性分析过程可以看出，在存在未知扰动的情况下，基于径向基神经网络的滑模控制律式(9-101)能够保证闭环系统的渐进稳定，而不依靠神经网络的传统滑模控制律式(9-105)只能保证滑模面收敛至一定范围内，如式(9-111)所示。相应的，系统状态误差也只能达到有界收敛。显而易见的，若希望系统误差收敛到足够接近零，就必须选定足够大的控制增益。然而，这种情况会导致较大的控制输入，对于基于气动力的应用是非常不可取的，因为受大气密度和气动板面积的限制，气动力幅值有限。

4. 数值仿真

在本节中，首先将根据任务需求设计标称轨迹，并分析其在真实仿真环境中的发散情况，然后以此为基础验证闭环控制器的性能。主星初始平均轨道根数如表 9-4 所列。

表 9-4　主星的初始平均轨道根数

参数名称	数　值
半长轴/m	6728137
偏心率	0.001
轨道倾角/(°)	96.4522
近地点幅角/(°)	90
升交点赤经/(°)	0
平近点角/(°)	0

根据 E/I 向量被动稳定设计准则，可以得到期望的标称 E/I 向量参数为 $\delta\boldsymbol{\alpha}_n=[a\delta a\ a\delta\lambda\ a\delta e_x\ a\delta e_y\ a\delta i_x\ a\delta i_y]^{\mathrm{T}}=[0\ 0\ 0\ 270\ 0\ 100]^{\mathrm{T}}$。为了进行比较，另选取一组其他参数为 $\delta\boldsymbol{\alpha}_c=[0\ 0\ 0\ 270\ 80\ 60]^{\mathrm{T}}$。

假设从星在进行相对轨道机动的同时，要始终对准主星进行观测。假设从星观测仪器按照本体坐标系安装，并与惯性主轴 $\boldsymbol{y}_b$ 重合。因此，期望姿态的设计目标是在整个观测任务持续期间内，使从星的 $\boldsymbol{y}_b$ 轴始终指向主星，即与相对位置矢量 $\boldsymbol{p}$ 重合，且方向相反。该矢量称为目标方向矢量，简称目标矢量 $\boldsymbol{\ell}$。

上述描述可以看出，目标矢量 $\boldsymbol{\ell}$ 根据从星和主星的轨道状态确定。假设

由地心指向主星和从星的矢径分别定义为 $\boldsymbol{r}_c$ 和 $\boldsymbol{r}_d$。按照定义，从星到目标的方向矢量可由两航天器的矢径相减得到。假设航天器的矢径在地心惯性系中的描述为 $\boldsymbol{r}_c^I$ 和 $\boldsymbol{r}_d^I$，那么目标矢量及其速度和加速度项在惯性坐标系下的表述为

$$\begin{cases}\boldsymbol{\ell}^I=\boldsymbol{r}_c^I-\boldsymbol{r}_d^I\\ \dot{\boldsymbol{\ell}}^I=\dot{\boldsymbol{r}}_c^I-\dot{\boldsymbol{r}}_d^I\\ \ddot{\boldsymbol{\ell}}^I=\ddot{\boldsymbol{r}}_c^I-\ddot{\boldsymbol{r}}_d^I\end{cases} \tag{9-112}$$

定义目标矢量的单位矢量为 $\overline{\boldsymbol{\ell}}$，则有关系

$$\overline{\boldsymbol{\ell}}=\frac{\boldsymbol{\ell}}{|\boldsymbol{\ell}|} \tag{9-113}$$

假设单位目标方向矢量在从星的本体系的描述为 $\overline{\boldsymbol{\ell}}^B$，则当从星的视线轴对准目标时，有

$$\overline{\boldsymbol{\ell}}^B=[0\ 1\ 0]^{\mathrm{T}} \tag{9-114}$$

为了确定唯一的姿态，需要增加额外约束。为了使得从星角速度的幅值尽可能小，假设从星期望的姿态角速度与视线轴垂直，有

$$\boldsymbol{\omega}\cdot\overline{\boldsymbol{\ell}}=0 \tag{9-115}$$

对于目标单位矢量 $\overline{\boldsymbol{\ell}}$，其端点在惯性坐标系中的运动规律有

$$\boldsymbol{\omega}^I\times\overline{\boldsymbol{\ell}}^I=\dot{\overline{\boldsymbol{\ell}}}^I \tag{9-116}$$

经过一系列的数学变化，可得从星期望的姿态角速度的表达式为

$$\boldsymbol{\omega}^I=\overline{\boldsymbol{\ell}}^I\cdot\dot{\overline{\boldsymbol{\ell}}}^I \tag{9-117}$$

$$\dot{\overline{\boldsymbol{\ell}}}^I=(\boldsymbol{I}-\overline{\boldsymbol{\ell}}^I\cdot[\overline{\boldsymbol{\ell}}^I]^{\mathrm{T}})\frac{\dot{\boldsymbol{\ell}}^I}{|\boldsymbol{\ell}|} \tag{9-118}$$

需要注意的是，上述过程求解结果为从星期望的姿态角速度在惯性系中的描述，若想得到其本体系下的姿态角速度，还需实施进一步的坐标系转换。给出符合式(9-114)的初始姿态，并利用姿态运动学和式(9-117)计算的期望角速度，可以获得整个任务期间满足角速度幅值最小的理想姿态轨迹。

假设从星在进行轨道控制以保持相对状态的同时，还需要跟踪上述标称姿态轨迹，这就构成了姿轨耦合控制问题。假设主星姿态稳定，且其本体系同轨道系重合。下面通过数值仿真来验证所提出的基于 RBFNNs 的滑模控制方法的有效性。

选取气动板参数和 9.2.2 节一致，初始控制角度均设置为 100°，初始相对

伸长量均为0m。同样选取NRLMSISE-00模型作为真实的大气模型，标称模型参数如下所示。假设标称大气密度值为$\hat{\rho}=4\times10^{-12}\text{kg/m}^3$，且变化范围未知。

假设卫星质量和转动惯量标称值为$\hat{m}=3\text{kg}$和$\hat{\boldsymbol{J}}=\text{diag}(0.2\ 0.22\ 0.18)\text{kg}\cdot\text{m}^2$，在实际仿真中考虑了10%的不确定性。

假设径向基神经网络中的C矩阵有

$$\boldsymbol{C}=[\boldsymbol{C}_1^{\mathrm{T}}\ \boldsymbol{C}_2^{\mathrm{T}}\ \boldsymbol{C}_3^{\mathrm{T}}\ \boldsymbol{C}_4^{\mathrm{T}}\ \boldsymbol{C}_5^{\mathrm{T}}]^{\mathrm{T}}$$

$$\boldsymbol{C}_1=\begin{bmatrix}-300&-200&-100&0&100&200&300\\-600&-400&-200&0&200&400&600\\-100&-60&-30&0&30&60&100\end{bmatrix}$$

$$\boldsymbol{C}_2=\begin{bmatrix}-0.3&-0.2&-0.1&0&0.1&0.2&0.3\\-0.6&-0.4&-0.2&0&0.2&0.4&0.6\\-0.3&-0.2&-0.1&0&0.1&0.2&0.3\end{bmatrix}$$

$$\boldsymbol{C}_3=\begin{bmatrix}0.03&0.035&0.04&0.045&0.05&0.055&0.06\\-0.02&-0.016&-0.012&-0.008&-0.004&0&0.004\\-1&-0.16&-0.12&-0.08&-0.04&0&0.04\end{bmatrix}$$

$$\boldsymbol{C}_4=\begin{bmatrix}-0.02&-0.13&-0.06&0&0.06&0.13&0.2\\-0.3&-0.2&-0.1&0&0.1&0.2&0.3\\-0.3&-0.2&-0.1&0&0.1&0.2&0.3\end{bmatrix}\times10^{-3}$$

$$\boldsymbol{C}_5=\begin{bmatrix}-90&-60&-30&0&30&60&90\\-180&-100&-50&0&50&100&180\\340&345&355&360&365&375&380\end{bmatrix}$$

RBFNNs中的其他参数有：$b_j=2\times10^{-3}$，$\hat{W}_0=\boldsymbol{0}_{7\times6}$，$\hat{\delta}_0=\boldsymbol{0}_{1\times7}$，$\gamma_j=3\times10^{-4}$和$\boldsymbol{\xi}=\text{diag}(0.06\ 0.06\ 0.06\ 0.6\ 0.6\ 0.6)\times10^{-3}$，其中$j=1,2,\cdots,7$。$\hat{\boldsymbol{W}}_0$和$\hat{\boldsymbol{\delta}}_0$分别为$\hat{W}$和$\hat{\delta}$的初始值。

闭环控制器的增益设置为

$$\boldsymbol{\lambda}=\text{diag}(5\ 5\ 5\ 1\ 1\ 1)\times10^{-3}$$

$$\boldsymbol{k}=\text{diag}(0.1\ 0.1\ 0.1\ 1\ 1\ 1)\times10^{-1}$$

$$\boldsymbol{\eta}=\text{diag}(0.1\ 0.1\ 0.1\ 0.5\ 0.5\ 0.5)\times10^{-6}$$

边界层宽度向量为$\boldsymbol{\zeta}=[1\ 1\ 1\ 0.01\ 0.01\ 0.01]^{\mathrm{T}}\times10^{-3}$。控制指令分配过程中的优化权重设置为$q_1=0.01$和$q_2=1$。控制周期选取为1s。

在仿真中将控后的相对轨道和姿态状态同期望轨迹相比，来衡量控制精度。在选取同样控制增益的前提下，比较了基于神经网络的控制器和传统滑模控制器的控制效果。仿真中相对位置和姿态的跟踪误差如图 9-8 和图 9-9 所示。

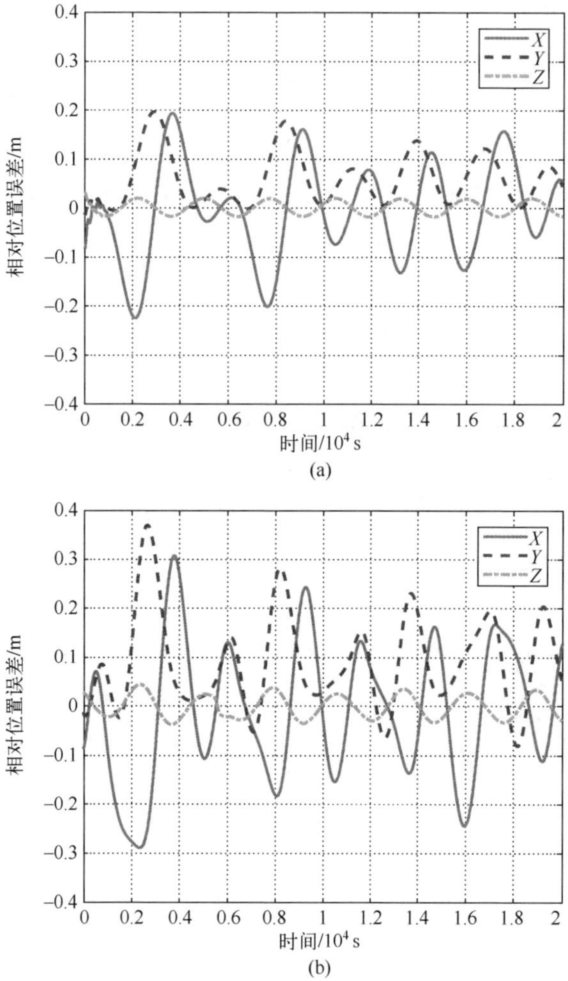

图 9-8　两种控制方法的相对位置跟踪误差

（a）神经网络相对位置跟踪误差；（b）传统滑模相对位置跟踪误差。

基于神经网络的控制器与传统滑模控制器的控制效果对比可得，在控制指令平均变化量上，传统滑模方法相对较小，而神经网络控制器在对标称轨迹的跟踪上明显有更好的表现。理论分析和数值仿真都验证了基于神经网络的控制器的优越性。

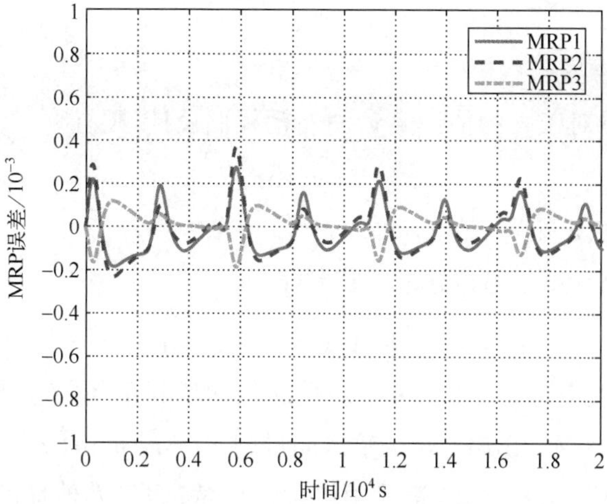

(a)

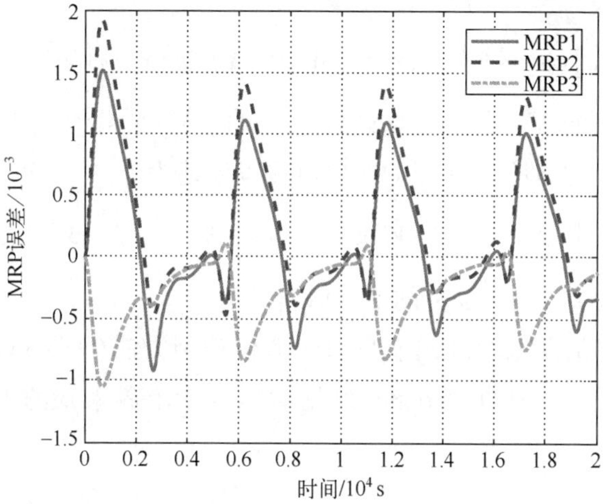

(b)

图 9-9　两种控制方法的姿态跟踪误差

(a) 神经网络姿态跟踪误差;(b) 传统滑模姿态跟踪误差。

9.3.2　基于切换神经网络的输出反馈控制

受到切换函数将自适应方法同反步法[158-159]相结合应用的启发,在本节中将设计全新切换神经网络控制器,将滑模方法同神经网络相结合,在神经网络活跃区域内利用径向基神经网络对扰动项进行估计,在神经网络活跃区域外则采用自适应滑模方法,利用自适应律对不确定性的未知上界进行估计。该种方法不仅能减少实时计算量,也能防止神经网络的不准确估计对系统带来的不良影响。

1. 控制律推导

利用观测器对于 $\dot{\boldsymbol{e}}$ 的估计值 $\boldsymbol{y}_2$ 进行滑模面设计,则有

$$\hat{\boldsymbol{s}}=\boldsymbol{y}_2+\boldsymbol{\lambda e} \tag{9-119}$$

式中:$\boldsymbol{\lambda}$ 为对角正定矩阵。

在神经网络活跃区域内选取的控制律为

$$\boldsymbol{u}_1=\hat{\boldsymbol{B}}_1^{-1}[-\hat{\boldsymbol{F}}(\boldsymbol{x},\dot{\boldsymbol{x}},t)-f+\ddot{\boldsymbol{x}}_d-\boldsymbol{\lambda y}_2-\boldsymbol{k}\hat{\boldsymbol{s}}] \tag{9-120}$$

式中:$\boldsymbol{k}$ 为对角正定矩阵。式(9-120)中的扰动项利用径向基神经网络进行估计,如式(9-92)所示。RBFFNs 的输入向量为 $\boldsymbol{X}=[\boldsymbol{p}^{\mathrm{T}}\ \dot{\boldsymbol{p}}_d^{\mathrm{T}}\ \boldsymbol{\sigma}_D^{\mathrm{T}}\ \dot{\boldsymbol{\sigma}}_D^{\mathrm{T}}\ \boldsymbol{\psi}^{\mathrm{T}}]^{\mathrm{T}}$,需要注意的是由于相对速度信息未知,将采用标称值代替,假设其他量可以从测量系统直接获得。将式(9-92)代入式(9-120)可得

$$\boldsymbol{u}_1=\hat{\boldsymbol{B}}_1^{-1}[-\hat{\boldsymbol{F}}(\boldsymbol{x},\dot{\boldsymbol{x}},t)-\boldsymbol{W}^{*\mathrm{T}}\boldsymbol{h}(\boldsymbol{X})-\boldsymbol{\varepsilon}+\ddot{\boldsymbol{x}}_d-\lambda\boldsymbol{y}_2-\boldsymbol{k}\hat{\boldsymbol{s}}] \tag{9-121}$$

定义 $\boldsymbol{\delta}_i$ 为径向基神经网络估计偏差 ε_i 的上界值,其中 $i=1,\cdots,6$。定义 $\hat{\boldsymbol{W}}$ 为神经网络权重的估计值,则式(9-121)可以表述为

$$\boldsymbol{u}_1=\hat{\boldsymbol{B}}_1^{-1}[-\hat{\boldsymbol{F}}(\boldsymbol{x},\dot{\boldsymbol{x}},t)-\hat{\boldsymbol{W}}^{\mathrm{T}}\boldsymbol{h}(\boldsymbol{X})-\mathrm{diag}(\hat{\boldsymbol{\delta}})\mathrm{sgn}(\hat{\boldsymbol{s}})+\ddot{\boldsymbol{x}}_d-\lambda\boldsymbol{y}_2-\boldsymbol{k}\hat{\boldsymbol{s}}] \tag{9-122}$$

式中:$\hat{\boldsymbol{\delta}}=[\hat{\delta}_1\ \hat{\delta}_2\cdots\hat{\delta}_6]^{\mathrm{T}}$,$\hat{\delta}_i$ 为 δ_i 的估计值。

在神经网络活跃区域外选取自适应滑模控制方法(Adaptive Sliding Mode,ASM)。在此方法中,将自动调整控制增益以补偿上界未知的不确定性。控制律为

$$\boldsymbol{u}_2=\hat{\boldsymbol{B}}_1^{-1}[-\hat{\boldsymbol{F}}(\boldsymbol{x},\dot{\boldsymbol{x}},t)-\mathrm{diag}(\hat{\boldsymbol{\phi}})\mathrm{sgn}(\hat{\boldsymbol{s}})+\ddot{\boldsymbol{x}}_d-\lambda\boldsymbol{y}_2-\boldsymbol{k}\hat{\boldsymbol{s}}]$$
$$\hat{\boldsymbol{\phi}}=[\hat{\phi}_1\ \hat{\phi}_2\cdots\hat{\phi}_6]^{\mathrm{T}} \tag{9-123}$$

式中:$\hat{\boldsymbol{\phi}}_i$ 为扰动上界 $\boldsymbol{\phi}_{m_j}$的估计值。

选取非线性函数 $\hbar_{a,b,n}(\cdot)$来构造切换函数,其定义为

$$\hbar_{a,b,n}(\boldsymbol{y})=\begin{cases}0, & \|\boldsymbol{y}\|\leqslant a\\ 1-\cos^n\left(\dfrac{\pi}{2}\sin^n\left(\dfrac{\pi}{2}\dfrac{\|\boldsymbol{y}\|^2-a^2}{b^2-a^2}\right)\right), & a<\|\boldsymbol{y}\|<b\\ 1, & \|\boldsymbol{y}\|\geqslant b\end{cases} \tag{9-124}$$

式中:常数 a 和 b 满足关系 $0<a<b$。选取相对位置误差作为切换函数 $\hbar_{a,b,n}(\cdot)$ 的输入,有 $\boldsymbol{y}=\boldsymbol{e}_p$。因此,神经网络的活跃范围与常数 a 和 b 以及相对位置误差

的大小有关。

切换控制律将结合神经网络控制律式(9-122)和自适应滑模控制律式(9-123),具体形式为

$$u=\hat{B}_1^{-1}[-\hat{F}(x,\dot{x},t)+(1-\hbar_{a,b,n}(y))u_{an}+\hbar_{a,b,n}(y)u_{as}+\ddot{x}_d-\lambda y_2-k\hat{s}]$$

$$u_{an}=-\hat{W}^{\mathrm{T}}h(X)-\mathrm{diag}(\hat{\delta})\,\mathrm{sgn}(\hat{s})$$

$$u_{as}=-\mathrm{diag}(\hat{\phi})\,\mathrm{sgn}(\hat{s}) \tag{9-125}$$

$\hat{W}$,$\hat{\delta}$以及$\hat{\phi}$的自适应律为

$$\dot{\hat{W}}=(1-\hbar_{a,b,n}(y))\gamma h(X)\hat{s}^{\mathrm{T}} \tag{9-126}$$

$$\dot{\hat{\delta}}=(1-\hbar_{a,b,n}(y))\xi_1|\hat{s}| \tag{9-127}$$

$$\dot{\hat{\phi}}=\hbar_{a,b,n}(y)\xi_2|\hat{s}| \tag{9-128}$$

式中:γ,ξ_1和ξ_2为对角正定矩阵。

2. 稳定性证明

选取李雅普诺夫函数为

$$V_2=\frac{1}{2}\hat{s}^{\mathrm{T}}\hat{s}+\frac{1}{2}\mathrm{tr}(\widetilde{W}^{\mathrm{T}}\gamma^{-1}\widetilde{W})+\frac{1}{2}\widetilde{\delta}^{\mathrm{T}}\xi_1^{-1}\widetilde{\delta}+\frac{1}{2}\widetilde{\phi}^{\mathrm{T}}\xi_2^{-1}\widetilde{\phi}$$

$$\widetilde{W}=\hat{W}-W^*$$

$$\widetilde{\delta}=\hat{\delta}-\delta$$

$$\widetilde{\phi}=\hat{\phi}-\phi_m \tag{9-129}$$

式中:$\widetilde{W}$为径向基神经网络权重W^*的估计误差;$\widetilde{\delta}$为神经网络估计偏差上界值δ的的估计误差;$\widetilde{\phi}$为扰动上界ϕ_m的估计误差。

对于式(9-129)求导,可得

$$\begin{aligned}\dot{V}_2&=\hat{s}^{\mathrm{T}}\dot{\hat{s}}+\mathrm{tr}(\widetilde{W}^{\mathrm{T}}\gamma^{-1}\dot{\widetilde{W}})+\widetilde{\delta}^{\mathrm{T}}\xi^{-1}\dot{\widetilde{\delta}}+\widetilde{\phi}^{\mathrm{T}}\xi_2^{-1}\dot{\widetilde{\phi}}\\&=\hat{s}^{\mathrm{T}}(\lambda y_2+\hat{F}(x,\dot{x},t)+\hat{B}_1u+(1-\hbar_{a,b,n}(y))\phi+\hbar_{a,b,n}(y)\phi-\ddot{x}_{\mathrm{d}})+\\&\quad\mathrm{tr}(\widetilde{W}^{\mathrm{T}}\gamma^{-1}\dot{\hat{W}})+\widetilde{\delta}^{\mathrm{T}}\xi^{-1}\dot{\hat{\delta}}+\widetilde{\phi}^{\mathrm{T}}\xi_2^{-1}\dot{\hat{\phi}}\end{aligned} \tag{9-130}$$

将式(9-125)代入式(9-130)可得

$$
\begin{aligned}
\dot{V}_2 &= \hat{\boldsymbol{s}}^{\mathrm{T}}\left[\left(1-\hbar_{a,b,n}(\boldsymbol{y})\right)(\boldsymbol{\phi}+\boldsymbol{u}_{an})+\hbar_{a,b,n}(\boldsymbol{y})(\boldsymbol{\phi}+\boldsymbol{u}_{aa})-\boldsymbol{k}\hat{\boldsymbol{s}}\right]+ \\
&\quad \mathrm{tr}(\widetilde{\boldsymbol{W}}^{\mathrm{T}}\boldsymbol{\gamma}^{-1}\dot{\hat{\boldsymbol{W}}})+\widetilde{\boldsymbol{\delta}}^{\mathrm{T}}\boldsymbol{\xi}^{-1}\dot{\hat{\boldsymbol{\delta}}}+\widetilde{\boldsymbol{\phi}}^{\mathrm{T}}\boldsymbol{\xi}_2^{-1}\dot{\hat{\boldsymbol{\phi}}} \\
&= \left(1-\hbar_{a,b,n}(\boldsymbol{y})\right)\hat{\boldsymbol{s}}^{\mathrm{T}}\left(\boldsymbol{W}^{*\mathrm{T}}\boldsymbol{h}(\boldsymbol{X})+\varepsilon-\hat{\boldsymbol{W}}^{\mathrm{T}}\boldsymbol{h}(\boldsymbol{X})-\mathrm{diag}(\hat{\boldsymbol{\delta}})\,\mathrm{sgn}(\hat{\boldsymbol{s}})\right)+ \\
&\quad \mathrm{tr}(\widetilde{\boldsymbol{W}}^{\mathrm{T}}\boldsymbol{\gamma}^{-1}\dot{\hat{\boldsymbol{W}}})+\widetilde{\boldsymbol{\delta}}^{\mathrm{T}}\boldsymbol{\xi}^{-1}\dot{\hat{\boldsymbol{\delta}}}+\hbar_{a,b,n}(\boldsymbol{y})\hat{\boldsymbol{s}}^{\mathrm{T}}\left(\boldsymbol{\phi}-\mathrm{diag}(\hat{\boldsymbol{\phi}})\,\mathrm{sgn}(\hat{\boldsymbol{s}})\right)+ \\
&\quad \widetilde{\boldsymbol{\phi}}^{\mathrm{T}}\boldsymbol{\xi}_2^{-1}\dot{\hat{\boldsymbol{\phi}}}-\hat{\boldsymbol{s}}^{\mathrm{T}}\boldsymbol{k}\hat{\boldsymbol{s}}
\end{aligned}
\tag{9-131}
$$

利用关系 $0<\hbar_{a,b,n}(\boldsymbol{y})<1$ 和式(9-126)~式(9-128)的自适应律,式(9-131)可转换为

$$
\begin{aligned}
\dot{V}_2 &= \left(1-\hbar_{a,b,n}(\boldsymbol{y})\right)\hat{\boldsymbol{s}}^{\mathrm{T}}\left(-\widetilde{\boldsymbol{W}}^{*\mathrm{T}}\boldsymbol{h}(\boldsymbol{X})+\varepsilon-\mathrm{diag}(\hat{\boldsymbol{\delta}})\,\mathrm{sgn}(\hat{\boldsymbol{s}})\right)+ \\
&\quad \left(1-\hbar_{a,b,n}(\boldsymbol{y})\right)\mathrm{tr}(\widetilde{\boldsymbol{W}}^{\mathrm{T}}\boldsymbol{h}(\boldsymbol{X})\hat{\boldsymbol{s}}^{\mathrm{T}})+\left(1-\hbar_{a,b,n}(\boldsymbol{y})\right)\widetilde{\boldsymbol{\delta}}^{\mathrm{T}}|\hat{\boldsymbol{s}}|+ \\
&\quad \hbar_{a,b,n}(\boldsymbol{y})\hat{\boldsymbol{s}}^{\mathrm{T}}\left(\boldsymbol{\phi}-\mathrm{diag}(\hat{\boldsymbol{\phi}})\,\mathrm{sgn}(\hat{\boldsymbol{s}})\right)+\hbar_{a,b,n}(\boldsymbol{y})\widetilde{\boldsymbol{\phi}}^{\mathrm{T}}|\hat{\boldsymbol{s}}|-\hat{\boldsymbol{s}}^{\mathrm{T}}\boldsymbol{k}\hat{\boldsymbol{s}} \\
&= -\left(1-\hbar_{a,b,n}(\boldsymbol{y})\right)\sum_{i=1}^{6}\left(|\hat{\boldsymbol{s}}_i|\left(\delta_i-\varepsilon_i\,\mathrm{sgn}(\hat{\boldsymbol{s}}_i)\right)\right)- \\
&\quad \hbar_{a,b,n}(\boldsymbol{y})\sum_{i=1}^{6}\left(|\hat{\boldsymbol{s}}_i|\left(\phi_{m_i}-\phi_i\,\mathrm{sgn}(\hat{\boldsymbol{s}}_i)\right)\right)-\hat{\boldsymbol{s}}^{\mathrm{T}}\boldsymbol{k}\hat{\boldsymbol{s}} \\
&< 0
\end{aligned}
\tag{9-132}
$$

因此,闭环控制系统是渐进稳定的。

3. 数值仿真

选取同 9. 3. 1 节相同的标称轨迹和期望姿态运动,来验证所提出的切换神经网络输出反馈控制器的有效性。不同的是,假设在仿真过程中位置初始误差为 $\boldsymbol{e}_{p0}=[-3\ 3\ 1.5]^{\mathrm{T}}$m,姿态初始误差为 $\boldsymbol{e}_{\sigma0}=[0.02\ -0.02\ 0.01]^{\mathrm{T}}$。

观测器参数:$\alpha_1=0.3$、$\alpha_2=0.7$,$\boldsymbol{\vartheta}_1=[1\ 1\ 1]\times10^{-3}$、$\boldsymbol{\vartheta}_2=[1\ 1\ 1]\times10^{-3}$,$\boldsymbol{v}_1=[1\ 1\ 1]$和 $\boldsymbol{v}_2=[0.8\ 0.8\ 0.8]$。

神经网络参数设置与第 9. 3. 1 节相同,控制器参数选取为

$$\boldsymbol{\lambda}=\mathrm{diag}(5\ 2.5\ 1\ 1\ 1\ 1)\times10^{-3}$$

$$\boldsymbol{k}=\mathrm{diag}(0.1\ 0.05\ 0.02\ 1\ 1\ 1)\times10^{-1}$$

自适应增益设置为

$$\boldsymbol{\xi}_1=\mathrm{diag}(1\ 1\ 1\ 1\ 1\ 1)\times10^{-7}$$

$$\boldsymbol{\xi}_2=\mathrm{diag}(1\ 1\ 1\ 1\ 1\ 1)\times10^{-7}$$

优化权重设置为 $q_1=0.01$ 和 $q_2=1$。控制周期选取为 1s。

仿真中，在选取同样控制增益的前提下，比较了切换神经网络控制器和自适应滑模控制器的控制效果，具体相对位置和姿态跟踪误差分别如图 9-10 和图 9-11 所示。

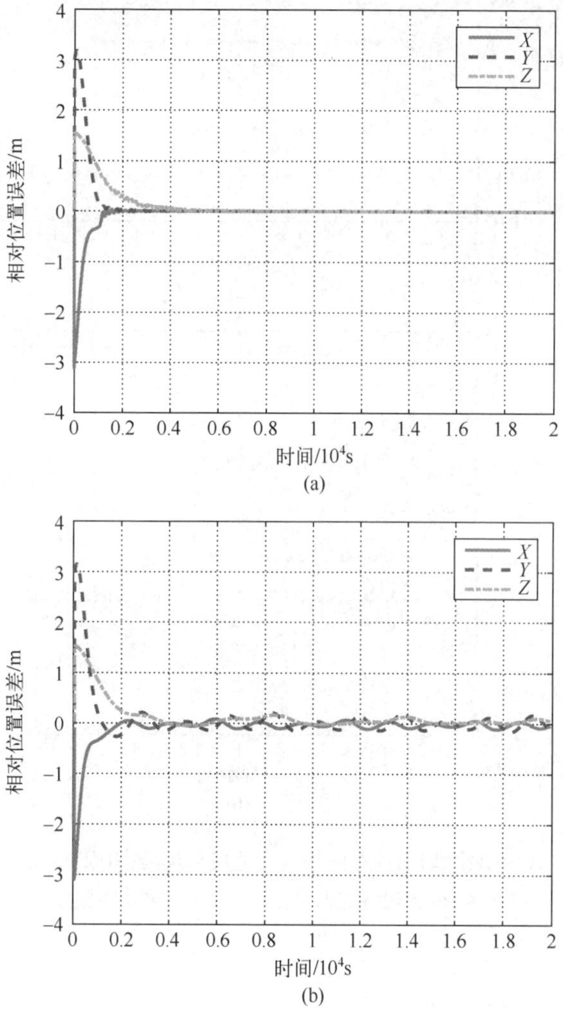

图 9-10　切换神经网络与自适应滑模相对位置跟踪误差

（a）切换神经网络相对位置跟踪误差；（b）自适应滑模相对位置跟踪误差。

通过对切换神经网络控制器和自适应滑模控制器的跟踪效果进行对比，不难发现，切换神经网络控制器在跟踪标称轨迹上有着更好的表现，并且在稳定状态下跟踪误差相差在 1 个数量级以上。

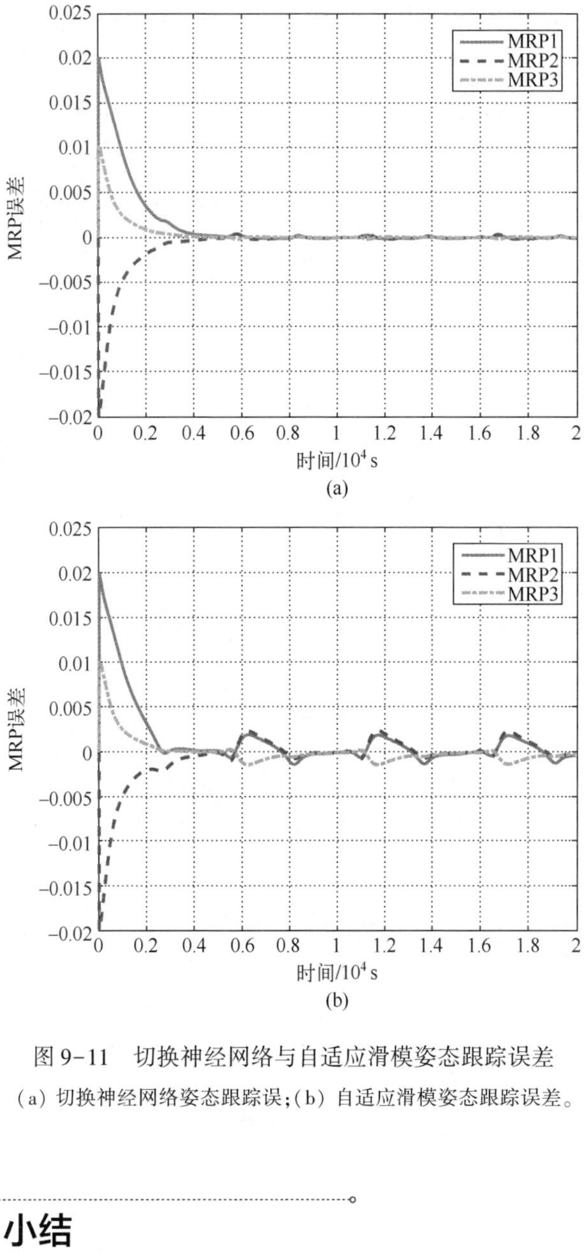

图 9-11　切换神经网络与自适应滑模姿态跟踪误差

(a) 切换神经网络姿态跟踪误;(b) 自适应滑模姿态跟踪误差。

9.4　小结

本章围绕低轨气动力在分布式卫星编队领域的主动利用问题,基于现有气动力理论研究基础,面向气动力全维度姿轨耦合控制应用需求,首次开展了可应用于编队姿轨耦合控制的气动执行机构方案研究,并搭建了姿轨耦合动力学模型。在此基础上,针对低轨气动力随轨道高度和太阳活动存在较强不确定性的特点,以卫星轨道机动和保持姿轨耦合控制为任务背景,先后开展了大气密度不确定性上界已知的滑模机动控制和基于滑模观测器的输出反馈机动控制方法,以及基于神经网络的自适应滑模保持控制与基于切换神经网络的输出反馈保持控制方法研究。

第 10 章 编队技术地面半物理仿真试验系统

卫星编队技术作为当前航天领域的国际研究热点，各航天大国都通过在地面搭建仿真试验系统以开展编队关键技术攻关研究工作，以降低技术风险，节约研究成本[160-162]。我国在该领域的研究起步相对较晚，为促进分布式卫星编队技术的发展和应用，在编队技术理论研究的基础上，同步开展了仿真试验系统研制工作，有效支撑了编队关键技术攻关与验证工作[163-166]。本章以全自由度卫星编队运动模拟半物理仿真试验系统为对象，在初步介绍该仿真试验系统组成和通信接口的基础上，详细阐述了仿真试验系统的姿轨动力学环境，以及仿真试验等效投影变换预处理与操作流程，向读者解释编队技术仿真原理，并以此为基础开展编队技术仿真试验系统的研制。同时，在仿真试验系统介绍的基础上，围绕本书介绍的编队维持和重构控制技术，基于典型应用案例，详细分析了编队控制半物理仿真试验结果，阐述了半物理仿真试验对编队技术验证的意义。

10.1 全自由度仿真试验系统组成概述

10.1.1 仿真试验系统基本框架

为支撑卫星编队系统技术研究开展仿真验证工作，依据卫星编队双星相对运动和姿轨协同工作原理，以系统组成结构相似性、单机功能与性能一致性为指导原则，分全自由度运动模拟系统、分布式实时仿真支撑系统、单机模拟器系统、仿真状态实时存储与显示系统，以及仿真结果自动分析评估系统 5 个部分搭建高精度、高相似度的编队技术全自由仿真试验系统，如图 10-1 所示。

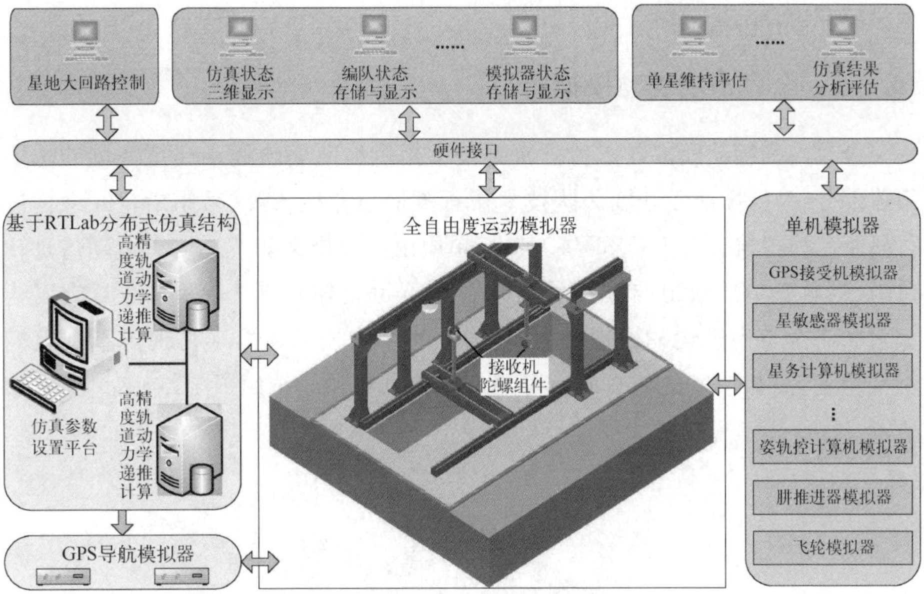

图 10-1　编队技术全自由半物理仿真试验系统组成框图

如图 10-1 所示,该套半物理仿真试验系统基于 RTLab 分布式实时架构,通过开发高精度姿轨动力学环境递推计算模块,为地面开展编队技术仿真试验提供低轨分布式实时仿真动力学环境。在此基础上,通过研制具有双星编队姿轨全自由度运动模拟能力的全自由度运动模拟器,实时接收姿轨动力学环境递推计算结果,为地面开展编队技术仿真试验提供高精度、高相似度的运动模拟环境。同时,由 GPS 导航模拟器基于姿轨递推计算结果实时生成编队卫星导航模拟信号,为卫星轨道测量系统提供输入。单机模拟器系统面向编队干涉成像姿轨状态控制需求,通过研制 GPS 接收机、星敏感器、姿轨控计算机、肼推进器和飞轮等姿轨控单机模拟器,为构建编队技术全链路闭环仿真回路奠定基础。

在编队技术闭环仿真回路搭建的基础上,为方便技术人员操作该套仿真试验系统,实时了解仿真进程与运行状态,降低批量数据仿真结果分析负荷,开发有仿真状态实时存储与显示和仿真结果自动分析评估两个辅助系统。其中,仿真状态实时存储与显示系统提供运动模拟器状态和编队双星姿轨状态存储与显示功能,并通过可视化三维场景,实时显示编队相对状态及其对应的编队构形参数变化情况。仿真结果自动分析评估系统面向编队维持和重构等控制任务,提供编队技术仿真结果数据自动分析处理和可视化显示功能,以支撑技术人员完成仿真结果分析与评估工作。

10.1.2 全自由度运动模拟器

全自由度运动模拟器作为仿真系统中提供编队姿轨运动模拟环境的重要组成部分，为支撑地面开展编队技术仿真验证与考核，首次采用桁轨式结构进行研制。模拟器分为上、下两层，其中：单层由三维桁架和三轴姿态运动仿真转台组成，具备单星轨道与姿态绝对六自由度运动模拟能力；双层可形成编队相对状态全自由度运动模拟能力，可为开展编队技术地面半物理仿真试验提供高精度、高相似度的仿真测试环境。模拟器机械系统组成与结构如图 10-2 所示。

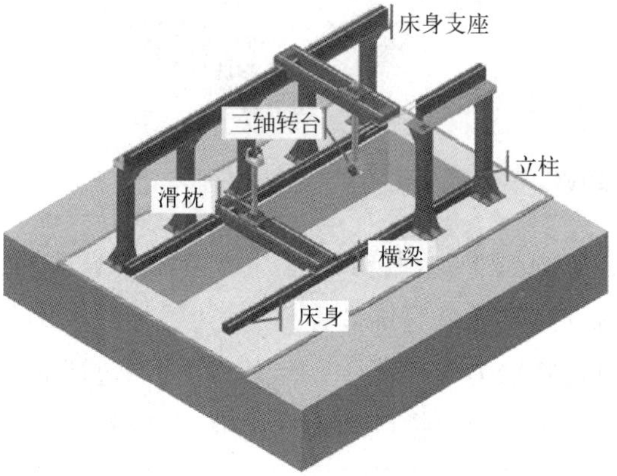

图 10-2　全自由度运动模拟器机械系统组成与结构

由图 10-2 可知，模拟器上下两层三维桁架机械系统基本一致，均由床身、横梁和滑枕三部分组成，仅模拟上下运动的滑枕工作台面在安装上存在些许差异。其中，为支撑编队相对状态模拟，上层三维桁架的滑枕工作台面垂直向下，而下层三维桁架的滑枕工作台面则垂直向上。三轴姿态运动仿真转台作为全自由度运动模拟器中模拟卫星姿态运动的重要设备，上下两套转台机械系统完全一致，分别由内环、中环和外环三个轴模拟卫星各向姿态变化，其方位轴可连续旋转，俯仰和横滚轴可在设计范围内运动。其中，两套转台均可通过法兰连接装置安装在三维桁架滑枕工作台面上，共同为安装在仿真转台工作台面上的编队技术仿真测试设备提供空间三维直线和三维旋转全自由度运动模拟环境。

为实现全自由度运动模拟器快速跟踪卫星编队姿轨状态的能力，建立编队技术高精度、动态运动模拟环境。全自由度运动模拟器电气方案基于系统组成结构一致性原则进行设计，三维桁架和三轴姿态运动仿真转台任意运动维度均由测量传感器、数字控制器、伺服驱动器和执行机构组成，构成单自由度闭环伺服控制回路，以满足模拟器研制测量与控制性能指标要求。各自由度伺服控制系统通过实时通信接口，接收全自由度运动模拟器数据管理系统发送的运动指令，并完成指令解析与控制。同时，通过该接口，向模拟器数据管理系统反馈各自由度实时运动状态。全自由度运动模拟器电气系统方案组成框图如图 10-3 所示。

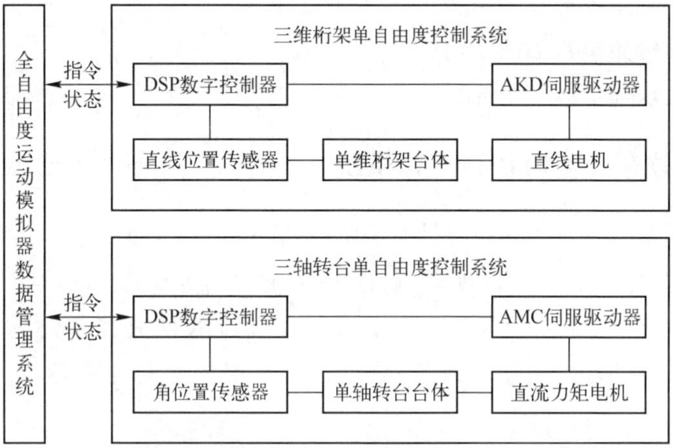

图 10-3　全自由度运动模拟器电气系统方案组成框图

三维桁架单自由度控制系统选择雷尼绍增量式直线光栅尺为位置测量传感器，并选用科尔摩根直线电机及其配套的伺服驱动器搭建执行机构，通过自主开发 DSP 嵌入式数字控制器，搭建高精度直线位置闭环伺服控制系统。特别地，针对床身方向运动部件负载质量大，且受滑枕沿横梁方向运动造成其负载特性存在较强不确定性的特点，在单边伺服控制系统设计基础上，通过引入双边实时位置信息交互接口，采用主从跟踪双驱同步控制方案完成该方向电气系统设计工作。三轴姿态运动仿真转台单自由度控制系统选择雷尼绍增量式圆光栅为角位置测量传感器，并选用直流力矩电机和 AMC 伺服驱动搭建执行机构。为保持电气系统整体的一致性，同样选择自主开发的 DSP 嵌入式数字控制器，搭建高精度角位置闭环伺服控制系统。数据管理系统基于 QNX 可视化环境进行开发，集数据通信、管理、存储和分析于一体，负责协调、监测和调度全自由度运动模拟器各自由度运动状态。全自由度运动模拟器各自由度通过数字控制器通信接口接收其下发的控制指令,并实时模拟卫星编队姿轨运动状态,为编队技术姿轨测量单机提供类星上的高相似环境,保证仿真试验结果的真实性和可信度。

基于桁轨式的机械结构,配合高精度的伺服控制系统方案,经安装调试与测试,全自由度运动模拟器的各项性能指标可支撑卫星编队系统在地面开展性能指标仿真验证与考核工作,其中部分技术指标如下所述。

(1) 单轴直线位置控制精度:优于 1mm;

(2) 单轴直线位置加速度:$\geq \pm 12 mm/s^2$;

(3) 单轴角姿态控制精度:优于 0.002°;

(4) 单轴角位置加速度:$\geq 1°/s^2$;

(5) 数据通信频率:20Hz。

10.1.3 分布式实时仿真支撑系统

分布式实时仿真支撑系统针对编队星间协同工作特点,基于加拿大OpalRT公司推出的 RTLab 分布式实时操作系统,通过分别开发可视化仿真操作软件、单星高精度姿轨动力学递推计算模块和星地大回路控制仿真软件,并引入 GPS 导航模拟器,搭建高精度、分布式实时编队仿真支撑环境,如图 10-4 所示。

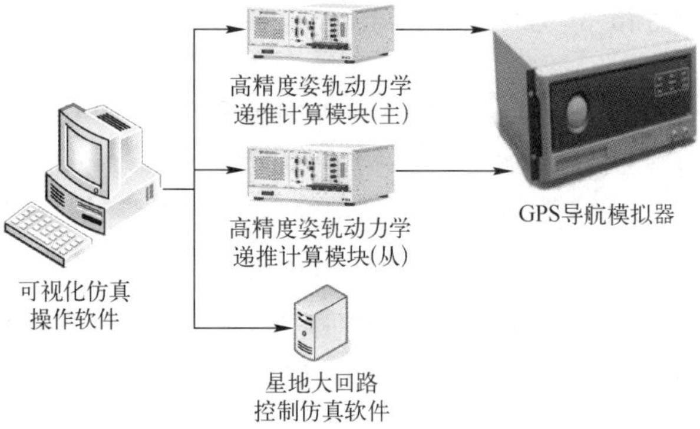

图 10-4 分布式实时仿真支撑系统组成结构图

可视化仿真操作软件是针对编队技术半物理仿真试验参数设置和操作需求,基于 VC 开发环境,通过开发可视化人机交互界面,提供编队仿真参数输入、任务类型配置和投影参数设置等编辑窗口。同时,提供姿轨动力学模块加载、系统仿真参数初始化,以及仿真启动、停止等操作按钮,支撑操作人员开展全流程仿真操作。

高精度姿轨动力学递推计算模块是基于 RTLab 分布式实时操作系统编译、运行原理,依据卫星高精度姿轨动力学环境(详见 10.3 节),利用 Matlab 软件 Simulink 开发环境搭建单星姿轨动力学递推计算模型,并下载至 RTLab 分布式实时仿真节点运行。通过 RTLab 分布式实时机制保证编队多星姿轨状态递推时间一致性,对外接收编队姿轨控制输入,并输出真实的编队姿轨状态。

星地大回路控制仿真软件是依据编队星地大回路控制方案和算法,按编队星地大回路操作流程,以单机模拟器系统中星务计算机通过通信链路下传的姿轨状态为输入,在卫星姿轨状态确定、递推和相对状态解算的基础上,开发编队单星轨道保持和编队维持与重构控制算法,生成编队星地大回路控制指令。最终,通过与星务计算机间的通信链路完成星地大回路编队控制指令上注。

GPS 导航模拟器以高精度姿轨动力学递推计算模块输出的单星轨道状态数据为输入,结合全自由运动模拟器模拟的编队相对运动状态,基于 GPS 导航原理,在 GPS 导航卫星星座轨道状态递推的基础上,生成 GPS 导航电文,为卫星轨道状态确定提供输入。

分布式实时仿真支撑系统在时间同步、轨道递推和导航模拟等方面的主要性能指标如下所述。

(1) 编队星间轨道递推时间同步性:优于 1ms;

(2) 卫星姿轨状态递推步长:50ms;

(3) 卫星轨道状态输出频率:1Hz。

10.1.4　单机模拟器系统

单机模拟器系统主要是依据卫星编队技术姿轨协同工作特点,依据编队单星姿轨控制方案,基于功能组成、性能指标和通信接口一致性原则,研制类星上的光纤陀螺和星敏感器、GPS 接收机、星务计算机、星载计算机,以及飞轮、磁棒与肼推进器执行机构等姿轨控制单机模拟器,以构建完整的编队技术闭环仿真回路,保障编队技术性能指标仿真试验结果的有效性和正确性。其中,单机模拟器系统组成与结构示意图如图 10-5 所示。

GPS 接收机单机模拟器以 GPS 导航模拟器输出的导航电文为输入,在 GPS 轨道测量数据预处理的基础上,基于单星轨道动力学模型批处理精确定轨方

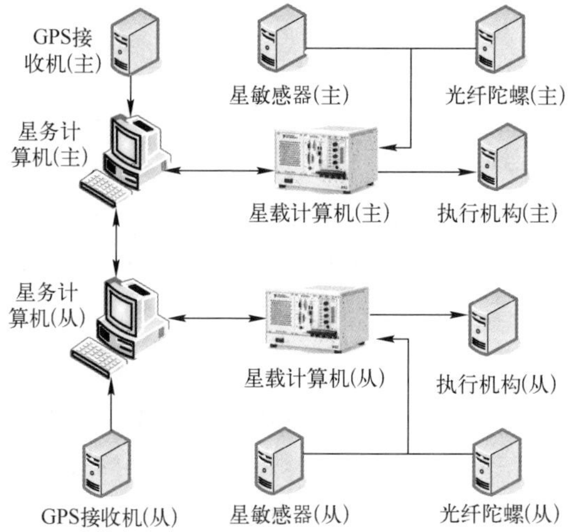

图 10-5　单机模拟器系统组成与结构示意图

法,完成编队绝对轨道状态计算。同时,以编队相对运动学方程为观测模型,引入 EKF 滤波方法确定卫星编队相对运动位置状态。

星敏感器和光纤陀螺单机模拟器共同组成卫星姿态测量系统,其中,星敏感器单机模拟器主要由光学模拟、图像传感器和信号控制与数据处理模块构成。星敏感器由光学模拟模块产生数字图像帧传输给核心的数字信号处理模块进行星目标提取、单星内插细分定位、坐标变换、星图识别、星敏感器姿态角和航天器姿态角的计算等处理工作,确定星敏感器光轴相对于惯性坐标系的指向,给出惯性坐标系下的姿态测量四元数。

星载计算机单机模拟器通过采集姿态敏感器测量数据,在姿态确定处理的基础上,调用姿态导引规划功能模块,生成姿态跟踪目标,并由姿态控制算法输出姿态控制指令,完成卫星姿态控制任务。同时,基于星务计算机传递的编队卫星轨道状态,自主规划编队构形控制指令,完成编队构形星上自主控制。

星务计算机单机模拟器主要模拟编队卫星的任务分布调度和综合数据处理工作,并且负责整星状态存储管理,主要由任务分配调度系统、数据存储管理系统和数据通信模拟系统组成。其中,任务分配调度系统针对星载单机状态监测、数据通信、指令调度等任务,按星载单机调度逻辑,开发功能和操作逻辑一致的任务分配调度功能模块,为构建编队技术闭环仿真回路提供支撑。

执行机构单机模拟器主要依据编队姿轨控制执行机构功能与性能,结合编队卫星姿轨控制执行机构单机布局，开发飞轮和肼推进器单机模拟器，输出姿轨控制状态。其中，肼推进器单机模拟器依据肼推进器工作原理，结合卫星结构布局，通过推进器模型运算，模拟肼推进器工作过程，输出推力模拟信号。

单机模拟器系统中各个单机模拟器的主要性能指标如下所述。

(1) 星敏感器单机模拟器性能。

① 噪声：X、Y 方向：≤8″(3σ)，Z 方向：≤40″(3σ)；

② 数据输出频率：优于 2Hz。

(2) 光纤陀螺单机模拟器性能。

① 测量范围：(−20~20)(°)/s；

② 零偏(常值漂移)：12(°)/h。

(3) GPS 接收机单机模拟器性能。

① 单星轨道确定精度：10m(1σ，三轴合成)；

② 单星轨道速度精度：优于 0.02m/s；

③ 相对位置精度：12cm(1σ，三轴合成)；

④ 相对速度精度：1cm/s(1σ，三轴合成)；

⑤ 轨道确定输出频率：1Hz。

10.1.5　仿真状态存储显示与自动分析评估系统

仿真状态存储显示与自动分析评估系统是全自由度仿真试验系统中的辅助系统，包括仿真状态实时存储与显示子系统和仿真结果自动分析评估子系统。

仿真状态实时存储与显示子系统是针对编队技术性能指标测试要求，在编队仿真试验过程中实时记录、存储编队性能相关的时间、姿轨状态和控制指令等数据，并通过开发可视化图形显示界面，实时显示编队技术仿真试验过程中的各类编队参数变化曲线，以及编队相对运动状态，为技术人员实时监测编队技术仿真过程提供支撑，同时为编队技术性能分析提供仿真数据。主要功能与性能指标如下所述。

(1) 具备编队姿轨仿真状态数据实时记录功能；

(2) 数据记录频率：1Hz；

(3) 具备编队参数实时显示功能。

仿真结果自动分析评估子系统是针对编队技术仿真测试性能验证与考核

要求，依据仿真状态实时存储与显示子系统记录的数据，通过开发编队技术姿轨控制性能自动分析计算模块，面向用户提供可视化的编队性能仿真测试评估结果，以降低技术人员仿真结果数据分析负担，提升仿真试验结果数据分析处理能力。其主要功能与性能如下所述：

(1) 具备编队性能自动分析评估功能；

(2) 具备编队性能仿真试验结果可视化显示功能。

10.2 全自由度仿真试验系统通信接口概述

全自由度仿真试验系统通信接口方案设计，主要是基于仿真试验系统组成及各子系统之间的通信数据量与实时性要求，结合星上总线通信模式，通过选择合适的通信接口，实现仿真试验系统数据通信方案设计，如图 10-6 所示。其中，仿真参数设置平台在工作站自带网口和 RS232 串口基础上，通过工作站 PCI 插槽扩展 1 块 4 口 RS422 通信板卡，分别完成对高精度姿轨动力学递推软件、全自由度运动模拟器操作平台、星地大回路控制平台和仿真状态存储与评估平台的通信。

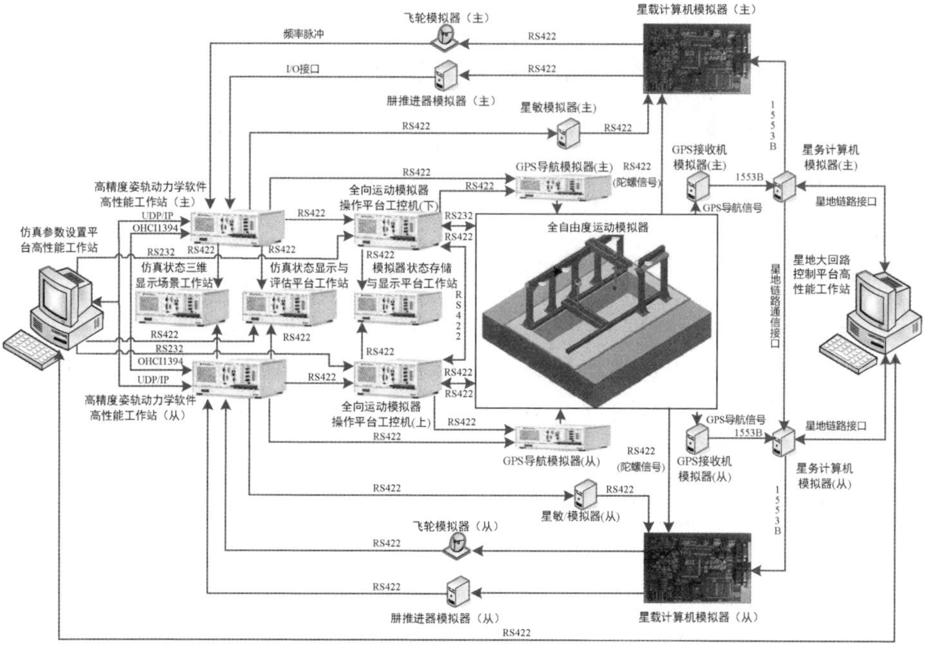

图 10-6 全自由度运动模拟器通信接口示意图

高精度姿轨动力学递推软件是全自由半物理仿真试验系统中的轨道和姿态数据输出源。在工作站自带网口基础上,通过工作站 PCI 插槽分别扩展 1 块 4 口 RS422 通信板卡,以及 1 块 1394 火线卡,以实现两个高精度姿轨动力学软件间的数据同步处理,以及其与全自由度运动模拟器操作平台、GPS 导航模拟器和星敏单机模拟器间的数据通信。

全自由度运动模拟器是一套独立的机电设备,系统内部各向控制是以 DSP 嵌入式处理单元为数字控制器,分别负责实现运动模拟器单自由度直线位置或姿态精确闭环控制。为满足全自由度运动模拟器操作平台对内和对外通信要求,在工控机自带 RS232 通信接口基础上,通过工控机 PCI 插槽分别扩展 1 块 4 口 RS422 通信板卡,以及 1 块 8 口 RS232 通信板卡。其中,4 口 RS422 通信板卡主要用于接收高精度姿轨动力学软件输入指令、模拟器运动状态对外输出,以及上下层运动状态交互;8 口 RS232 主要用于与上下两层模拟器各自由度控制器内部通信。

GPS 导航模拟器能够兼容生成 BD-2 B1/B3 频点、GPS L1/L2 频点全星座卫星导航信号。在其内部通信接口设计基础上,由控制板上扩展三个高速数据通信接口 RS422,以实现高精度姿轨动力学软件、全自由度运动模拟器操作平台输入数据采集和导航电文输出工作。

星地大回路控制平台是卫星编队姿轨控制的重要操作平台,它与星上自主姿轨控系统相互配合,完成编队轨道与姿态精确控制任务。针对该平台对外通信需求,在该工控机 PCI 插槽上扩展 1 块 4 口 RS422 接口板卡,分别与仿真参数设置平台、星载主星和从星星务计算机模拟器进行通信。

姿轨控单机模拟器是星上姿轨控制的重要组成部件。针对 GPS 接收机模拟器和星务计算机模拟器之间的通信需要,在其工控机 PCI 插槽基础上,分别扩展 1 块 4 口 RS422 通信接口板卡,以接收导航模拟器输出导航电文,同时输出轨道状态确定信息。针对星务计算机数据通信要求,在其工控机 PCI 插槽上,外扩 1 块 1553B 总线板卡和 1394 通信接口板卡,以完成星上资源管理和星地链路通信。针对姿轨控计算机,结合其星上姿态确定、规划和控制处理要求,同时在其 PCI 插槽上扩展 1 块 8 口 RS422 和 1 块 1553B 总线接口板卡,以完成姿态测量信息、轨道确定信息采集,同时对姿轨控执行单机输出控制命令的功能要求。对肼推进器和飞轮模拟器,依据其数据处理要求,在肼推进器单机模拟器上扩展 1 块 I/O 板卡,模拟肼推进器点火和关闭状态;在飞轮推进器模拟器上扩展 1 块频率计数器板卡,模拟飞轮转速。在此基础上,依据肼推进器和飞轮与姿轨控计算机的通信要求，再分别增加 1 块 8 口和 4 口 RS422 通信板卡，完成姿轨控闭环数据传输。

10.3 仿真试验系统姿轨动力学环境建模

10.3.1 卫星轨道动力学环境建模

依据卫星轨道动力学环境理论研究结果[167-171]，为保障全自由度仿真试验系统轨道动力学环境的真实性和有效性，在高阶地球重力场模型基础上，引入日月三体引力、日月地球潮汐力、大气阻力和太阳光压等空间扰动力，并采用最新的地球自转参数和太阳/地理数据搭建卫星轨道动力学环境模型。

为建立高精度轨道动力学模型，定义 6 维状态变量 $x(t)$ 为

$$\boldsymbol{x}(t)=\begin{bmatrix}\boldsymbol{r}(t)\\ \boldsymbol{v}(t)\end{bmatrix} \tag{10-1}$$

$$\dot{\boldsymbol{x}}=\boldsymbol{f}(t,\boldsymbol{x},\boldsymbol{p})=\begin{bmatrix}\boldsymbol{v}(t)\\ \ddot{\boldsymbol{r}}\end{bmatrix} \tag{10-2}$$

式中：$\boldsymbol{r}(t)$ 和 $\boldsymbol{v}(t)$ 为 t 时刻的卫星位置和速度矢量；$\ddot{\boldsymbol{r}}=\boldsymbol{a}(t,\boldsymbol{r},\boldsymbol{v},\boldsymbol{p})$ 为作用在卫星上的加速度。除去时间、位置和速度，作用在卫星上的加速度由一系列的动力学模型参数 $\boldsymbol{p}$ 确定。给定 t_0 时刻的卫星状态 $\boldsymbol{x}_0$，卫星任意时刻的状态可表示为

$$\dot{\boldsymbol{x}}=\boldsymbol{f}(t,\boldsymbol{x},\boldsymbol{p}),\boldsymbol{x}(t_0)=\boldsymbol{x}_0 \tag{10-3}$$

式中：动力学模型参数 $\boldsymbol{p}$ 由各种空间扰动力模型决定，主要包含地球高阶重力场模型、大气阻力模型、太阳光压模型和三体引力模型等。

1) 地球高阶重力场模型

基于地球引力场位函数描述的地球高阶重力场模型如 3.1.1 节中式(3-1)所示。参照 J_2 项摄动力建模过程，选用于 2003 年 7 月 21 日发布的 Grace 地球重力场(GGM01)田谐项和带谐项系数文件搭建仿真试验系统高阶重力场模型，并最终选择参数阶数至 120×120。在此基础上，建立高阶重力场扰动势函数为

$$T(r,\phi,\lambda)=\frac{GM}{r}\sum_{n=2}^{n_{\max}}\sum_{m=0}^{n}\left(\frac{R}{r}\right)^n\bar{P}_{nm}(\sin\phi)(\bar{C}_{nm}^{W}\cos m\lambda+\bar{S}_{nm}^{W}\sin m\lambda) \tag{10-4}$$

在球坐标系下，将式(10-4)描述的地球扰动势函数对位置变量求一阶梯度，得地球非球形引力分量为

$$\begin{cases}\dfrac{\partial T}{\partial r}=-\dfrac{GM}{r^2}\sum\limits_{n=2}^{n_{\max}}\left(\dfrac{R}{r}\right)^n(n+1)\sum\limits_{m=0}^{n}\bar{P}_{nm}(\sin\phi)(\bar{C}_{nm}^W\cos(m\lambda)+\bar{S}_{nm}^W\sin m\lambda)\\ \dfrac{\partial T}{\partial \phi}=\dfrac{GM}{r}\sum\limits_{n=2}^{n_{\max}}\left(\dfrac{R}{r}\right)^n\sum\limits_{m=0}^{n}\dfrac{\mathrm{d}\bar{P}_{nm}(\sin\phi)}{\mathrm{d}\phi}(\bar{C}_{nm}^W\cos(m\lambda)+\bar{S}_{nm}^W\sin m\lambda)\\ \dfrac{\partial T}{\partial \lambda}=\dfrac{GM}{r}\sum\limits_{n=2}^{n_{\max}}\left(\dfrac{R}{r}\right)^n\sum\limits_{m=0}^{n}m\bar{P}_{nm}(\sin\phi)(\bar{S}_{nm}^W\sin(m\lambda)-\bar{C}_{nm}^W\cos m\lambda)\end{cases} \tag{10-5}$$

为将式(10-5)描述的球坐标系下地球非球形引力分量转换至笛卡儿坐标系分量,定义笛卡儿坐标系位置向量为(x,y,z),球坐标系位置向量为(r,ϕ,λ),变量之间的转换关系为

$$\begin{cases}r=\sqrt{x^2+y^2+z^2}\\ \phi=\arctan\left(\dfrac{z}{\sqrt{x^2+y^2}}\right)\\ \lambda=\arctan\left(\dfrac{y}{x}\right)\end{cases} \tag{10-6}$$

依据式(10-6),如记 $T_x=\partial T/\partial x$,$T_y=\partial T/\partial y$,$T_z=\partial T/\partial z$,$T_r=\partial T/\partial r$,$T_\lambda=\partial T/\partial\lambda$,$T_\phi=\partial T/\partial\phi$,则可得地球非球形引力在笛卡儿坐标系下的分量为

$$\begin{cases}\dfrac{\partial T}{\partial x}=g_x=\left(\dfrac{1}{r}T_r-\dfrac{z}{r^2\sqrt{x^2+y^2}}T_\phi\right)x-\left(\dfrac{1}{x^2+y^2}T_\lambda\right)y\\ \dfrac{\partial T}{\partial y}=g_y=\left(\dfrac{1}{r}T_r-\dfrac{z}{r^2\sqrt{x^2+y^2}}T_\phi\right)y+\left(\dfrac{1}{x^2+y^2}T_\lambda\right)x\\ \dfrac{\partial T}{\partial y}=g_z=\left(\dfrac{1}{r}T_r\right)z+\left(\dfrac{\sqrt{x^2+y^2}}{r^2}T_\phi\right)\end{cases} \tag{10-7}$$

2) 大气阻力模型

大气阻力模型如3.1.2节中式(3-5)所示,阻力大小除与卫星运动速度有关,主要由大气密度确定。为此,在搭建大气阻力模型时,选择1976U.S.标准大气文件atmos76.dat计算大气密度。该文件共提供2001个参数值,可计算从大地水平面高度为0~1000km范围内,分辨率为0.5km的大气密度。依据此文件,基于卫星轨道大地水平面高度,采用线性插值法可估计大气密度为

$$\rho=y1+\text{xinfac}\times(y2-y1) \tag{10-8}$$

式中:$y1$和$y2$为依据卫星大地水平面高度,读取的标准大气文件密度参数;xinfac为插值计算因子。

假设当前卫星轨道高度 h 位于标准大气密度文件第 i 行和 $i+1$ 行之间，且第 i 行的高度为 h_i，则插值因子的计算表达式为

$$\text{xinfac}=\frac{h-h_i}{0.5} \tag{10-9}$$

式中，高度变量的单位均为 km。

3）太阳光压力模型

作用在卫星上的太阳光压力是太阳发射的光子撞击到卫星表面进行动量交换的结果。基于现有太阳光压力研究结果，其在作用于卫星的加速度可表示为

$$\boldsymbol{a}_{rp}=\upsilon P_S A_R U^2 C_R \frac{A_R}{m}\frac{\boldsymbol{r}-\boldsymbol{r}_S}{\|\boldsymbol{r}-\boldsymbol{r}_S\|^3} \tag{10-10}$$

式中：P_S 为在一个天文单位距离（AU）作用在单位面积（$4.56\cdot 10^{-6}\,\text{N/m}^2$）上的太阳光压力；$A_R$ 为卫星表面积在太阳光线方向上的投影；$\boldsymbol{r}_S$ 为在惯性系中的太阳矢量；C_R 为卫星表面的光压系数；$\boldsymbol{\upsilon}\in[0,1]$ 为阴影函数。

4）三体引力模型

为考虑日、月引力的影响，将卫星轨道两体运动方程可扩展至 n 体动力学，在地心惯性坐标系中，可得第 j 个天体的加速度为

$$\boldsymbol{a}_j=u_j\left[\frac{\boldsymbol{\rho}_j}{\boldsymbol{\rho}_j^3}-\frac{\boldsymbol{r}_j}{\boldsymbol{r}_j^3}\right] \tag{10-11}$$

式中：u_j 为第 j 个天体的引力系数；ρ_j 为卫星与摄动天体间距离；r_j 为地心与摄动天体间距离。

10.3.2 姿态动力学环境建模

卫星姿态运动是指卫星绕自身质心的旋转运动。姿态动力学环境模型可通过刚体的动量矩公式和定理导出，即欧拉-牛顿法：刚体对惯性空间某固定点的角动量变化率等于作用于刚体上所有外力对此点力矩的总和，如图 10-7 所示。

在以空间固定点 S 为原点的惯性坐标系中，角动量定理可表示为

$$\frac{\mathrm{d}}{\mathrm{d}t}\boldsymbol{H}_s=\boldsymbol{M}_s \tag{10-12}$$

式中：$\boldsymbol{H}$，$\boldsymbol{M}$ 为刚体角动量和作用在刚体上的外力矩；下标表示相对何种基准点。

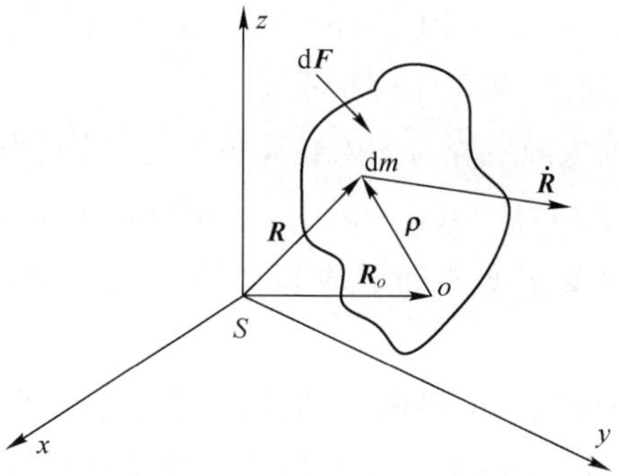

图 10-7　刚体姿态动力学作用原理

依据式(10-12)描述的质量微元动量矩定理,则刚体角动量是刚体内质量微元相对该基准点的动量矩总和,在 S 坐标系下可表示为

$$\boldsymbol{H}_s = \int \boldsymbol{R} \times \dot{\boldsymbol{R}} \mathrm{d}m \tag{10-13}$$

式中:$\boldsymbol{H}_s$ 为刚体的体积分;dm 为刚体的质量微元;$\boldsymbol{R}$ 和 $\dot{\boldsymbol{R}}$ 为该质量微元在空间惯性坐标中的位置和速度。

假设作用在质量微元 dm 上的外力为 d$\boldsymbol{F}$,则相对 S 点的总力矩为

$$\boldsymbol{M}_s = \int \boldsymbol{R} \times \mathrm{d}\boldsymbol{F} = \int \boldsymbol{R} \times \ddot{\boldsymbol{R}} \mathrm{d}m \tag{10-14}$$

依据式(10-14),通过推导整理可得星体坐标系下的卫星姿态动力学模型为

$$\frac{\mathrm{d}H_b}{\mathrm{d}t} + [\,\omega_b^{\times}\,] H_b = M_b \tag{10-15}$$

式中,去掉下标"b",用 L 表示力矩 M_b,则卫星姿态动力学模可进一步表示为

$$\frac{\mathrm{d}}{\mathrm{d}t}\omega = J^{-1}(L - [\,\omega^{\times}\,] J\omega) \tag{10-16}$$

按上述姿态动力学模型,结合低轨卫星空间扰动力矩研究成果[172-175],仿真实验系统姿态动力学建模主要考虑了太阳光压力矩、重力梯度力矩和气动力矩三种空间扰动力矩,具体如下所述。

1) 太阳光压力矩

按式(10-10)所示的太阳光压力加速度表达式,当太阳垂直照射至卫星太阳帆表面时,假设卫星太阳帆表面积为 S,则其压力估计式可表示为

$$F = \frac{I}{C} S = PS \tag{10-17}$$

式中:P 为太阳光压力系数;C 为光速。如果太阳光照射被表面全吸收,则太阳

光压力系数可表示为 $P\approx4.5\times10^{-6}\mathrm{N/m^2}$；如太阳光照射被表面完全反射，则太阳光压力系数可表示为 $P=9.0\times10^{-6}\mathrm{N/m^2}$。

一般情况下，依据太阳帆板与太阳光夹角可将太阳光压力估算为

$$F=-P(1+\nu)S\sin^2(\sigma\boldsymbol{n})+P(1-\nu)S\sin\sigma\cos(\sigma\boldsymbol{\tau}) \tag{10-18}$$

式中：$\boldsymbol{n}$、$\boldsymbol{\tau}$ 分别为卫星受照面积的法线和切线单位矢量；ν 为表面反射系数；σ 为阳光入射角。

若卫星太阳帆板伸展方向沿俯仰轴，与轨道面法线平行，帆板驱动机构使帆板法线指向太阳方向。阳光的入射角随太阳季节运动而变化，但太阳光产生的切向光压总沿帆板转轴。求解后可得在卫星本体系中太阳光压力矩，即

$$\begin{cases}T_{Dx}=T_{ox}+T_{sx}\\T_{Dy}=T'_s\cos(\omega_o t+\eta_s+\xi)\\T_{Dz}=T_{oz}-T_{sz}\end{cases} \tag{10-19}$$

按式(10-19)所示的太阳光压力矩表达式，空间切向光压产生的干扰力矩具有日交变特性，法向光压产生的干扰力矩恒定不变。前者引起卫星角动量在空间做周期性进动，后者使卫星角动量存在长期漂移。

2) 重力梯度力矩

卫星本体每个质量微元都受到地球引力的作用，星体所受引力的分布与卫星在轨道坐标中的姿态有关，引力的合力并不总是通过卫星质心，此项因引力梯度引起的力矩称为重力梯度力矩。假设卫星本体质量微元 $\mathrm{d}m$ 受到地球的中心引力为 $\mathrm{d}\boldsymbol{F}$，且其对质心的力矩为 $\boldsymbol{\rho}\times\mathrm{d}\boldsymbol{F}$，则作用在质量微元上的地心引力对星体质心 o 产生的合力力矩即为重力梯度力矩 $\boldsymbol{T}_g$，可表示为

$$\boldsymbol{T}_g=\int\boldsymbol{\rho}\times\mathrm{d}\boldsymbol{F}=\int\boldsymbol{\rho}\times\left(-\frac{\mu\boldsymbol{r}'}{|\boldsymbol{r}'|^3}\mathrm{d}m\right) \tag{10-20}$$

式中：$\boldsymbol{r}'$ 为质量微元 $\mathrm{d}m$ 的地心距。

引入式 $\boldsymbol{r}'=\boldsymbol{r}+\boldsymbol{\rho}$ 和 $|\boldsymbol{\rho}|\ll|\boldsymbol{r}|$，则通过近似展开处理可将重力梯度力矩表达式(10-20)简化为

$$T_g=\frac{3\mu}{r^3}[E^\times]JE \tag{10-21}$$

3) 气动力矩

低轨空间摄动环境中气动力矩作为主要的空间环境干扰力矩，按第 3.1.2 节式(3-5)所示的气动力模型。如假设气动力 $\boldsymbol{F}_s$ 对迎风面积的压力中心相对卫星质心的距离为 $\boldsymbol{\rho}_s$，则大气阻力在该面积上产生的气动力矩在星体坐标系中

可表示为

$$T_a = \rho_s \times F_s \tag{10-22}$$

10.4　仿真试验投影变换预处理与操作流程

10.4.1　仿真试验投影变换预处理

仿真试验投影变换预处理主要是根据编队技术仿真任务方案，结合编队空间相对运动关系和全自由度运动模拟器性能，通过建立合理的轨道和姿态运动坐标系，将卫星编队运动投影至全自由度运动模拟器仿真坐标系，为开展原理相似、性能可计算的半物理仿真试验奠定基础。

1）仿真坐标系定义

本书 2.1 节针对编队飞行基础理论，分别给出了地心惯性坐标系和卫星轨道坐标系的定义，两者均符合右手螺旋法则。针对编队技术地面仿真运动模拟需求以及全自由度运动模拟器运动特点，通常选择编队主星用任意 t 时刻的标称卫星轨道坐标系来描述编队主星轨道受摄变化，以及绕飞从星相对主星形成的相对运动。

针对描述编队相对运动的标称主星轨道坐标系，为发挥全自由度运动模拟器的运动范围性能，选择全自由度运动模拟器三维有效行程中心点为坐标原点 O，并定义床身方向为 x 向，横梁方向为 y 向，滑枕方向为 z 向，三轴构成右手法则坐标系，如图 10-8 所示。

综上所述，依据编队相对运动坐标系和全自由度运动模拟器仿真坐标系的定义，下面阐述编队轨道和姿态仿真投影变换原理。

2）编队轨道仿真投影变换原理

按编队相对运动坐标系与全自由度运动模拟器仿真坐标系定义，编队轨道仿真投影变换主要包括坐标轴投影，以及在坐标轴投影后的编队相对运动幅度仿真缩比因子计算。假设编队绕飞星在标称主星轨道坐标系中的坐标向量为 $\boldsymbol{r}=[x \quad y \quad z]^{\mathrm{T}}$，在全自由度运动模拟器仿真坐标系中坐标向量为 $\boldsymbol{R}=[X \quad Y \quad Z]^{\mathrm{T}}$，则从标称主星轨道坐标系统至全自由度运动模拟器仿真坐标系的坐标轴变换关系可表示为

$$\boldsymbol{R} = \boldsymbol{\Phi r} \tag{10-23}$$

式中：$\boldsymbol{\Phi}$ 为编队主星标称轨道坐标系至全自由度运动模拟器仿真坐标系的投影

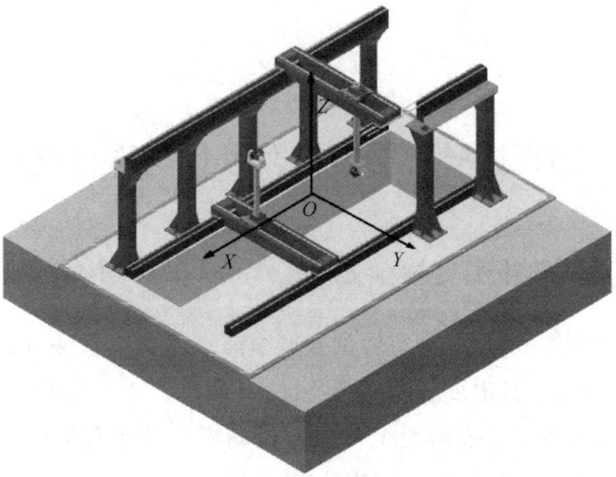

图 10-8 全自由运动模拟器仿真坐标系示意图

变换矩阵。按坐标轴定义，如果仅考虑坐标轴正向投影，则投影变换矩阵 $\boldsymbol{\Phi}$ 具有以下 6 种表达形式。

（1）编队轨道投影变换一。

编队轨道投影变换一是将编队主星标称轨道坐标系 ox 轴投影至全自由度运动模拟器坐标系 OZ 轴，将编队主星标称轨道坐标系 oy 轴投影至全自由度运动模拟器坐标系 OY 轴，将编队主星标称轨道坐标系 oz 轴投影至全自由度运动模拟器坐标系 OX 轴。此时，投影变换矩阵 $\boldsymbol{\Phi}$ 为

$$\boldsymbol{\Phi}=\begin{bmatrix}0&0&1\\0&1&0\\1&0&0\end{bmatrix}\tag{10-24}$$

（2）编队轨道投影变换二。

编队轨道投影变换二是将编队主星标称轨道坐标系 ox 轴投影至全自由度运动模拟器坐标系 OZ 轴，将编队主星标称轨道坐标系 oy 轴投影至全自由度运动模拟器坐标系 OX 轴，将编队主星标称轨道坐标系 oz 轴投影至全自由度运动模拟器坐标系 OY 轴。此时，投影变换矩阵 $\boldsymbol{\Phi}$ 为

$$\boldsymbol{\Phi}=\begin{bmatrix}0&0&1\\1&0&0\\0&1&0\end{bmatrix}\tag{10-25}$$

（3）编队轨道投影变换三。

编队轨道投影变换三是将编队主星标称轨道坐标系 ox 轴投影至全自由度

运动模拟器坐标系 OY 轴，将编队主星标称轨道坐标系 oy 轴投影至全自由度运动模拟器坐标系 OX 轴，将编队主星标称轨道坐标系 oz 轴投影至全自由度运动模拟器坐标系 OZ 轴。此时，投影变换矩阵 $\boldsymbol{\Phi}$ 为

$$\boldsymbol{\Phi}=\begin{bmatrix}0 & 1 & 0\\1 & 0 & 0\\0 & 0 & 1\end{bmatrix} \tag{10-26}$$

（4）编队轨道投影变换四。

编队轨道投影变换四是将编队主星标称轨道坐标系 ox 轴投影至全自由运动模拟器坐标系 OZ 轴，将编队主星标称轨道坐标系 oy 轴投影至全自由度运动模拟器坐标系 OX 轴，将编队主星标称轨道坐标系 oz 轴投影至全自由度运动模拟器坐标系 OY 轴。此时，投影变换矩阵 $\boldsymbol{\Phi}$ 为

$$\boldsymbol{\Phi}=\begin{bmatrix}1 & 0 & 0\\0 & 0 & 1\\0 & 1 & 0\end{bmatrix} \tag{10-27}$$

（5）编队轨道投影变换五。

编队轨道投影变换五是将编队主星标称轨道坐标系 ox 轴投影至全自由度运动模拟器坐标系 OY 轴，将编队主星标称轨道坐标系 oy 轴投影至全自由度运动模拟器坐标系 OZ 轴，将编队主星标称轨道坐标系 oz 轴投影至全自由度运动模拟器坐标系 OX 轴。此时，投影变换矩阵 $\boldsymbol{\Phi}$ 为

$$\boldsymbol{\Phi}=\begin{bmatrix}0 & 1 & 0\\0 & 0 & 1\\1 & 0 & 0\end{bmatrix} \tag{10-28}$$

（6）编队轨道投影变换六。

编队轨道投影变换六是将编队主星标称轨道坐标系 ox 轴投影至全自由度运动模拟器坐标系 OX 轴，将编队主星标称轨道坐标系 oy 轴投影至全自由度运动模拟器坐标系 OY 轴，将编队主星标称轨道坐标系 oz 轴投影至全自由度运动模拟器坐标系 OZ 轴。此时，投影变换矩阵 $\boldsymbol{\Phi}$ 为

$$\boldsymbol{\Phi}=\begin{bmatrix}1 & 0 & 0\\0 & 1 & 0\\0 & 0 & 1\end{bmatrix} \tag{10-29}$$

依据上述 6 种编队轨道投影变换仿真关系，针对每种投影变换关系缩比因子 σ 的最小值由投影编队相对运动尺度及其对应的仿真有效行程决定，假设编队相

对运动各向投影缩比因子分别为 σ_1,σ_2 和 σ_3，则仿真缩比因子最小值 $\sigma_{\min}$ 为

$$\sigma_{\min}=\max(\sigma_1,\sigma_2,\sigma_3) \tag{10-30}$$

缩比因子最大值由全自由度运动模拟器安全距离 D_{safe} 与编队相对运动最小安全距离 d_{safe} 之比决定，即 $\sigma_{\max}$ 为

$$\sigma_{\max}=\frac{D_{\text{safe}}}{d_{\text{safe}}} \tag{10-31}$$

综上，6 种投影变换关系缩比因子选取需满足 $\sigma_{\min}\leqslant\sigma\leqslant\sigma_{\max}$，否则为无效投影变换，无法开展编队技术仿真试验。

3）编队姿态仿真投影变换原理

依据编队轨道 6 种类型坐标系投影变换关系可知，针对由下层全自由度运动模拟器模拟的编队主星轨道受摄变化投影情况，其坐标轴投影无旋转运动分量，仅存在空间位置平移变换关系。姿态投影变换关系相对较为简单，只需按编队轨道坐标系投影变换类型确定卫星姿态与三轴仿真转台转轴对应关系即可，且三轴姿态仿真转台角位置运动与卫星姿态在对应投影轴上的角位置量相同。

针对模拟编队相对运动绕飞星运动状态的上层全自由度运动模拟器，因绕飞星轨道坐标系相对编队主星轨道坐标系存在由编队构形参数的旋转矩阵 R_g，故上层运动模拟器除轨道位置投影变换，还存在姿态旋转投影变换。假设绕飞星对地指向在自身轨道坐标系中的向量 $\boldsymbol{b}_g$ 角位置为 $\boldsymbol{\theta}_g=[\alpha_g \quad \varphi_g \quad \vartheta_g]^{\mathrm{T}}$，则上层全自由度运动模拟器三轴姿态角位置 $\boldsymbol{\theta}_f=[\alpha_f \quad \varphi_f \quad \vartheta_f]^{\mathrm{T}}$ 对应的向量 $\boldsymbol{b}_f$ 为

$$\boldsymbol{b}_f=\Phi R_g\boldsymbol{b}_g \tag{10-32}$$

10.4.2　仿真试验操作流程

依据编队技术地面半物理仿真试验系统组成和子系统间的通信关系，任意编队技术仿真试验任务开始前，仿真试验系统除全自由度运动模拟器功率电源未上电，其余单机模拟器、仿真支撑系统和状态显示系统均已上电，且系统中的软件已启动运行。在此基础上，每次仿真试验任务的基本操作流程如下所述。

（1）依次通过全自由度运动模拟器控制台电源按钮，分别给上层和下层全自由度运动模拟器床身、横梁、滑枕和三轴转台电源供电，其中控制台工作台面按钮分布图如图 10-9 所示。

（2）通过全自由度运动模拟器上下两层数据管理操作软件使能按钮，依次为三维桁架床身、横梁、滑枕，以及三轴转台内环轴、中环轴和外环轴伺服驱动

器供电，其中全自由度运动模拟器上层数据管理操作软件人机界面如图 10-10 所示。

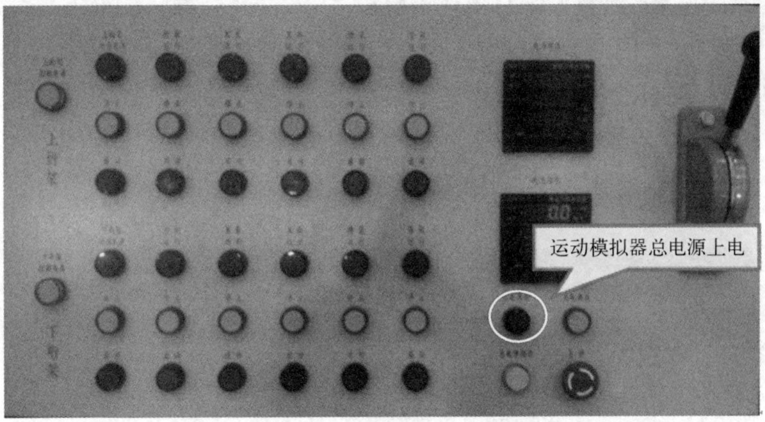

图 10-9　全自由度运动模拟器控制台工作台面按钮分布图

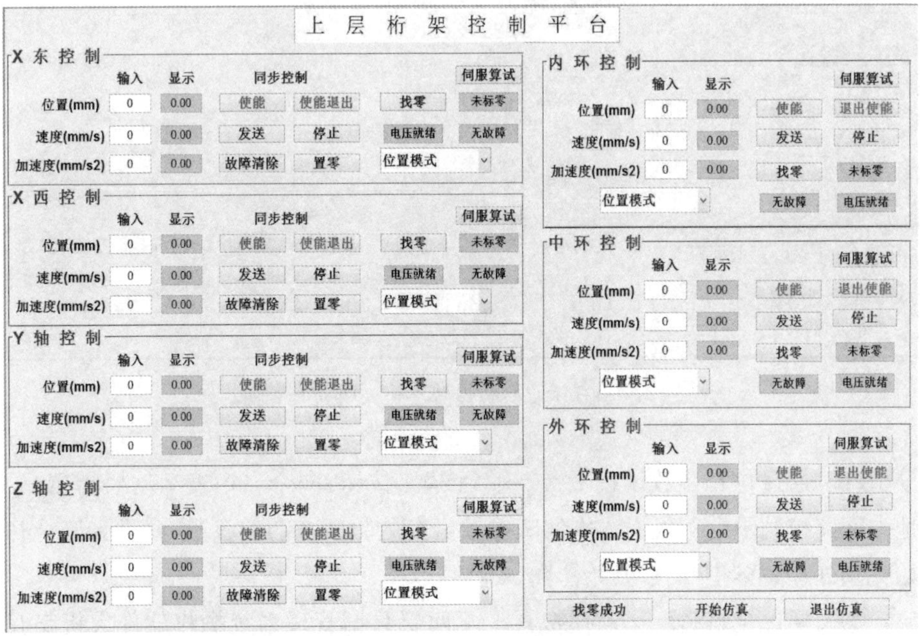

图 10-10　全自由度运动模拟器上层数据管理操作软件人机界面

（3）通过全自由度运动模拟器上下两层数据管理系统操作软件使能按钮，依次完成三维桁架床身、横梁、滑枕，以及三轴转台内环轴、中环轴和外环轴上电找零工作,建立地面仿真试验全自由度运动模拟坐标系。

(4) 通过全自由度运动模拟器上下两层数据管理操作软件找零完成按钮,向仿真参数设置平台反馈全自由运动模拟状态,以开启编队技术仿真参数设置平台初始化功能,同时设置各类仿真参数为可编辑状态。

(5) 依据拟开展的编队技术仿真试验任务,通过仿真参数设置平台人机交互界面,依次选择仿真任务类型、控制类型,并输入本次仿真标称姿轨参数,以及仿真步长、投影变换方式、缩比值等仿真参数,如图 10-11 所示。

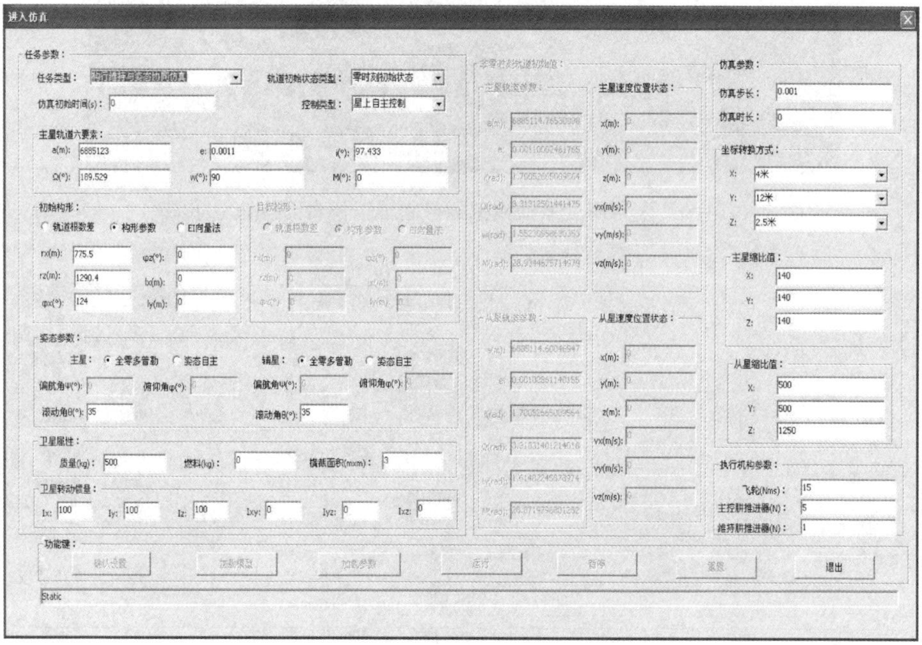

图 10-11　仿真参数设置平台人机交互界面

(6) 通过仿真参数设置平台“确认设置”按钮,向全自由度运动模拟器、星地大回路控制平台等发送本次编队技术仿真试验任务初始参数,并进入等待初始化预处理完毕指令,以开始仿真试验。

(7) 通过全自由度运动模拟器上下两层数据管理系统操作软件人机交互界面,在位置模式下,依据仿真参数设置平台传输的编队任务姿轨运动模拟初状态,依次完成上下两层三维桁架床身、横梁和滑枕三个方向,以及三轴转台内环、中环和外环三个轴的初始化工作,建立编队任务相对位置和姿态仿真运动模拟初始条件。

(8) 通过星地大回路控制平台人机交互界面设置轨道控制阈值,并依据仿真参数设置平台传输的编队任务参数,完成星地大回路控制目标参数初始化工作。同时,向仿真参数设置平台返回参数初始化完成状态标识。

(9) 通过全自由度运动模拟器上下两层数据管理操作软件人机交互界面,依次设置全自由度运动模拟器上下两层床身、横梁、滑枕和三轴转台各个轴工作模式为伺服模式,以实现编队运动状态的动态实时模拟。同时,通过数据通信接口向仿真参数设置平台反馈运动模拟器准备完成标识。

(10) 通过仿真参数设置平台人机交换界面加载模型功能按钮,将编队姿轨动力学递推模块加载至 RTLab 分布式实时仿真节点运行。同时,通过仿真参数设置平台人机交互界面运行功能按钮,启动本次编队仿真试验任务。

(11) 仿真结束后,首先通过仿真参数设置平台停止功能按钮,停止本次编队任务仿真试验。然后,通过全自由运动模拟器数据管理操作软件使能退出功能按钮,依次关闭各个自由度模拟器功率电源。最后,通过全向运动模拟器控制台,关闭全自由度运动模拟器动力电源。同时,关闭各个子系统电源,完成本次编队仿真试验任务。

10.5　典型编队控制任务半物理仿真试验

10.5.1　半物理仿真试验参数

1) 卫星面质比

(1) 单星面质比:0.0078m^2/kg;

(2) 多星面质比差:3%。

2) 姿轨动力学环境

(1) 重力场模型:30 阶 GGM01 重力场;

(2) 大气模型:大气密度取为 0.8×10^{-12}kg/m^3;

(3) 其他模型:太阳光压,三体引力。

3) 绝对和相对轨道测量性能

(1) 单星轨道确定精度:10m(1σ,三轴合成);

(2) 单星轨道速度精度:优于 0.02m/s;

(3) 相对位置精度:12cm(1σ,三轴合成);

(4) 相对速度精度:1cm/s(1σ,三轴合成);

（5）轨道确定输出频率：1Hz。

4）姿态测量性能

（1）绝对姿态测量精度：优于 0.006°（3σ）；

（2）相对姿态测量精度：优于 0.015°（3σ）。

5）肼推进器执行机构性能

（1）推力大小：1N；

（2）推力不确定度：优于 2%（3σ）；

（3）推进器姿态安装误差：优于 1°（3σ）。

6）主星轨道参数

典型编队控制任务的主星轨道参数如表 10-1 所列。

表 10-1　典型编队控制任务的主星轨道参数

参数名称	半长轴 /km	偏心率	轨道倾角 /(°)	升交点赤经 /(°)	近地点幅角 /(°)	平近点角 /(°)
参数大小	6883.505	0.0011963	97.431238	189.2775	113.5947	246.3258

10.5.2　编队构形维持任务半物理仿真试验

为验证编队维持任务方案和控制算法的有效性，以分布式 SAR 系统任务为背景，取标称构形参数如表 10-2 所列。

表 10-2　典型编队维持任务标称构形参数

参数名称	E 幅度 /m	E 初相位 /(°)	Δa 半长轴差 /m	l_y 沿迹偏置量 /(°)	I 幅度 /m	I 初相位 /(°)
参数大小	728.5	229.8	0	0	3051.8	90.0

针对表 10-2 所列的标称编队构形，在两脉冲维持控制策略下，2 天仿真时间内，仅发生了两次构形平面内维持控制点火，如图 10-12 所示。其中，两次维持控制点火时间间隔约为 1 天，点火速度增量基本一致约为 12.5mm/s，与理论预期一致。

2 天仿真时间内，在平面内编队维持控制点火脉冲作用下，编队构形平面内参数维持控制效果如图 10-13 所示。其中，E 向量维持控制最大偏差约为 1.6m，半长轴维持控制最大偏差约为 0.02m，沿航迹偏置量维持控制最大偏差约为-116.1m，符合维持控制性能需求。

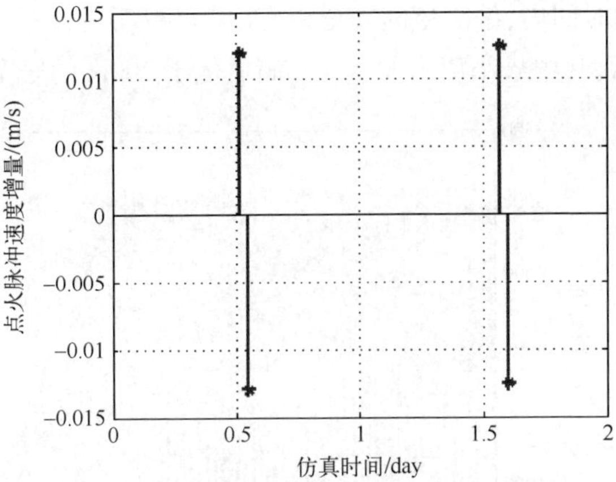

图 10-12　编队构形维持平面内控制点火脉冲曲线

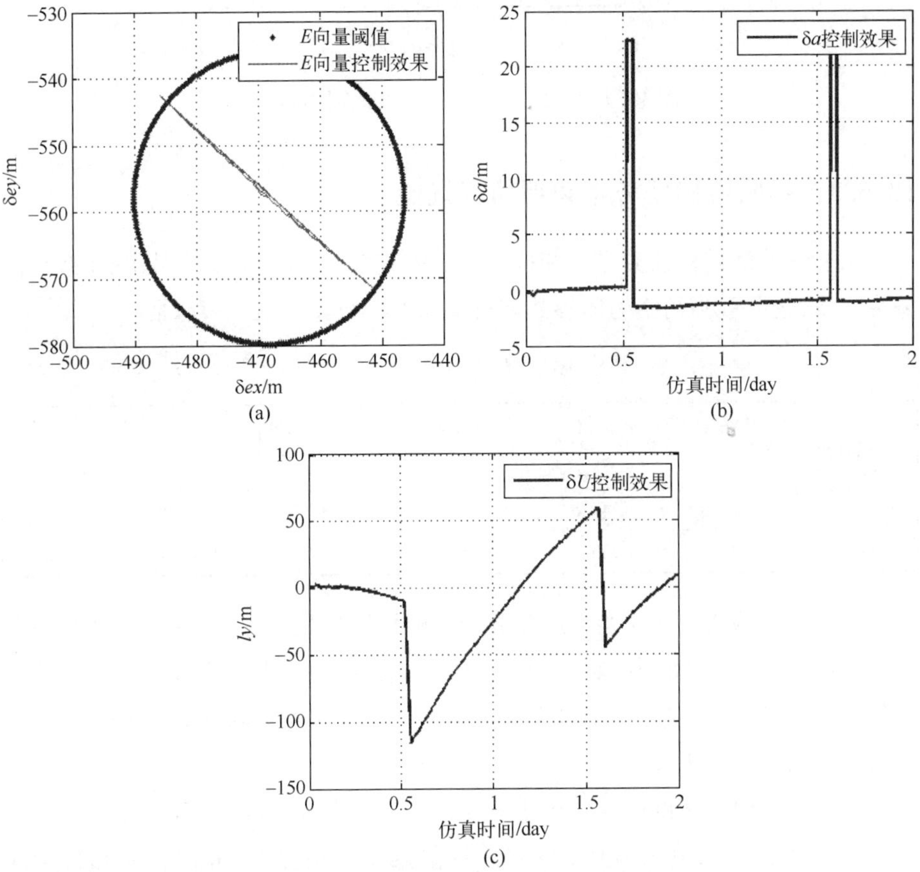

图 10-13　编队构形平面内参数维持控制效果

(a) E 向量维持效果;(b) 半长轴维持效果;(c) 沿航迹偏置量维持效果。

在2天仿真时间内，编队星间安全距离（星间距离在 *xoz* 面内的投影）曲线如图10-14所示，其中最小值为537.9m，满足优于200m的安全距离要求。

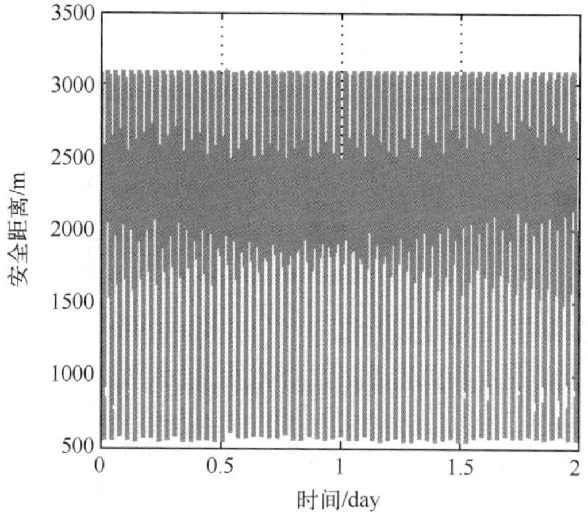

图10-14　编队构形维持星间安全距离曲线

10.5.3　编队重构任务半物理仿真试验

为验证编队重构任务方案和控制算法的有效性，同样以分布式SAR系统任务为背景，选取重构初始构形参数和目标构形参数如表10-3所列。

表10-3　典型编队重构任务初始和目标构形参数

参数名称	*E* 幅度 /m	*E* 初相位 /(°)	Δa 半长轴差 /m	l_y 沿迹偏置量 /(°)	*I* 幅度 /m	*I* 初相位 /(°)
初始参数	1476.6	244.8	0	0	2195.8	90.0
目标参数	310.6	229.9	0	0	2468.7	90.0

针对上述编队重构初始构形参数和目标构形参数，按平面内三脉冲和平面外单脉冲重构策略，得到编队重构任务仿真试验过程中平面内外的点火脉冲曲线如图10-15所示，其中编队任务平面内外重构控制点火脉冲如表10-4所列。重构总时间约为0.2天。

在编队重构控制点火脉冲作用下，编队构形平面内外的参数变化曲线如图10-16所示。其中，编队构形平面内 *E* 向量幅度误差为1.1m，*E* 向量相位角误差0.27°，半长轴误差为0.1m，沿航迹偏置量误差为14.3m；编队构形平面外 *I* 向量幅度误差为2.8m，*I* 向量相位角误差为0.01°。

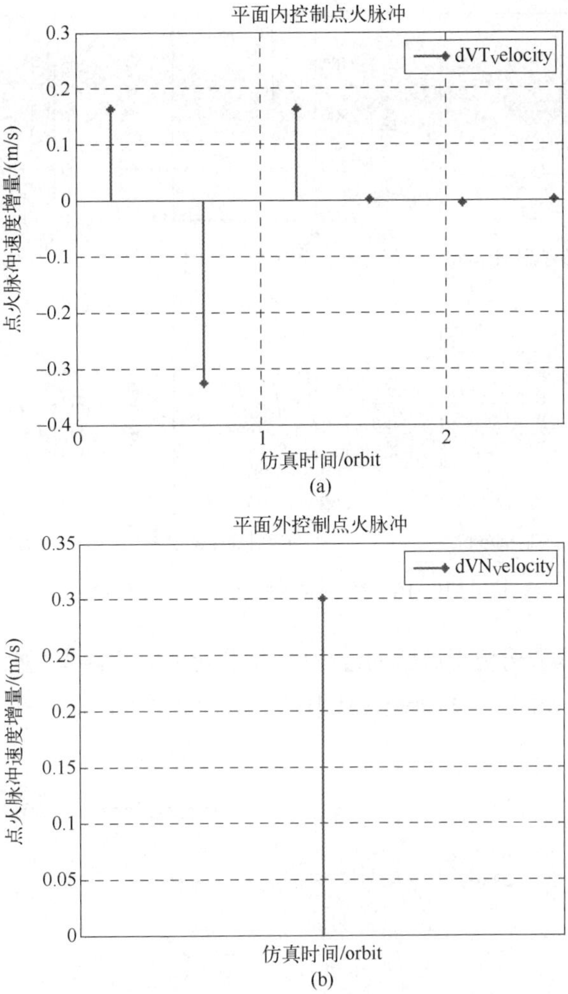

图 10-15　编队构形重构点火脉冲曲线

(a) 平面内点火脉冲；(b) 平面外点火脉冲。

表 10-4　典型编队任务平面内外重构控制点火脉冲表

平面内点火脉冲			平面外点火脉冲	
脉冲序号	脉冲量/(m/s)	点火时刻/s	脉冲量/(m/s)	点火时刻/s
1	0. 163	1091	0. 301	7116
2	-0. 326	3935	—	—
3	0. 163	6780	—	—
4	0. 002	9051	—	—
5	-0. 005	11897	—	—
6	0. 002	14743	—	—

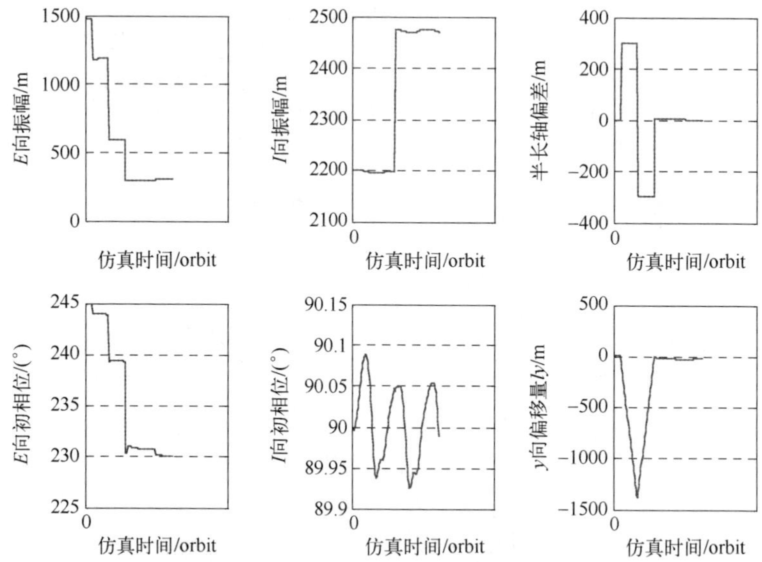

图 10-16　编队重构构形参数变化曲线

在编队构形重构仿真试验的过程中,编队星间安全距离(星间距离在 *xoz* 面内的投影)曲线如图 10-17 所示,其中最小值为 225.8m,满足优于 200m 的安全距离要求。

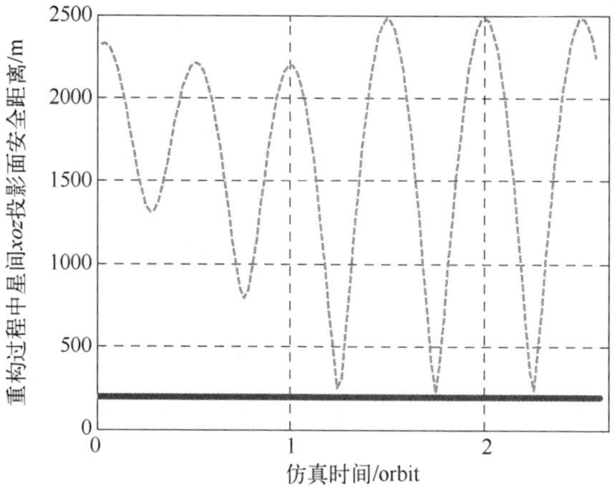

图 10-17　编队构形重构星间安全距离曲线

10.6　小结

本章在介绍全自由度卫星编队运动模拟半物理仿真试验系统组成及其通

信接口的基础上，阐述了仿真试验系统姿轨动力学环境建模情况。针对各类编队任务地面半物理仿真试验需求，在论述全自由度编队技术仿真试验姿轨投影变换原理的基础上，简要概述了该套半物理仿真试验系统的基本操作流程。以分布式 SAR 卫星编队维持和重构两类典型控制任务为例，详细介绍了编队控制技术半物理仿真试验过程中的点火脉冲规划情况，编队构形参数和星间安全距离变化情况，以及编队控制技术可实现的控制性能，阐明了编队技术地面半物理仿真试验对卫星系统研制相关性能指标验证和考核的支撑意义。

参考文献

[1] Martin M, Kilberg S. TechSat 21 and Revolutionizing Space Missions using Microsatellites [C]. 15th AIAA/USU Conference on Small Satellites, Logan, UT, USA, Aug. 13-16, 2001.

[2] Burns R, McLaughlin C A, Leitner J, et al. TechSat 21: Formation Design, Control, and Simulation[C]. Aerospace Conference, Big Sky, MT, USA, Mar. 18-25, 2000.

[3] Kong E M C, Miller D W. Optimal Spacecraft Reorientation for Earth Orbiting Clusters: Applications to Techsat 21[J]. Acta Astronautica, 2003, 53(11): 863-877.

[4] Martin M, Stallard M L. Distributed Satellite Missions and Technologies-the Techsat 21 Program[C]. AIAA, Sep. 28-30, 1999.

[5] Zink M, Kriege G, Amiot T. Interferometric Performance of a Cartwheel Constellation for TerraSAR-L[C]. Fringe 2003, ESRIN, Frascati, Italy, Dec. 1-5, 2003.

[6] Mittermayer J, Krieger G, Moreira A, et al. Interferometric Performance Estimation for the Interferometric Cartwheel in Combination with a Transmitting SAR-Satellite[C]. IEEE Geoscience and Remote Sensing Symposium, 2001: 2955-2957.

[7] Amiot T, Douchin F, Thouvenot E, et al. The Interferometric Cartwheel: A Multi-Purpose Formation of Passive Radar Microsatellites[C]. IGARSS, 2002: 435-437.

[8] Massonnet D. The Interferometric Cartwheel: A Constellation of Passive Satellites to Produce Radar Images to Be Coherently Combined[J]. International Journal of Remotes Sensing, 2001, 22(12): 2410-2430.

[9] Krieger G, Fiedler H, Mittermayer J, et al. Analysis of Multistatic Configurations for Spaceborne SAR Interferometry[J]. IEEE proceeding Radar, Sonar and Navigation, 2003, 150 (3): 87-96.

[10] Fiedler H, Krieger G. Close Formation of Micro-Satellites for SAR, Interferometry[C]. 2nd International Symposium on Formation Flying, Washington, DC, USA, Sep. 14-16, 2004.

[11] Krieger G, Wendler M, Fiedler H, et al. Comparison of the Interferometric Performance for

Spacebome Parasitic SAR Configurations[C]. EUSAR'02, Cologne, Germany, June 4-6, 2002:467-470.

[12] Ng A, Girard R. Orbit Selection for RADARSAT Interferometric TanDEM Mission[C]. International Symposium Formation Flying Mission & Technologies, Toulouse, France, 2002.

[13] 王忠贵,张丽艳,龚志刚,等. 神舟七号飞船伴星飞行试验方案设计及试验验证[J]. 中国科学 E 辑:技术科学,2009,39(3):590-595.

[14] Moreira A. TanDEM-X: A TerraSAR-X Add-on Satellite for Single-Pass SAR Interferometry[C]. IEEE International Geoscience & Remote Sensing Symposium, Achorage, USA, 2004.

[15] Krieger G, Moreira A, Fiedler H, et al. TanDEM-X: A Satellite Formation for High Resolution SAR Interferometry[J]. IEEE Transactions on Geoscience and Remote Sensing, 2007, 45(11):3317-3341.

[16] Suchandt S, Runge H, Breit H, et al. The TerraSAR-X Mission and System Design[J]. IEEE Transactions on Geoscience and Remote Sensing, 2010, 48(2)807-819.

[17] Persson S, Jakobsson B, Gill E. PRISMA-Demonstration Mission for Advanced Rendezvous and Formation Flying Technologies and Sensors[C]. 56th International Astronautical Congress, Fukuoka, Japan, Oct. 17-21, 2005.

[18] Persson S, Bodin P, Gill E, et al. PRISMA-An Autonomous Formation Flying Mission[C]. ESA Small Satellite Systems and Services Symposium(4S), Sardinia, Italy, Sep, 2006.

[19] D'Amico S, Gill E, Montenbruck O. Relative Orbit Control Design for The PRISMA Formation Flying Mission[C]. AIAA Guidance, Navigation, and Control Conference, Keystone, Colorado, Aug 21-24, 2006.

[20] D'Amico S, Florio S D, Ardaens J S, et al. Offline and Hardware-In-The-Loop Validation of The GPS-Based Real-Time Navigation System for The PRISMA Formation Flying Mission[C]. 3rd International Symposium on Formation Flying, Missions and Technologies, Noordwijk, The Netherlands, April, 2008.

[21] Gill E, D'Amico S, Montenbruck O. Autonomous Formation Flying for The PRISMA Mission[J]. AIAA Journal of Spacecraft and Rockets, 2007, 44(3):671-681.

[22] D'Amico S, Gill E, Montenbruck O. Relative orbit control design for the PRISMA formation flying mission[C]. AIAA Guidance, Navigation, and Control Conference and Exhibit, Keystone, Colorado, Aug 21-22, 2006.

[23] D'Amico S, Larsson R. Navigation and Control of the PRISMA formation: In-Orbit Experience[C]. 18th IFAC World Congress, Milano, Italy, Aug. 28-Sep. 2, 2011.

[24] Florio S D, D'Amico S, Radice G. Operation Concept of the Precise Autonomous Orbit Keeping Experiment on the PRISMA Mission[C]. 8th IAA Symposium on Small Satellites

for Earth Observation, Berlin, Apr 4-8, 2011.

[25] Edmund M K, Simon N, Dustin S B, et al. SPHERES as a Formation Flight Algorithm Development and Validation Testbed: Current Progress and Beyond[EB/OL]. http://ssl.mit.edu/spheres/library/SPHERESFFPaper72.pdf.

[26] Shai S, Pini G, Avishy C. Experimental Validation of Stereoscopic Satellite Relative State Estimation[C]. AIAA Guidance, Navigation, and Control Conference, Portland, Oregon, 08-11, August 2011.

[27] Mimi A, Asif A. An Overview of Formation Flying Technology Development for the Terrestrial Planet Finder Mission[J]. IEEE Aerospace Conference Proceedings, 2004, (4): 2667-2679.

[28] Mortensen R E. Strapdown Guidance Error Analysis[J]. IEEE Transactions on Aerospace and Electronic Systems, 1974, 10(4): 451-457.

[29] Markley F L. Attitude Error Representation for Kalman Filtering[J]. Journal of Guidance, Control, and Dynamics, 2003, 26(2): 311-318.

[30] Fischer I S. Dual-Number Methods in Kinematics, Statics and Dynamics[M]. CRC Press, 1999.

[31] Yang A T. Application of Quaternion Algebra and Dual Numbers to the Analysis of Spatial Mechanisms[D]. Columbia University, 1964.

[32] Rooney J A. Comparison of Representation of General Spatial Screw Displacement[J]. Environment and Planning B., 1978, 5: 45-88.

[33] Daniilidis K. Hand-eye Calibration Using Dual Quaternions[J]. International Journal of Robotics Research, 1999, 18: 286-298.

[34] Branets V N, Shmyglevsky IP Introduction to the Theory of Strapdown Inertial Navigation System[M]. Moscow, Nauka(in Russian), 1992.

[35] 武元新. 对偶四元数导航算法与非线性高斯滤波研究[D]. 长沙: 国防科学技术大学, 2005.

[36] 夏琳琳, 赵琳, 刘繁明, 等. 基于对偶四元数的航姿系统姿态更新算法研究[J]. 系统仿真学报, 2008, (2): 276-280.

[37] Brodsky V, Shoham M, The Dual Inertia Operator and Its Application to Robot Dynamics[J]. Journal of Mechanical Design, 1994. 116: 1189-1195.

[38] Brodsky V, Shoham M. Dual Numbers Representation of Rigid Body Dynamics[J]. Mechanism and Machine Theory, 1999, 34(5): 693-718.

[39] Han D, Wei O, Li Z, et al. Control of Oriented Mechanical Systems: a Method Based on Dual Quaternion[C]. 17th World Congress the International Federation of automatic Control Seoul, Korea, 2008: 3836-3841.

[40] Han D P, Wei Q, Li Z X. Kinematic Control of Free Rigid Bodies Using Dual Quaternions [J]. International Journal of Automation and Computing, 2008, 5(3): 319-324.

[41] Pham H L, Perdereau V, Adorno BV, et al. Position and Orientation Control of Robot Manipulators Using Dual Quaternion Feedback[C]. IEEE International Conference on Ontelligent Robots and Systems, 2010: 658-663.

[42] Godsil C, Royle G F. Algebraic Graph Theory[M]. Springer Science & Business Media, New York USA, 2013.

[43] Horn R A, Johnson C R. Matrix analysis[M]. Cambridge University Press, 1990.

[44] Dai M Z, Xiao F, Wei B. Consensus Analysis for Leader-Following Multi-agent Systems with Second-Order Individual Dynamics and Arbitrary Sampling[J]. Robust Nonlinear Control. 2017, 27(18): 4348-4362.

[45] Ren W. Distributed Cooperative Attitude Synchronization and Tracking for Multiple Rigid Bodies[J]. IEEE Trans. Control Syst. Technol., 2010, (18): 383-392. doi: 10. 1109/TCST. 2009. 2016428.

[46] Liu H, Xie G, Wang L. Necessary and Sufficient Conditions for Containment Control of Net-Worked Multi-Agent Systems[J]. Automatica, 2012, (48): 1415-1422. doi: 10. 1016/j. automatica. 2012. 05. 010.

[47] Hill G W. Researches in the Lunar Theory[J]. American Journal of Mathematics, 1878, 1: 5-26

[48] Clohessy W H, Wiltshire R S. Terminal Guidance System for Satellite Rendezvous[J]. Journal of the Astronautical Sciences, 1960, 27(9): 653-678.

[49] Melton R G. Time-Explicit Representation of Relative Motion between Elliptical Orbits[J]. Journal of Guidance, Control, and Dynamics, 2000, 23(4): 604-610.

[50] Inalhan G, Tillerson M, How J P. Relative Dynamics and Control of Spacecraft Formations in Eccentric Orbits[J]. Journal of Guidance, Control, and Dynamics, 2002, 25(1): 48-60.

[51] Vaddi S S, Vadali S R, Alfriend KT. Formation Flying: Accommodating Nonlinearity and Eccentricity Perturbations[J]. Journal of Guidance, Control and Dynamics, 2003, 26(2): 214-223.

[52] Schweighart S A. Development and Analysis of a High Fidelity Linearized *J*2 Model for Satellite Formation Flying[D]. Massachusetts Institute of Technology, 2001.

[53] Schweighart S, Sedwick R. High-Fidelity Linearized *J*2 Model for Satellite Formation Flight [J]. Journal of Guidance, Control, and Dynamics, 2002, 25(6): 1073-1080.

[54] Roberts J A, Roberts PCE. The Development of High Fidelity Linearized *J*2 Models for Satellite Formation Flying Control[C]. American Astronautical Society, 2004.

[55] Cater T, Humi M. Clohessy-Wiltshire Equations Modified to include Quadratic Drag[J].

Journal of Guidance, Control, and Dynamics, 2002, 25(6): 1058-1063.

[56] Alfriend K T, Schaub H, Gim DW. Gravitational Perturbations, Non-Linearity and Circular Orbit Assumption Effects on Formation Flying Control Strategies[C]. 23rd Annual AAS Guidance and Control Conference. Breckenridge, CO, AAS 00-012, February 2000.

[57] Gim D W. Alfriend K T. The State Transition Matrix of Relative Motion for the Perturbed Non-Circular Reference Orbit[C]. AAS/AIAA Space Flight Mechanics Meeting, Santa Barbara, CA, February, 2001.

[58] Alfriend K T, Yan H. An Evaluation and Comparison of Relative Motion Theories[J]. Journal of Guidance, Control, and Dynamics, 2005, 26(2): 254-263.

[59] Yamamoto T. Practical Analytic Solution of Relative Motion between Formation Flying Satellites with Different Ballistic Coefficients in Near-Circular Reference Orbit[C]. 6th International ESA Conference on Guidance, Navigation and Control Systems. 17-20 October 2005 in Loutraki, Greece.

[60] D'Amico S. Relative orbit Elements as Integration Constants of Hill's Equations[C]. Space Flight Technbology, German Space Operations Center, 2005.

[61] Simone D A, Oliver M. Proximity Operations of Formation-Flying Spacecraft Using an Eccentricity/Inclination Vector Separation[J]. Journal of Guidance, Navigation and Control, 2006, 29(3): 554-563.

[62] 高云峰,宝音贺西,李俊峰. 卫星编队飞行中 C-W 方程与轨道根数法的比较[J]. 应用数学与力学. 2003, 24(8): 779-804.

[63] 李俊峰,孟鑫,高云峰,等. $J2$ 摄动对编队飞行相对轨道构形的影响[J]. 清华大学学报(自然科学版), 2004, 44(2): 224-22.

[64] Montenbruck O, Kahle R, D'Amico S, et al. Navigation and Control of the TanDEM-X Formation[J]. Journal of the Astronautical Sciences, 2008, 56(3): 341-357.

[65] Pengji W, Di Y. PD-Fuzzy Formation Control for Spacecraft Formation Flying in Elliptical Orbits[J]. Aerospace Science and Technology, 2003, 7: 561-566.

[66] Amirreza R, Mehran M, Hadaegh FY. On the Optimal Balanced-Energy Formation Flying Maneuvers[C]. AIAA Guidance, Navigation, and Control Conference and Exhibit, San Francisco, California 15-18 August 2005.

[67] Wu Y H, CaO X B, Xing Y J, et al. Relative Motion Coupled Control for Formation Flying Spacecraft via Convex Optimization[J]. Aerospace Science and Technology, 2010, 14(6): 415-428.

[68] Sauter L, Palmer P. Path Planning for Fuel-Optimal Collision-Free Formation Flying Trajectories[C]. Aerospace Conference, IEEE, 2011: 1-10.

[69] Huang H, Ma G, Zhuang Y, et al. Optimal Spacecraft Formation Reconfiguration with Colli-

sion Avoidance Using Particle Swarm Optimization [J]. Information Technology and Control, 2012, 41(2): 143-150.

[70] Yan H. Alfriend K T, Vadali S R, et al. Optimal Design of Satellite Formation Relative Motion Orbits Using Least-Squares Methods[J]. Journal of Guidance, Control, and Dynamics, 2009, 32(2): 599-604.

[71] Beigelman I, Gurfil P. Optimal Geostationary Satellite Collocation Using Relative Orbital Element Corrections[J]. Journal of Spacecraft and Rockets, 2009, 46(1): 141-150.

[72] Clemente D C, Atkins EM. Optimization of a Tetrahedral Satellite Formation[J]. Journal of Spacecraft and Rockets, 2005, 42(4): 699-710.

[73] Ardaens JS, D'Amico S. Spaceborne Autonomous Relative Control System for Dual Satellite Formations[J]. Journal of Guidance, Control and Dynamics, 2009, 32(6): 1859-1870.

[74] Quingsong M, Pengji W, Di Y. Low - Thrust Fuzzy Formation Keeping for Multiple Spacecraft Flying[J]. Acta Astronautica, 2004, 55: 895-901.

[75] Vadali S R, Vaddi S S, Alfriend KT. An Intelligent Control Concept for Formation Flying Satellites[J]. International journal of Robust and Nonlinear Control, 2002, 12: 97-115.

[76] Schaub H, Vadali S, Junkins J, et al. Spacecraft Formation Flying Control Using Mean Orbit Elements[J]. Journal of the Astronautical Sciences, 2000, 48(1): 69-87.

[77] Vadali S R, Alfriend K T. Formation Establishment, Maintenance, and Control. Distributed Space Missions for Earth System Monitoring[M]. Springer New York, 2013: 163-184.

[78] Ren W, Beard R W. Decentralized Scheme for Spacecraft Formation Flying via the Virtual Structure Approach[J]. Journal of Guidance, Contro1, and Dynamics, 2004, 27(1): 73-82.

[79] McLoughlin T, Campbell M. Scalable Sensing, Estimation and Control Architecture for Large Spacecraft Formations [J]. Journal of Guidance, Control, and Dynamics, 2007, 30 (2): 289-300.

[80] Alfriend K, Vadali S R, Gurfil P, et al. Spacecraft Formation Flying: Dynamics, Control, and Navigation[M]. Butterworth-Heinemann, 2009.

[81] D'Amico S, Florio S D, Ardaens JS, et al. Offline and Hardware-In-The-Loop Validation of The GPS - Based Real - Time Navigation System for The PRISMA Formation Flying Mission[C]. 3rd International Symposium on Formation Flying, Missions and Technologies, Noordwijk, The Netherlands, April, 2008.

[82] Gill E, D'Amico S, Montenbruck O. Autonomous Formation Flying for The PRISMA Mission[J]. AIAA Journal of Spacecraft and Rockets, 2007, 44(3): 671-681.

[83] D'Amico S, Gill E, Montenbruck O. Relative Orbit Control Design for the PRISMA Formation Flying Mission[C]. AIAA Guidance, Navigation, and Control Conference and Exhibit, Keystone, Colorado, August 21-22, 2006.

[84] Llorente J S,Agenjo A,Carrascosa C,et al. PROBA-3:Precise Formation Flying Demonstration Mission[J]. Acta Astronautica,2013,82(1):38-46.

[85] 张伟,金小军,杜耀珂,等. 基于星间测距增强的卫星编队 GPS 相对导航系统和方法:中国,CN201610663040. 3[P]. 2016-08-12.

[86] Carter T E. State Transition Matrices for Terminal Rendezvous Studies:Brief Survey and New Examples[J]. Journal of Guidance,Control,and Dynamics,1998,21(1):148-155.

[87] 李伟. 鲁棒自适应滤波算法及在飞行器技术中的应用研究[D]. 上海:上海交通大学,2014.

[88] Lane C,Axelrad P. Formation Design in Eccentric Orbits Using Linearized Equations of Relative Motion[J]. Journal of Guidance,Navigation and Control,2006,29(1):146-160.

[89] Tschauner J, Hempel P. Optimal Beschleunigeungsprongramme fur das Rendezvous - Manover[J]. Astronautica,1964,10:296-307.

[90] Gim D W,Alfriend K T. State Transition Matrix of Relative Motion for the Perturbed Noncircular Reference Orbit[J]. Journal of Guidance,Navigation and Control,2003,26(6):956-971.

[91] Soloviev A. Bates D. van Graas F. Tight Coupling of Laser Scanner and Inertial Measurements for a Fully Autonomous Relative Navigation Solution[C]. 2007 National Technical Meeting of the Institute of Navigation-NTM,2007:1089-1103.

[92] D'Amico S,Gill E,Montenbruck O. Relative Orbit Control Design for the PRISMA Formation Flying Mission[C]. AIAA Guidance,Navigation,and Control Conference,Keystone,Colorado,August 21-24,2006.

[93] Persson S,Bodin P,Gill E,et al. PRISMA-An Autonomous Formation Flying Mission[C]. ESA Small Satellite Systems and Services Symposium(4S),Sardinia,Italy,Sep,2006.

[94] Schaub H,Junkins J L. Analytical Mechanics of Space Systems[M]. Reston,VA:AIAA Education Series,2003.

[95] Hamel J F,Jean D L. Linearized Dynamics of Formation Flying Spacecraft on a *J*2-Perturbed Elliptical Orbit[J]. Journal of Guidance,Navigation and Control,2007,30(6):1649-1658.

[96] Garrison J L,Axelrad P. Application of the Extended Kalman Filter for Relative Navigation in an Elliptical Orbit[J]. Spaceflight Mechanics,1996,93:693-712.

[97] Garrison J L,Axelrad P. Relative navigation in elliptical orbits using an iterative nonlinear filter[J]. Proceedings of International Technical Meeting of the Satellite Division of the Institute of Navigation,1997,9:745-754.

[98] 朱文静. 持续小推力卫星编队高精度导航与维持控制方法研究[D]. 上海:上海交通大学,2016.

[99] Hablani H B,Tapper M L,Dana-Bashian DJ. Guidance and Relative Navigation for Auton-

omous Rendezvous in a Circular Orbit[J]. Journal of Guidance, Control, and Dynamics, 2002,25(3):553-562.

[100] Chen L, Seereeram S, Mehra R K. Unscented Kalman Filter for Multiple Spacecraft Formation Flying[C]. American Control Conference, IEEE, 2003.

[101] Ren W, Beard R W. Decentralized Scheme for Spacecraft Formation Flying via the Virtual Structure Approach[J]. Journal of Guidance, Control, and Dynamics, 2004, 27(1): 73-82.

[102] McLoughlin T, Campbell M. Scalable Sensing, Estimation and Control Architecture for Large Spacecraft Formations[J]. Journal of Guidance, Control, and Dynamics, 2007, 30(2):289-300.

[103] Alfriend K, Vadali S R, Gurfil P, et al. Spacecraft Formation Flying: Dynamics, Control, and Navigation[M]. Butterworth-Heinemann, 2009.

[104] Amirreza R, Mehran M, Hadaegh F Y. On the Optimal Balanced-Energy Formation Flying Maneuvers[C]. AIAA Guidance, Navigation, and Control Conference and Exhibit, 15-18 August 2005, San Francisco, California.

[105] 张育林,曾国强,王兆魁,等. 分布式卫星系统理论及应用[M]. 北京:科学出版社,2008.

[106] Burns R, McLaughlin C A, Leitner J, et al. TechSat 21: Formation Design, Control, and Simulation[C]. Aerospace Conference, Big Sky, MT, USA, Mar. 18-25, 2000.

[107] Karlgaard C D, Lutze F H. Second-Order Relative Motion Equations[J]. Journal of Guidance, Control, and Dynamics, 2003, 26(1):41-49.

[108] Yang G, Yang Q S, Kapila V, et al. Fuel Optimal Maneuvers for Multiple Spacecraft Formation Reconfiguration using Multi-Agent Optimization[C]. 40th IEEE Conference on Decision and Control, Orlando, Florida, USA, Dec. 4-7, 2001:1083-1088.

[109] Tillerson M, Gokhan I, How J P. Coordination and Control of Distributed Spacecraft Systems Using Convex Optimization Techniques[J]. Journal of Robust Nonlinear Control, 2002, 12:207-242.

[110] Roy S S, Fred Y H. Distributed Control Topologies for Deep Space Formation Flying Spacecraft[C]. International Symposium on Formation Flying missions & Technologies, France. Toulouse, Oct. 29-31, 2002.

[111] Kumar B S, Ng A. Time-Optimal Low-Thrust Formation Maneuvering using a Hybrid Linear/Nonlinear Controller[J]. Journal of Guidance Control and Dynamics, 2009, 32(1): 343-347.

[112] Ichimura Y, Ichikawa A. Optimal Impulsive Relative Orbit Transfer along a Circular Orbit [J]. Journal of Guidance Control and Dynamics, 2008, 31(4):1014-1027.

[113] Yang G, Yang Q S, Kapila V, et al. Fuel-optimal Maneuvers for Multiple Spacecraft Formation Reconfiguration Using Multi-Agent Optimization[C]. 40th IEEE Conference on Decision and Control, Orlando, Florida, USA December, 2001.

[114] 张健,戴金海. 自主运行卫星编队构型重构控制策略仿真分析[J]. 系统仿真学报, 2007, 19(3):627-630.

[115] Wu Y H, Cao X B, Xing YJ, et al. Relative Motion Coupled Control for Formation Flying Spacecraft via Convex Optimization[J]. Aerospace Science and Technology, 2010, 14(6): 415-428.

[116] Sauter L, Palmer P. Path Planning for Fuel-Optimal Collision-Free Formation Flying Trajectories[C]. Aerospace Conference, 2011 IEEE, 2011:1-10.

[117] Huang H, Ma G, Zhuang Y, et al. Optimal Spacecraft Formation Reconfiguration with Collision Avoidance Using Particle Swarm Optimization[J]. Information Technology and Control, 2012, 41(2):143-150.

[118] Kim D Y, Woo B, Park S Y, et al. Hybrid Optimization for Multiple-impulse Reconfiguration Trajectories of Satellite Formation Flying[J]. Advances in Space Research, 2009, 44(11): 1257-1269.

[119] Schlanbusch R, Kristiansen R, Nicklasson P J. Spacecraft Formation Reconfiguration With Collision Avoidance[J]. Automatica, 2011, 47(7):1443-1449.

[120] 曹喜滨,贺东雷. 近圆参考轨道卫星编队脉冲控制方法[J]. 系统仿真学报, 2007, 19(24):5802-5805.

[121] Huntington G T, Rao A V. Optimal Reconfiguration of Spacecraft Formations Using the Gauss Pseudospectral Method[J]. Journal of Guidance, Control, and Dynamics, 2008, 31(3):689-698.

[122] 孟云鹤,韩宏伟,戴金海. 近地轨道航天器编队构型重构得一种四冲量控制方法[J]. 宇航学报, 2008, 29(2):505-510.

[123] Vaddi S S, Alfriend K T, Vadali SR, et al. Formation Establishment and Reconfiguration Using Impulsive Control[J]. Journal of Guidance, Control, and Dynamics, 2005, 28(2): 262-268.

[124] D'Amico S, Ardaens J S, Larsson R. Spacebome Autonomous Formation-Flying Experiment on the PRISMA Mission[J]. Journal of Guidance, Control, and Dynamics, 2012, 35(3): 834-850.

[125] Choi Y, Mok S, Bang H. Impulsive Formation Control Using Orbital Energy and Angular Momentum Vector[J]. Acta Astronautica, 2010, 67(5):613-622.

[126] Prussing J E, Chiu J H. Optimal Multiple-Impulse Time-Fixed Rendezvous between Circular Orbits[J]. Journal of Guidance, Control, and Dynamics, 1986, 9(1):17-22.

[127] Riccardo B, Marcello R. Fuel-Optimal Spacecraft Rendezvous with Hybrid On-Off Continuous and Impulsive Thrust[J]. Journal of Guidance, Control, and Dynamics, 2007, 30(4): 1175-1178.

[128] Luo Y Z, Tang G J. Multi-Objective Optimization of Perturbed Impulsive Rendezvous Trajectories Using Physical Programming [J]. Journal of Guidance, Control, and Dynamics, 2008, 31(6): 1829-1832.

[129] Zhang J, Tang G, Luo Y Z, et al. Orbital Rendezvous Mission Planning Using Mixed Integer Nonlinear Programming[J]. Acta Astronautica, 2011, 68(7): 1070-1078.

[130] Ichimura Y, Ichikawa A. Optimal Impulsive Relative Orbit Transfer along a Circular Orbit [J]. Journal of Guidance, Control, and Dynamics, 2008, 31(4): 1014-1027.

[131] Li J, Kumax K D. Decentralized Fault-Tolerant Control for Satellite Attitude Synchronization [J]. IEEE Trans. Fuzzy Syst., 2012, 20: 572-586.

[132] Hu Q, Zhang J, Friswell M I. Finite-Time Coordinated Attitude Control for Spacecraft Formation Flying under Input Saturation[J]. J. Dyn. Syst. Meas. Control, 2015, (137): 061012. doi: 10.1115/1.4029467.

[133] Xia Y, Zhou N, Lu K, et al. Attitude Control of Multiple Rigid Bodies with Uncertainties and Disturbances[J]. IEEE/CAA J. Autom. Sin., 2015, (2): 2-10. doi: 10.1109/JAS.2015.7032900.

[134] Yang D, Ren W, Liu X, et al. Decentralized Event-Triggered Consensus for Linear Multi-Agent Systems Under General Directed Graphs[J]. Automatica, 2016, (69): 242-249. doi: 10.1016/j.automatica.2016.03.003.

[135] Wu B, Wang D, Poh E K. Decentralized Robust Adaptive Control for Attitude Synchronization Under Directed Communication Topology[J]. J. Guid. Control. Dyn., 2011, (34): 1276-1282. doi: 10.2514/1.50189.

[136] Lyke J C. Plug-and-play satellites[J]. IEEE Spectr., 2012, (49): 37-42. doi: 10.1109/MSPEC.2012.6247560.

[137] Dai MZ, Xiao F. Edge-Event-and Self-Triggered Synchronization of Coupled Harmonic Oscillators with Quantization and Time Delays[J]. Neurocomputing, 2018, (310): 172-182. doi: 10.1016/j.neucom.2018.05.026.

[138] Åströml K J, Bernhardsson B. Comparison of Periodic and Event Based Sampling for First-Order Stochastic Systems[C]. 14th IFAC World Congr., Beijing, 1999.

[139] Cai W, Liao X, Song D Y. Indirect Robust Adaptive Fault-Tolerant Control for Attitude Tracking of Spacecraft[J]. J. Guid. Control. Dyn. 2008, (31): 1456-1463. doi: 10.2514/1.31158.

[140] Wong W S, Brockett R W. Systems with Finite Communication Bandwidth Constraints-Ii:

Stabilization with Limited Information[J]. IEEE Trans. Automat. Contr. ,1999,(4):1049-1053. doi:10. 1109/9. 763226.

[141] Nahas M,Pont M J,Short M. Reducing Message-Length Variations in Resource-Constrained Embedded Systems Implemented using the Controller Area Network (CAN) protocol[J]. J. Syst. Archit. ,2009,(55):344-354.

[142] Zhao L,Jia Y,Lin Z,et al. Finite-Time Attitude Tracking Control for a Rigid Spacecraft Using Time-Varying Terminal Sliding Mode Techniques[J]. Int. J. Control,2015,(88):1150-1162.

[143] Xiao B, Yin S, Gao H. Reconfigurable Tolerant Control of Uncertain Mechanical Systems with Actuator Faults:A Sliding Mode Observer-Based Approach[J]. IEEE Trans. Control Syst. Technol,2018,4(26):1249-1258.

[144] D'Amico S,Montenbruck O. Proximity Operations of Formation-Flying Spacecraft Using an Eccentricity/Inclination Vector Separation[J]. Journal of Guidance,Control,and Dynamics,2009,29(3):559-563.

[145] D'Amico S. Autonomous Formation Flying in Low Earth Orbit[D]. Delft University of Technology,2010.

[146] 张治国. 卫星编队飞行相对姿态动力学与控制[D]. 北京:清华大学,2002.

[147] 沈青,刘大有. 稀薄气体动力学现状[J]. 力学进展,1973,1:10-15.

[148] Moe K. Moe M. Gas-surface Interactions and Satellite Drag Coefficients[J]. Planetary and Space Science. 2005,53(8):793-801.

[149] 宋明轩. 基于气动力作用的微小卫星编队飞行控制技术[D]. 上海:上海交通大学,2014.

[150] Singla P,Subbarao K,Junkins J L. Adaptive Output Feedback Control for Spacecraft Rendezvous and Docking under Measurement Uncertainty[J]. Journal of Guidance,Control,and Dynamics,2006,29(4):892-902.

[151] Huang X, Yan Y, Zhou Y, et al. Output Feedback Control of Lorentz-Augmented Spacecraft Rendezvous[J]. Aerospace Science and Technology,2015,42:241-249.

[152] Pukdeboon C. Output Feedback Second Order Sliding Mode Control for Spacecraft Attitude and Translation Motion[J]. International Journal of Control, Automation and Systems, 2016,14(2):49-424.

[153] Huang X,Yan Y, Zhou Y. Neural Network-Based Adaptive Second Order Sliding Mode Control of Lorentz-Augmented Spacecraft Formation[J]. Neurocomputing, 2017, 222: 191-203.

[154] Huang Y J,Kuo T C,Chang S H. Adaptive Sliding-Mode Control for Nonlinear Systems with Uncertain parameters[J]. IEEE Transactions on Systems,Man,and Cybernetics-Part

B:Cybemetics,2008,38(2)539-539.

[155] Huang J Z. Global Tracking Control of Strict-Feedback Systems Using Neural Networks [J]. IEEE Trancations on Neural Networks and Learning Systems,2012,23(11):1719-1725.

[156] Zhao Y,Jia Y. Neural Network-Based Distributed Adaptive Attitude Synchronization Control of Spacecraft Formation under Modified Fast Terminal Sliding Mode[J]. Neurocomputing,2016,171:230-241.

[157] Zou A,Kumar K D. Adaptive Attitude Control of Spacecraft Without Velocity Measurements Using Chebyshev Neural Network[J]. Acta Astronautica,2010,66:769-779.

[158] Zou Y,Zheng Z. A Robust RBFNN Augmenting Backstepping Control Approach for a Model-Scaled Helicopter[J]. IEEE Transactions on Control Systems Technology, 2015, 23(6):2349-2352.

[159] Xia K W,Huo W. Robust Adaptive Backstepping Neural Networks Control for Spacecraft Rendezvous and Docking with Input Saturation[J]. ISA Transactions,2016,62:249-257.

[160] Liu G P. Consensus and Stability Analysis of Networked Multiagent Predictive Control Systems[J]. IEEE Transactions on Cybernetics,2016,47(4):1-6.

[161] Belleter D J W,Pettersen KY. Path Following for Formations of Underactuated Marine Vessels under Influence ot Constant Ocean Currents[J]. Proceedings of the IEEE Conference on Decision and Control,2015,2015:4521-4528.

[162] Ardaens J S D,Amico S,Kazeminejad B,et al. Spaceborne Autonomus and Ground Based Relative Orbit Control for the TerraSAR-X/TanDEM-X Formation[C]. 20th international Symposium on Space Flight Dynamincs, Annapolis,USA,Sep,2007:24-28.

[163] 许剑,杨庆俊,包钢,等. 多自由度汽浮仿真试验台的研究与发展[J]. 航天控制,2009,27(6):96-101.

[164] 刘宗明. 基于气浮台的交会对接仿真控制系统设计与实现[D]. 哈尔滨:哈尔滨工业大学,2011.

[165] 张育林,曾国强,王兆魁,等. 分布式卫星系统理论及应用[M]. 北京:科学出版社,2008:243-252.

[166] 胡敏,曾国强,姚红. 分布式卫星编队维持控制仿真系统研究[C]. 2009年系统仿真技术及其应用学术会议(CCSSTA'2009),2009.

[167] 李济生,等. 航天器轨道确定[M]. 北京:国防工业出版社,2007:1-33.

[168] 刘林. 航天器轨道理论[M]. 北京:国防工业出版社,2000.

[169] Van H T,Doombos E,Visser P,et al. CHAMP and GRACE Accelerometer Calibration by GPS-Based Orbit Determination[J]. Advances in Space Research,2009,43:1890-1896.

[170] Motenbruck O,Gill E, Montenbruck O,et al. Satellite Oribits-Models,Methods and Ap-

plications[J]. Satellite orbits Models,2002,55(2):2504-2510.

[171] Camilla C,Charlotte L,Colin R M. Orbital Dynamics of High Area-to-Mass Ratio Spacecraft under the Influence of J2 and Solar Radiation Pressure[C]. International Astronautical Congress,2011.

[172] Pyare M T,Janardhanhan S,Mashuq N. Attitude Control Using Higher Order Sliding Mode [J]. Aerospace Science and Technology,2016,54:108-113.

[173] Jiang F C, Wang L. Finite - Time Weighted Average Consensus with Respect to a Monotonic Function Application[J]. System and Control Letters,2011,60(9):718-725.

[174] 刘墩,赵钧. 空间飞行器动力学[M]. 哈尔滨:哈尔滨工业大学出版社,2003:153-166.

[175] 章仁为. 卫星轨道姿态动力学与控制[M]. 北京:北京航空航天大学出版社,2006:137-155.